浙江省高等职业院校"十四五"职业教育重点教材

高等职业教育水利类新形态一体化数字教材

水土保持工程

主　编　郑荣伟　虞晓彬　王　莎

副主编　郝咪娜　朱春波　陈　剑　田　刚　刘祥超　纪昌知

主　审　王庆明

中国水利水电出版社

www.waterpub.com.cn

·北京·

内 容 提 要

本书是浙江省高等职业院校"十四五"职业教育重点教材，编写过程中充分对接新版职业教育专业目录及专业教学标准，以水土保持岗位培养目标为指导，以水土保持现行技术规范规程、技术标准为依据，校企合作编写而成。全书共分为 6 个模块，主要内容包括基本理论、水土保持规划、水土保持工程设计、水土保持监测、生产建设项目水土保持方案编写、生态清洁小流域建设，配套相应的工程案例，引导学生自主进行岗位任务的学习及实践。

本书既可作为各类高职高专院校水利工程类专业的水土保持课程教材，也可作为水利行业职工继续教育、技能鉴定的教材使用，亦可供基层水利工程技术人员参考使用。

图书在版编目（ＣＩＰ）数据

水土保持工程 / 郑荣伟，虞晓彬，王莎主编. -- 北京：中国水利水电出版社，2024.6
浙江省高等职业院校"十四五"职业教育重点教材
高等职业教育水利类新形态一体化数字教材
ISBN 978-7-5226-2157-9

Ⅰ. ①水… Ⅱ. ①郑… ②虞… ③王… Ⅲ. ①水土保持－水利工程－高等职业教育－教材 Ⅳ. ①S157.2

中国国家版本馆CIP数据核字(2024)第022516号

书　　名	浙江省高等职业院校"十四五"职业教育重点教材 高等职业教育水利类新形态一体化数字教材 **水土保持工程** SHUITU BAOCHI GONGCHENG	
作　　者	主　编　郑荣伟　虞晓彬　王　莎 副主编　郝咪娜　朱春波　陈　剑　田　刚　刘祥超　纪昌知 主　审　王庆明	
出版发行	中国水利水电出版社 （北京市海淀区玉渊潭南路 1 号 D 座　　100038） 网址：www.waterpub.com.cn E-mail：sales@mwr.gov.cn 电话：（010）68545888（营销中心）	
经　　售	北京科水图书销售有限公司 电话：（010）68545874、63202643 全国各地新华书店和相关出版物销售网点	
排　　版	中国水利水电出版社微机排版中心	
印　　刷	清淞永业（天津）印刷有限公司	
规　　格	184mm×260mm　16 开本　18 印张　438 千字	
版　　次	2024 年 6 月第 1 版　2024 年 6 月第 1 次印刷	
印　　数	0001—2000 册	
定　　价	**62.00**元	

前　言

本书是根据全国职业教育工作会议及中共中央办公厅、国务院办公厅印发的《关于推动现代职业教育高质量发展的意见》（中办发〔2021〕43号）、《关于深化现代职业教育体系建设改革的意见》（中办发〔2022〕65号）、《国家职业教育改革实施方案》（国发〔2019〕4号）、《职业教育提质培优行动计划（2020—2023年）》（教职成〔2020〕7号）等文件精神，落实新时代生态文明建设及新阶段水利高质量发展总要求，以国家级职业教育教师教学创新团队——水生态修复技术专业团队为支撑，在总结高水平专业群多年教学改革经验的基础上，结合水土保持行业实际及专业人才培养需求，校企合作编写而成的教材。

本书充分对接《职业教育专业目录（2021年）》、专业教学标准及水土保持行业最新标准规范，深入贯彻"产教融合、校企一体"的编写思路，力求扩大知识面、拓宽专业面，注重学生实践技能的提高。本书在介绍水土保持基本概念的基础上，系统性涵盖了小流域综合治理、水土保持规划、水土保持监测及生产建设项目水土保持方案编制等内容，配以工程案例强化知识应用，有助于提高学生的动手实践能力。

本书由浙江同济科技职业学院郑荣伟、虞晓彬、王莎担任主编，浙江省水利水电勘测设计院有限责任公司郝咪娜、朱春波，温州市水利水电勘测设计院陈剑，浙江广川工程咨询有限公司田刚、刘祥超，中国三峡建工（集团）有限公司纪昌知担任副主编。编写分工如下：郑荣伟编写模块1，朱春波编写模块2，王莎、陈剑编写模块3，郝咪娜编写模块4，虞晓彬编写模块5，田刚、刘祥超、纪昌知编写模块6。全书由中国水利水电科学研究院王庆明担任主审。

本书突出高等职业教育特色、现代水利特色及高素质技术技能型人才培养特色，通俗易懂，实用性强，学员看得懂、能实践。

本书在编写过程中，引用了大量的规范、专业文献和工程案例，在书中未一一注明出处，在此向有关文献的作者深表谢意！

由于编者水平有限，书中疏漏之处在所难免，恳请读者在使用过程中将发现的问题及时反馈给编者，以便我们日后修订完善，进一步提高教材质量。

编者

2024 年 3 月

"行水云课"数字教材使用说明

"行水云课"水利职业教育服务平台是中国水利水电出版社立足水电、整合行业优质资源全力打造的"内容"＋"平台"的一体化数字教学产品。平台包含高等教育、职业教育、职工教育、专题培训、行水讲堂五大版块，旨在提供一套与传统教学紧密衔接、可扩展、智能化的学习教育解决方案。

本套教材是整合传统纸质教材内容和富媒体数字资源的新型教材，将大量图片、音频、视频、3D 动画等教学素材与纸质教材内容相结合，用以辅助教学。读者可通过扫描纸质教材二维码查看与纸质内容相对应的知识点多媒体资源，完整数字教材及其配套数字资源可通过移动终端 APP、"行水云课"微信公众号或中国水利水电出版社"行水云课"平台查看。

扫描下列二维码可获取本书课件。

课件

多媒体知识点索引

目 录

基 本 理 论

党的二十大报告指出，"推动绿色发展，促进人与自然和谐共生"，"要推进美丽中国建设，坚持山水林田湖草沙一体化保护和系统治理，统筹产业结构调整、污染治理、生态保护"，水土保持是国土整治、江河治理的根本，是国民经济和社会发展的基础，是我们必须长期坚持的一项基本国策，治理水土流失，事关经济社会可持续发展和中华民族长远福祉。

进入新时代，党中央将建设美丽中国作为全面建设社会主义现代化国家的重大目标，提出建设生态文明是中华民族永续发展的千年大计，这为水土保持事业发展提供了难得的历史机遇。研究水土流失治理，首先要学习水土保持学的一些基本概念。

任务 1.1 基 本 概 念

1.1 基本概念

1.1.1 水土流失

水土流失在《中国百科大辞典》的定义为：由水、重力和风等外界力引起的水土资源破坏和损失。在《中国水利百科全书·第一卷》中的定义为：在水力、重力、风力等外营力作用下，水土资源和土地生产力的破坏和损失，包括土地表层侵蚀及水的损失，亦称水土损失。水土流失的形式除雨滴溅蚀、片蚀、细沟侵蚀、浅沟侵蚀、切沟侵蚀等典型的土壤侵蚀形式外，还包括河岸侵蚀、山洪侵蚀、泥石流侵蚀以及滑坡等侵蚀形式。我国判断水土流失有 3 条标准：一是水土流失发生的场所是陆地表面，除了海洋外的地球表面都有可能发生水土流失；二是水土流失产生的原因必须是外营力，最主要的外营力是水力、风力、重力和人为活动；三是水主流失产生的结果是水土资源和土地生产力的损失和破坏。

水土流失一词在我国早已被广泛使用，自从土壤侵蚀一词传入国内以后，从广义理解常被用作水土流失的同义语。从土壤侵蚀和水土流失的定义中可以看出，二者虽然存在着共同点，即都包括在外营力作用下土填、母质及浅层基岩的剥蚀、搬运和沉积的全过程，但是也有明显差别，即水土流失中包括在外营力作用下水资源和土地生产力的破坏与损失，而土壤侵蚀中则没有。

虽然水土流失与土壤侵蚀在定义上存在明显差别，但应该看到因水土流失一词源于我国，科研、教学和生产上使用较为普遍。而土壤侵蚀一词为外来词，其含义显然狭于水土流失的内容。随着水土保持这一学科逐渐发展和成熟，在教学和科研方面，人们对二者的差异给予了越来越多的重视，而在生产上人们常把水土流失和土壤侵蚀作为同一语义来使用。

1.1.2　水土保持

水土保持是指对自然因素和人为活动造成水土流失所采取的预防和治理措施。在《中国大百科全书·农业卷》（1990 年 9 月）中对水土保持的定义为：防治水土流失，保护、改良与合理利用山丘区和风沙区水土资源，维护和提高土地生产力，以利于充分发挥水土资源的经济效益和社会效益，建立良好的生态环境的事业。

水土保持就是在合理利用水土资源的基础上，组织运用水土保持林草措施、水土保持工程措施、水土保持农业措施、水土保持管理措施等形成水土保持综合治理体系，以达到保持水土、提高土地生产力、改善山丘区和风沙区生态环境的目的。

1.1.3　土壤侵蚀

土壤及其他地面组成物质在水力、风力、重力和冻融等外营力作用下，被剥蚀、破坏、分离、搬运和沉积的全部过程称为土壤侵蚀。

土壤侵蚀的对象并不限于土壤及其母质，还包括土壤下的土体、岩屑及松软岩层等。在现代侵蚀条件下，人类活动对土壤侵蚀的影响日益加剧，它对土壤和地表物质的剥离与破坏，已成为十分重要的外营力。因此，全面而确切的土壤侵蚀含义应为：土壤及其他地表组成物质在自然营力作用下或自然营力与人类活动的综合作用下被剥蚀、破坏、分离、搬运和沉积的全部过程。在我国，土壤侵蚀有时作为水土流失的同义词。《中华人民共和国水土保持法》中所指的水土流失包含水的损失和土壤侵蚀两方面的内容。

1.1.4　土地荒漠化

土地荒漠化的概念有狭义和广义之分。

狭义的土地荒漠化是指在脆弱的生态系统下，由于人为过度的经济活动，破坏其平衡，使原非沙漠地区出现了类似沙漠景观的环境变化过程。因此，凡是具有发生沙漠化过程的土地都被称为沙漠化土地。沙漠化土地还包括沙漠边缘风力作用下沙丘前移入侵的地方和后来的固定、半固定沙丘由于植被破坏发生流沙活动的沙丘活化地区。

广义的土地荒漠化是指人为和自然因素的综合作用，使得干旱、半干旱甚至半润地区自然环境退化（包括盐渍化、草场退化、水土流失、土填沙化、植被荒漠化、历史时期沙丘前移入侵等以某一环境因素为标志的具有自然环境退化）的总过程。

1.1.5　允许土壤流失量和土壤侵蚀强度

允许土壤流失量是长时期内能保持土壤的肥力和维持土地生产力基本稳定的最大土壤流失量，可简称为维持土地高生产力的最大侵蚀量。由于不同地区的成土速度不同，因此允许土壤流失量也不同。小于允许土壤流失量的侵蚀，属正常侵蚀（微度侵蚀）；大于或等于允许土壤侵蚀量的侵蚀，属加速侵蚀（水土流失），在土壤侵蚀强度上分为微度侵蚀、中度侵蚀、强度侵蚀、极强度侵蚀、剧烈侵蚀。

土壤侵蚀强度是指地壳表层土壤在自然营力（水力、风力、重力及冻融等）和人类活动综合作用下，单位面积和单位时段内被剥蚀并发生位移的土壤侵蚀量。通常用土壤侵蚀模数表示，土壤侵蚀模数即单位面积土壤及土壤母质在单位时间内侵蚀量的大小，侵蚀模数中的土壤流失量可以用重量 $[t/(km^2 \cdot a)]$、体积 $[m^3/(km^2 \cdot a)]$ 或厚度（mm/a）来表示。

1.1.6 分水岭和侵蚀基准面

河流自然形成一个独立的水文网系统，这种属于一个系统的整个集水区面积，即集雨面积。集水区的周界称为分水岭。水土流失的范围最高不超过分水线，最低以侵蚀基准面为界。

河流或河谷下切到某一水平面后，河床趋于稳定，逐渐失去侵蚀能力，这个水平面称为河流或河谷的侵蚀基准面。侵蚀基准面是控制沟谷或河谷下切侵使的水平面。因此，在水土保持综合防治措施中，通过在沟道中采取修谷坊、筑淤地坝以及修筑岸坡护脚工程等措施来稳定或抬高沟道和河道的侵蚀基准面，以达到控制其下切侵蚀的目的。

任务 1.2 水土流失的现状及危害

1.2 水土流失的现状及危害

1.2.1 我国的水土流失现状及危害

我国的国土面积为 960 万 km^2，地势西高东低，山地、丘陵和高原面积约占全国总土地面积的 2/3。在总土地面积中，耕地占 14.0%，林地占 16.5%，天然草地占 29.0%，难以被农业利用的沙漠、戈壁、冰川、石山和高寒荒漠等占 35.0%，特殊的地理自然和社会经济条件使我国成为世界上水土流失最为严重的国家之一。根据《中国水土保持公报（2023 年）》，全国（未包括香港特别行政区、澳门特别行政区和台湾地区）共有水土流失面积 262.76 万 km^2。其中，水力侵蚀面积 107.14 万 km^2，占水土流失总面积的 40.77%；风力侵蚀面积 155.62 万 km^2，占水土流失总面积的 59.23%。按侵蚀强度分，轻度、中度、强烈、极强烈、剧烈侵蚀面积分别为 172.02 万 km^2、42.33 万 km^2、18.31 万 km^2、14.53 万 km^2、15.57 万 km^2，分别占全国水土流失面积的 65.46%、16.11%、6.97%、5.53%、5.93%。全国水土保持率达到 72.56%。

另外，我国水土流失形式多样、类型复杂。水力侵蚀、风力侵蚀、冻融侵蚀和滑坡、泥石流等重力侵蚀特点各异，相互交错，成因复杂。严重的水土流失给我国经济社会的发展和人民群众的生产生活带来了多方面的危害。

1.2.1.1 破坏土地，蚕食农田，威胁人类生存

水土资源是人类赖以生存的物质基础，是生态环境与农业生产的基本资源。年复一年的水土流失，使有限的水土资源遭到严重的破坏。土层变薄、土地沙化、石化和退化的速度加快，地形被切割得支离破碎，大面积的良田被吞食。据估计，由于水土流失，我国每年损失耕地 6.7 万 hm^2，每年造成的经济损失达 100 亿元左右，其中西北黄土高原地区、东北黑土区和南方花岗岩"崩岗"地区土壤侵蚀最为严重。黄土高原的土壤侵蚀使得沟头平均每年前进 1～3m。黑龙江省的黑土区有大型冲沟约 14 万

条，已吞食耕地 9.33 万 hm^2。长江中上游许多地方由于土壤侵蚀导致的石化面积急剧增加，如重庆市的万州区每年增加石化面积 $2500hm^2$，陕西省安康市平均每年增加石化面积近 $700hm^2$。更严重的是，水土流失造成的土地损失，直接威胁到群众的生存，其价值是难以用货币估算的。

1.2.1.2　降低土壤肥力，加剧干旱发展

坡耕地水、土、肥的流失，致使土地日益瘠薄，田间持水能力降低，土壤理化性质恶化土壤透水性、持水性下降，加剧了干旱的发展，使农业产量低而不稳。据观测，黄土高原平均每年流失的 16 亿 t 泥沙中含氮、磷、钾总量约 4000 万 t。据统计，全国多年平均受旱面积约 2000 万 hm^2，成灾面积约 700 万 hm^2，成灾率达 35%，而且大部分在水土流失严重的区域。

1.2.1.3　泥沙淤积河床，加剧洪涝灾害

土壤侵蚀造成大量的坡面泥沙被冲蚀下泄，搬运后沉积在下游河道，削弱了河床泄洪能力，加剧了洪水危害。中华人民共和国成立以来，黄河下游河床平均每年淤高 8～10cm，目前很多地段已高出两岸地面 4～10m，成为"地上悬河"，严重威胁着下游人民生命财产的安全，也成为国家的"心腹大患"。近几十年来，全国各地都有类似黄河的情况，随着土壤侵蚀的日益加剧，各地大、中、小河流的河床淤高和洪涝灾害也日趋严重。1998 年长江流域、松花江流域发生的特大洪涝灾害，在很大程度上表明其中上游地区的土壤侵蚀造成的危害在不断增大的问题，已给国家和人们生命财产造成了巨大的损失。

1.2.1.4　泥沙淤塞水库、湖泊，降低其综合利用功能

水土流失不仅使洪涝灾害频发，而且产生的泥沙和流失的氮、磷及化学农药等有机污染物，引起水库、湖泊等水体的富营养化，污染环境和水源也严重威胁水利设施及其效益的发挥。

1.2.1.5　影响航运，破坏交通安全

水土流失造成河道、港口的淤积，致使航运里程急剧降低。而且每年汛期由于水土流失形成的山体塌方、泥石流等造成的交通中断，在全国各地时有发生。据统计，1949 年全国内河航运里程为 15.7 万 km，到 1985 年减少为 10.93 万 km，1990 年又减少为 7 万多 km，水土流失已严重影响到内河航运事业的发展。

1.2.1.6　水土流失使生态环境严重恶化

水土流失主要是陡坡开荒、破坏植被和人为开发建设活动扰动地面形成大量的松散固体物质造成的。植被的破坏，造成涵养水源能力的降低，加之松散固体物的增加导致了洪涝与干旱灾害的频繁交替出现，土地大面积的石化、沙化、退化以及沙尘暴等自然灾害不断加剧，使得生态环境进一步恶化。

水土流失是土地退化和生态恶化的主要表现形式，水土流失对经济社会发展的影响是多方面的、全局性的和深远的，有时甚至是不可逆的。加强水土保持生态建设，直接关系到防洪安全、粮食安全、生态安全和人居安全，而且已成为缓解日趋强化的资源环境约束、加快转变经济发展方式、增强可持续发展能力的必然选择。

1.2.2　浙江省水土流失现状

根据《浙江省水土保持公报（2022 年）》，全省水土保持率达到 93.15%。全省水土流失面积 7226.80km²，占全省陆域面积 10.55 万 km² 的 6.85%。按水土流失强度分，轻度、中度、强烈、极强烈、剧烈水土流失面积分别为 6592.74km²、346.43km²、196.97km²、71.25km²、19.41km²，分别占水土流失总面积的 91.23%、4.79%、2.72%、0.99%、0.27%。水土流失面积最多的是温州市，达 1595.83km²，其次为丽水市和杭州市，分别为 1163.50km²、967.39km²。

浙江省属于南方红壤丘陵区，水土流失类型以水力侵蚀为主，浙西、浙南部分山区存在滑坡、崩塌、泥石流等重力侵蚀，舟山群岛和杭州湾两岸存在少量风力侵蚀。水力侵蚀分布于境内各种母质土壤上，侵蚀形式有面状侵蚀、浅沟侵蚀、切沟侵蚀，其面积占全省水土流失面积的 95% 以上。为了水土流失防治的需要，将浙江省水土流失类型按成因分为自然水土流失和人为水土流失两种类型。自然水土流失按侵蚀地貌形态又可分为面状侵蚀（包括溅蚀、片蚀）、沟状侵蚀（包括细沟侵蚀、浅沟侵蚀、切沟侵蚀和冲沟侵蚀）、滑坡（含崩塌、泻溜）、泥石流和崩岗侵蚀。人为水土流失按人为活动形式可分为采矿、采石取土，陡坡开垦及坡耕地，修路、开发区建设、水利电力工程及其他等侵蚀类型（表 1.1）。根据调查，目前浙江省的水土流失所带来的危害，多数是不合理的人为活动所致。

表 1.1　　　　　　　　　　　浙江省主要水土流失类型及特征

水土流失类型		流 失 特 征
自然水土流失	面状侵蚀	雨滴降落在坡面上，对土壤产生击溅和地表径流冲刷，表层土粒被均匀冲刷的侵蚀现象。在浙江省是最为普遍的一种侵蚀方式
	沟状侵蚀	坡面上水流汇集成股流后，对地面进行线状切割产生的以沟槽为主的土壤侵蚀
	滑坡（含崩塌、泻溜）	斜坡上的土、石体在饱和重力水和层间潜流滑动作用下发生的顺坡向下移动
	泥石流	泥石流是浙江山区突发性的自然灾害，它是一种含有大量泥沙和块石等固体物质、突然爆发、历时短暂、具有强大破坏力的特殊洪流。泥石流中的泥石体积一般占总体积的 15%～80%，其容重为 1.3～2.3t/m³
	崩岗	流水与重力共同作用下形成的以崩塌为主的土壤侵蚀，其特征是侵蚀量巨大
人为水土流失		采矿、大量挖土采土、采石所造成的水土流失
		陡坡开垦及坡耕地：陡坡开垦在浙江省比较普遍，许多坡度在 25°以上都开垦成旱地、果园或经济作物园等，易产生土壤侵蚀。此外，已有的坡度在 3°～25°之间的坡耕旱地，包括果园、茶园、山核桃等，每年翻耕 2～4 次，对地表影响很大，易产生水土流失
		开发建设项目引起的水土流失，主要包括：修筑公路、铁路后造成的边坡、堆积土冲刷等方面的土壤侵蚀；开辟房地产、经济开发、旅游等方面的开发区所引发的土壤侵蚀；修筑水库、电站等水利电力工程基础建设所引发的土壤侵蚀
		其他类型的土壤侵蚀

任务1.3　水土流失形式及影响因素

水土流失形式按侵蚀外营力的不同可分为水力侵蚀、重力侵蚀、风力侵蚀、混合侵蚀、冰川侵蚀和化学侵蚀等形式。实际上，分布于同一区域的各种水土流失形式之间通常是相互影响、相互制约甚至是互为因果的，但各种侵蚀形式的形成又各有其特点。值得指出的是，生产建设项目区的水土流失是以人类活动作为外营力对地面土体进行扰动及堆置固体废弃物而造成的一种特殊水土流失类型，也是目前防治的重点内容之一。

1.3　水力侵蚀

1.3.1　水力侵蚀

水力侵蚀是指以水为主要营力而产生的土壤侵蚀，包括降雨雨滴的击溅、地表径流冲刷、下渗水分作用和集中水流的冲刷与搬运等内容。因此，水力侵蚀既涉及在雨滴作用下的击溅侵蚀，又包括坡面水流的侵蚀及沟道集中水流的侵蚀作用，同时也包括搬运过程中的搬运形式及堆积形式。这些形式往往穿插、交错和重叠在一起。水力侵蚀简称水蚀，是目前世界上分布最广、危害最为普遍的一种土壤侵蚀类型。水力侵蚀的表现形式主要有雨滴击溅侵蚀、面蚀、沟蚀、山洪和库岸波浪冲淘侵蚀等。

1.3.1.1　雨滴击溅侵蚀（降雨侵蚀）

1. 雨滴的特性

雨滴的形状、大小及雨滴分布、降落速度、接地时冲击力等统称为雨滴特性。雨滴各特性间存在着有机的联系，直接影响侵蚀作用的大小。

2. 雨滴的形状、大小及分布

雨滴的大小通常是用同体积球体的直径来衡量和描述的。直径<0.25mm的雨滴称为小雨滴，大雨滴的直径>6.0mm。一般情况下，小雨滴为圆球形，大雨滴开始为纺锤形，在其下降的过程中因受空气阻力作用而呈扁平形，两侧微向上弯曲。雨滴在降落过程中，还会因环境条件变化发生破裂与合并。因此，把雨滴直径≤5.5mm、降落过程中比较稳定的雨滴称为稳定雨滴；当雨滴直径>5.5mm时，雨滴形状很不稳定，极易发生碎裂或变形，称为暂时雨滴。

3. 溅蚀过程

裸露地表受到雨滴的猛烈打击时，土壤结构破坏和土壤颗粒发生位移并溅起的现象，称为雨滴的击溅侵蚀，简称溅蚀。溅蚀是一次降雨过程中最初发生的普遍现象。在降暴雨时接近地面白蒙蒙的一片，就是细小土粒被雨滴打击后所溅起的一种现象。当地面发生溅蚀时，土壤结构被破坏，土粒随雨滴溅散变成细小的粉粒，表面形成一层泥浆薄膜，堵塞土壤空隙，阻止雨水下渗，又为径流的形成创造了条件。据实验，在比降为0.15的斜坡上，土壤溅蚀量的75%向坡下移动。因此，溅蚀实际上包含土粒的破坏、分离和流失的过程，而且坡面顶部往往成为击溅侵蚀最严重的部位。

雨滴击溅侵蚀量的大小与雨滴的质量、雨滴到达地面的终点速度、雨强以及土壤性质等因素密切相关。雨滴的侵蚀效应主要表现以下几个方面：

（1）分散土壤颗粒，破坏土壤结构，降低土壤的渗透性。

（2）搬运土壤。溅蚀受坡度的影响突出，造成坡地顶部侵蚀量最大。

（3）促进面蚀的形成。溅蚀增大了坡面薄层径流的紊乱强度，促进了薄层水流搬运泥沙的能力，为面蚀的形成创造了条件。

1.3.1.2 面蚀

分散的地表径流冲走表层土壤颗粒的现象称为面蚀，即地表薄层水流对地面组成物质的破坏和搬运。面蚀带走大量土壤营养物质，导致土壤肥力下降，而且在未受植被保护的地面遇到风力作用时也会将土粒带走，产生明显的面蚀。几乎所有的农地、没有植被及植被稀少的条件下，每逢暴雨或遇风的作用，面蚀这种侵蚀形式都会普遍存在。

面蚀的特点为：①涉及面广，被侵蚀的是肥沃的表土；②均匀的流失，往往不被注意；③单位面积的流失量小，但对农业生产的危害相当严重。面蚀不仅减薄了肥沃的表土层，而且冲蚀掉土壤中的有机质、可溶性的一些矿质营养元素等，使土壤的结构破坏，持水性和透水性降低，最终使土地的生产力下降。面蚀主要有以下几种形式。

1. 层状面蚀

层状面蚀是指面蚀发生的初期，耕地处于休闲状态或作物生长的初期所发生的一种非常普遍的侵蚀形式。尤其是土层深厚的黄土地区，在地表径流形成的初期，伴随着击溅侵蚀的作用，径流与土体充分混合形成泥浆沿坡面顺流而下将土粒带走，造成地表土壤颗粒均匀的损失，即为典型的层状面蚀。

2. 沙砾化面蚀

沙砾化面蚀广泛分布于土石山区。在土石山区由于土层浅薄，粗骨物质较多，经过反复面蚀后，造成土壤颗粒中的细小土粒越来越少，粗大沙砾的含量越来越高，最终导致弃耕，即沙砾化面蚀，群众称之为"沙磊子"。这种面蚀不仅发生在耕地上，在植被稀少的坡面上也常发生。

3. 鳞片状面蚀

鳞片状面蚀是指在非农地的坡面上，不合理的采樵和放牧，使植被状况恶化，植被种类减少，覆盖稀疏，造成有植被和无植被处面蚀分布的不均匀，如鱼鳞状。这种形式在北方山地及黄土高原的牧荒地上最为常见。

4. 细沟状面蚀

地表径流形成后，由于地形起伏的影响，地表径流避高就低汇集成无数小股水流，冲刷出许许多多的小沟，造成面蚀的不均匀性，即细沟状面蚀。其特点为：①细沟沿坡面平行分布，因坡面径流由坡面顶部向下部的不断汇集，沿着流线的方向冲刷形成许多平行分布的细沟，有些细沟相互串通；②小沟的深、宽小于 20cm，经耕翻后又恢复平整，因此仍属面蚀的范畴。细沟状面蚀表明面蚀已发展到了严重的阶段。

此外，受重力作用降水沿土壤空隙向土层深处垂直运动，将溶解的物质和未溶解的细小土壤颗粒携带至深层土体，造成土壤养分的损失，土壤理化性质恶化，这种侵蚀称为淋溶侵蚀。一般土层薄的沙质壤土，易溶性盐分含量较高时，淋溶侵蚀较严重。淋溶侵蚀也是造成土壤肥力下降的原因之一。

面蚀属于分散地表径流的侵蚀作用,其侵蚀规律可概括为:①随坡长的变化,从坡的顶部到坡脚由无侵蚀带、侵蚀加强带和堆积带3部分构成;②随坡度的变化,从0°开始,径流随坡度增大而增加,冲刷强度也在加大,当坡度达某一值时,径流量和侵蚀量达到最大值(该坡度即侵蚀转折坡度),之后随着坡度的增加冲刷强度反而减小。

面蚀为水力侵蚀的初级阶段,通常采用的修筑梯田、修筑等高沟埂、营造防护林和改良土壤等都是防治面蚀的主要措施。

1.3.1.3 沟蚀

随着地表径流的汇集,细沟状面蚀进一步发展,形成了有固定流路的水流,称为集中的地表径流或股流。集中的地表径流冲刷地表,切入地面带走土壤、母质及破碎的基岩,形成沟壑的过程即沟蚀。由沟蚀形成的沟壑称为侵蚀沟。

侵蚀沟通常由沟头、沟沿、沟坡、沟底、沟口和冲积扇等几个部位组成。沟头为侵蚀内的最顶端,大多数水流经沟头跌水进入沟道,该部位是侵蚀沟发展最为活跃的地段,因为沟头前进的方向与径流方向相反,因此将沟头不断向前延伸的侵蚀称为溯源侵蚀;沟口是集中地表径流流出侵蚀沟的出口,是径流汇入水文网的连接处,也是理论上侵蚀沟最早形成的地方,沟口处的沟底与河流的交汇处即为侵蚀基准面。

侵蚀沟谷的发育在沟谷形态、侵蚀特性上是不同的。据此,可划分出4个不同的发育阶段。

1. 第一阶段

侵蚀沟深度 0.5～1.0m,沟底纵断面与形成侵蚀沟的斜坡纵断面一致;横断面为三角形,包括尖 V 形,平面图上呈线形。浅沟是这一阶段的沟谷。

2. 第二阶段

侵蚀沟顶已形成明显的沟头跌水,沟头以崩塌的方式溯源前进,沟头深 2～10m,有的达 12～15m,侵蚀沟深度可达 25～40m 或更深;侵蚀沟底纵断面与斜坡坡面不一致。但尚未达到平衡剖面阶段,沟底土跌水、塌土体较多,沟壁陡峻或直立,横断面呈 V 形或 U 形,沟头前进、沟底下切、沟岸扩张均很活跃,如切沟。

3. 第三阶段

此阶段称制造平衡剖面阶段。侵蚀沟沟头已接近分水岭,沟头和沟底下切减缓,沟底比降已接近或达到水力坡度,横断面呈宽 U 形,沟底已形成流路,但此时由于曲流的关系,沟壁塌现象仍较活跃,如冲沟。

4. 第四阶段

此阶段也称安息阶段。侵蚀沟逐步停止发育,溯源侵蚀和下切侵蚀均已停止,侧蚀仍会继续一定时期,沟底也淤积了一定量的冲积物,沟坡逐渐最后达自然安息角,坡脚形成稳定的坡积物,沟头和沟坡上逐渐长出植物,如坳沟。

1.3.1.4 山洪

山洪是山区暴雨径流所形成的洪水及其对固体物质的携带、移动和堆积过程的总称,是山区溪沟中发生的暴涨洪水。山洪具有突发性,水量集中流速大、冲刷破坏力强,水流中挟带泥沙甚至石块等,常造成局部性洪灾,一般分为暴雨山洪、融雪山洪、冰川山洪等。山洪的主要特点如下。

1. 具有巨大的冲力

破坏坝库、河堤及交通线路等并伤及人畜，故有"洪水如猛兽"的比喻。

2. 固体堆积物破坏严重

在沟口开阔地段，山洪将携带的大量固体物质堆积下来，造成沟床或河床抬高，形成地上河以及沟口堆积锥，埋压农田，冲毁村镇等。

3. 加剧干旱的发生

山洪形成的大量洪水一泻而空，增加干旱的威胁，而洪水涌入平原时经常形成洪涝灾害。

1.3.1.5　库岸波浪冲淘侵蚀

受风力影响，水库库面形成的浪波对岸坡产生冲刷、淘蚀作用，使岸坡土体涮洗、坍塌逐渐后退，导致库岸被吞蚀。这种侵蚀也是水库泥沙淤积量增加的原因之一。

1.3.1.6　影响水力侵蚀的因素

影响水力侵蚀的因素主要包括气候、地质、土壤、地貌、植被和人为活动等因素。

1. 气候

（1）雨强。在气候因素中，雨强是引起水土流失最突出的气象因子。大量研究证明，雨强和侵蚀的关系十分密切，水土流失量随着雨强的增加而增加。其主要原因如下：

1）单位时间内消耗在土壤渗透、植物吸收和蒸发的水量是个常数，当雨强增加时，产生的径流量增多，产生的水土流失量也会增加。

2）雨强增大，大雨滴多，动能也大，击溅侵蚀力增强。因此，雨强大的短历时暴雨往往会造成巨量的水土流失。我国各地年降水量分配极不均匀，南方在每年 4—9 月降雨集中季节，即出现境内河流汛期。汛期水量一般占全年的 72%～80%。南方降雨量多，过程雨量大，最大降雨量都超过 100mm，有些地区超过 300mm，过程雨量高达 600～1000mm。在一年中通常几场暴雨则可决定年侵蚀量的多少。

（2）降雨量与雨型。降雨量多的地区，发生水土流失的潜在危险大。从雨型的特点看，短阵型降雨受地形和气候的影响，来势凶猛，降雨强度大，历时短暂，而降雨范围小；普通型降雨是受季风影响而形成的，为大面积的一般性的降雨，雨强小，历时长。显然，前者比后者引起的侵蚀严重。

（3）前期降雨。充分的前期降雨是遇到暴雨时造成严重水土流失的重要因素之一。西北黄土高原区的降雨多集中在 7—9 月，且有相当多的短阵型降雨，经常出现 50～60mm 的降雨。在年降雨中，30% 以上的降雨属于暴雨。由于降雨集中，前期降雨多则土壤湿度大，为大暴雨的剧烈侵蚀奠定了一定的基础，许多区域该期发生的水土流失量占到全年的 50% 以上。

另外，北方高寒多雪地区受地形和风力的作用，往往在洼地和背风坡地积雪较厚。在融雪过程中，当气温升高地表层已融解而底层仍在冻结时，融雪水不能下渗，大量的地表径流也会造成严重的冲刷侵蚀。

2. 地质、土壤

地质因素中岩性与地面组成物质不同，其抗蚀力不同，因而影响侵蚀的程度也不相同。新构造运动的上升区，往往是侵蚀的严重区。据观测，六盘山近百年内上升的速度为 5～15mm/a，引起这个地区的侵蚀复活，使冲沟和斜坡上的一些古老侵蚀沟再度活跃。

在一定的地形和降雨条件下，地表径流的大小以及土壤侵蚀的程度和强度则取决于土壤的性质，如土壤的透水性、抗蚀性和抗冲性等。

在其他因素相同的条件下，径流对土壤的破坏作用除流速外，主要是径流量的大小。而径流量则完全取决于土壤的透水性。因此，通过增强土壤的透水性，如改良土壤质地、改善土壤结构、提高土壤的空隙率和减弱土壤湿度等措施，可以增强土壤的抗蚀性和抗冲性。土壤的抗蚀性是土壤抵抗雨滴打击分散和抵抗径流悬浮的能力；土壤的抗冲性是指土壤抵抗地表径流对土壤的机械破坏和推动下移的能力。土壤结构越差，遇水崩解越快，抗冲性越弱，越易产生土壤侵蚀。

3. 地貌

地貌中的坡度、坡长、坡型、坡向、侵蚀基准面和沟壑密度等与土壤侵蚀的关系尤为密切。

4. 植被

植被，特别是森林植被，在防治水土流失、保护与改善生态环境方面具有十分重要的作用。现代人类对森林的需求大体可归纳为八个方面：①木材产品和林副产品；②经济林产品；③生态保护；④能源；⑤旅游、文化；⑥生物多样性资源库；⑦最大的生物量生产基地；⑧主要的碳贮库。可以看出，最重要的需求是森林植被的生态服务功能。在此就森林植被在防治水土流失方面的主要作用概括如下。

（1）拦降雨，改变降水的性质。植被地上部分的茎、叶、枝、干不仅呈多层遮蔽地面，而且具有一定的弹性开张角度，既能拦截降雨，削弱雨滴的击溅侵蚀力，同时又改变了降水的性质，减小了林下的降雨量和降雨强度，减轻了林地土壤的侵蚀。植被覆盖度越大，层次结构越复杂，拦截的效果越明显，以茂密的森林最为显著。据观测，降雨量（一次降雨量 10～20m 时）的 15％～40％首先为树冠所截留，之后又蒸发回大气中，其余的降水到达林地被林内枯枝落叶所吸收，林内降雨的蒸发量为 5％～10％，大部分降雨（50％～80％）透到土填中变成地下径流，仅有约 10％的降雨形成地表径流。

（2）调节地表径流。林木每年凋落的茎、叶、花、果实、树皮等形成的枯枝落叶层，像一层海绵覆盖在地表，直接承受树冠和树干流下的雨水，保护地表土壤免遭雨滴的击溅和径流侵蚀，维持了土壤的结构性。枯枝落叶层结构疏松，吸水力强。1kg 的枯枝落叶可吸收 2～5kg 的水，在一定程度上减少了地表径流的形成。枯枝落叶更为主要的作用在于分散、过滤和滞缓地表径流。由于枯枝落叶物纵横交错，径流在汇集过程中多次改变流向而曲折前进，分散了地表径流并减缓了流速。据测定，在 10°的坡地上，15 年生左右的阔叶林，枯枝落叶层中的水流流速仅为裸地的 1/40，可使森林上方携带的固体物质或林内进入径流的土沙石砾大量沉积下来，起到明显的过滤地表径流的作用。如子午岭林区在稠密的灌丛基部常堆积厚约 30cm 的泥土层。据报道，径流携带的固体物质可在林内、林带的上方及林带的下方 2 倍树高的范围内沉积。

枯枝落叶层越厚，分解得越好、越松软，调节地表径流的作用越突出。而且混交林优于纯林，因此乔灌草相结合的水土保持林是控制水土流失的一项根本性措施。

（3）改良土壤性状。枯枝落叶分解后使林地土壤的腐殖质含量大大增加，既改善了土壤结构，又增强了土壤的渗透性，使土体的抗蚀力大大增强。林地土壤具有强大的透水性，其原因主要为：①林冠截留减弱了雨滴的击溅力；②枯枝落叶层保护土壤的作用；③根系的腐烂更新，形成了更多的大空隙；④土壤中有益动物的洞穴、孔道，增加了土壤的透水性。正由于如此，森林土壤疏松多孔，尤其是非毛管空隙的数量多，持续时间又长，这一特性也是森林具有涵养水源作用的根本原因。

森林土壤储存水分的形式主要为滞留储存（即非毛管空隙即大空隙储存的水分：水分在大空隙中储存并靠重力作用向土层深处运动）和吸持储存（即毛管空隙储存的水分：水分未达饱和状态时，靠毛管吸力所储存的水分，植物生活所需要的水分几乎全部来自毛管水）。滞留储存使水分有足够的时间向土层深处进行渗透。当土壤含水量达到田间持水量时，滞留储存是唯一能够储存水分的形式，当其容积足以容下暴雨量时，地表径流则不会形成，而是逐渐形成地下水或以较稳定的流量形成长流水，再源源不断地进入江河。滞留储存帮助水分渗入土壤和减少地表径流的作用是森林独有的重要机能之一。因此，林区及其附近河川流量在一年四季内基本是稳定的。森林的这种减少地表径流，促进水流进入河川或水库，在枯水期仍能维持一定的水量进入河川或水库的作用，即森林的涵养水源作用。森林土壤的非毛管空隙率越高，储水量越大，涵养水源的作用越强。

正因为如此，森林被形象地称为"生物水库"或"无形水库"。森林作为降雨和径流的调节者，不仅具有改变降雨方式和径流形式，增加土壤蓄水量和地下径流量的作用，而且起到了保水、保土、过滤杂质、提高水质和保护水资源的多重作用。它以"整存零取"的方式自然调节枯洪流量，大大减少了洪涝灾害。据中科院观测，林区河流中地下径流量的比例可以达到年径流量的 85%，而无林区仅为 30%～40%。

（4）固持土体作用。森林植被的根系具有一定的固土作用，因此有"地下钢筋"之称。乔灌木树种构成的混交林依靠其深长的垂直根系、水平根系和斜根系，以相当大的幅度和深度固持着土体，使表土、底土、母质和基岩连成一体，增强了土体的抗蚀能力，减少了重力灾害的发生。

（5）减低风速，防止风蚀与风害。植被有效地削弱了地表风力，保护土壤，减轻风力侵蚀的危害。据研究，农田防护林的有效防护范围为树高的 20～25 倍，在此范围风速可降低 20%～30%，大大减少了水分的无效蒸发，利于抗旱保墒，也相应地改善了农田的小气候环境条件，促进了作物的良好生长。如一般谷类作物增产 20%～30%，瓜类和蔬菜增产 50%～70%。

此外，植被还具有调节气候、净化空气和保护环境的重要作用。

5. 人为活动

随着人类活动对自然生态环境影响的不断加深，前述影响土壤侵蚀的自然因素在人为活动因素的作用下，可以向着不同的方向发展，既有加剧土壤侵蚀的一面，也有防治土壤侵蚀的一面。因此，人为活动因素是加剧水土流失发生发展和预防与治理水土流失的主导因素。我们必须尽可能地减免人为活动因素的消极作用，发挥其积极作用。

1.4　重力侵蚀

1.3.2　重力侵蚀

重力侵蚀是水土流失的又一种表现形式。所谓重力侵蚀，其实是在其他营力特别是在下渗水分、地下潜水或地下径流的作用下，以重力为其直接原因所造成的地面物质的移动形式。重力侵蚀多发生在大于 25°的山地和丘陵坡地、沟坡、河谷的陡岸、人工开挖形成的陡坡地、修建渠道和道路形成的陡坡等地段。在自然界中，土体、岩石组成的斜坡之所以处于稳定状态，主要依靠颗粒间的凝聚力、内摩擦阻力和植物的固土作用来维持，一旦受到外力的作用破坏了原有的平衡，便会发生重力侵蚀。重力侵蚀的发生同时又为山洪和泥石流的形成提供了大量的固体物质，从而加剧了水土流失的危害。重力侵蚀的形式主要有泻溜、崩塌、陷穴、滑坡四种。

1.3.2.1　泻溜

泻溜又称撒落。疏松的表土，在陡峭的山坡或沟坡上，冷热干湿交替变化，促进了表层物质的严重风化，造成土体、岩体表面松散和内聚力降低，形成了与下层母体接触不稳定的碎屑物质，这些碎屑物质在重力作用下时断时续地向坡下撒落，这种侵蚀即泻溜。春季北方地区，泻溜侵蚀最为强烈，特别是黄土地区的黏重红土坡面，泻溜侵蚀尤为严重。在土石山区和石质山区岩石易风化的坡地，泻溜也是主要的产沙形式。

1.3.2.2　崩塌

1. 崩塌的特征

崩塌的运动速度很快，一般为 $5\sim200\text{m/s}$，有时可达到自由落体的速度，其体积由小于 1m^3 到若干亿 m^3，人们往往根据崩塌发生的不同区域和地形部位给予不同的名称。

（1）山崩。山坡上发生的规模巨大的崩塌称为山崩。山崩破坏力相当大，1911年帕米尔的巴尔坦格河谷发生的崩塌，使约 40 亿 m^3 的土石体从 600m 的高处崩塌下来，堵塞河谷形成了长 75km、宽 1.5km、深 262m 的大湖。川藏公路 1968 年发生的拉月大塌方，也是由 600m 厚的岩体崩塌造成的。发生在峡谷区的山崩，可以毁坏森林、堵塞河道、毁坏建筑物和村镇等。

（2）塌岸。发生在河岸、湖岸、海岸的崩塌称为塌岸。它主要是河水、湖水或海水的淘蚀，或在地下水的潜蚀作用及冰冻作用，使岸坡上部土岩体失去支持而发生崩塌。

此外，发生在悬崖陡坡上的大石块崩落，称为坠石或落石。如果崩塌是由于地下溶洞、潜蚀穴或采矿区引起的，则称为塌陷。

2. 崩塌发生的条件

（1）地形。崩塌只能发生在陡峻的斜坡地段。对于松散物质组成的斜坡，坡度需大于碎屑物的休止角，一般大于 45°的陡坡才有崩塌出现。例如，黄土区的切沟、冲沟及其沟头横断面呈 V 形，坡面超过 50°，纵断面比降大，常有跌水裂点，极不稳定，植被匮缺，是崩塌的多发区。此外，当沟边有裂隙发育时，裂隙深度超过沟床下切深度 1/2 的情况下，也有可能发生崩塌。坚硬岩石组成的坡地，要大于 50°或 60°时才能发生崩塌。坡地的高度也是崩塌形成的一个重要条件。松散物质组成的斜坡，在高度小于 25m 的陡坡上，只能出现小型的崩塌，在高度大于 45m 的陡坡上，可能出现大型的崩塌。对于坚硬岩石组成的陡坡，大型崩塌只能发生在高度大于 50m 的陡坡上。

（2）地质。岩石中的节理、断层、地层产状和岩性等都对崩塌有直接影响。在节理和断层发育的山坡上，岩石破碎，很易发生崩塌。当地层倾向和山坡坡向一致，而地层倾角小于山坡坡角时，常沿地层层面发生崩塌；软硬岩性的地层呈互层时，较软岩层易受风化，形成凹坡，坚硬岩层形成陡壁或突出成悬崖，易发生崩塌。

（3）气候。在日温差、年温差较大的干旱、半干旱地区，物理风化作用较强，较短的时间内岩石就会风化破碎。例如，兰新铁路一些开挖的花岗岩路堑，仅四五年时间，路堑边坡岩石就遭到强烈风化，形成崩塌。我国西北、东北和青藏高原的一些地区，冻融过程非常强烈，崩塌现象十分普遍。暴雨增加了岩体和土体负荷，破坏岩体和土体结构，软化了黏土层，触发崩塌发生。

地震、人工过度开挖边坡等，也都能引起崩塌。

3. 崩塌分类

崩塌的分类可根据组成坡地的物质结构和崩塌的移动形式来进行。

（1）根据组成坡地的物质结构可划分为以下几种：

1）崩积物崩塌。这类崩塌是山坡上已经过崩塌的岩屑和沙土的物质，由于它们的质地很松散，当有雨水浸湿或受地震震动时，可再一次形成崩塌。

2）表层风化物崩塌。这是在地下水沿风化层下部的基岩面流动时，引起风化层沿基岩面崩塌。

3）沉积物崩塌。有些由厚层冰积物、冲积物或火山碎屑物组成的陡坡，由于结构松散，形成崩塌。

4）基岩崩塌。在基岩山坡上，常沿节理面、层面或断层面等发生崩塌。

（2）根据崩塌体的移动形式可划分为以下几种：

1）散落型崩塌。在节理或断层发育的陡坡，或是软硬岩层相间的陡坡，或是由松散沉积物组成的陡坡，常常形成散落型崩塌。

2）滑动型崩塌。这类崩塌沿一滑动面发生，有时崩塌土体保持了整体形态，这种类型的崩塌和滑坡很相似。

3）流动型崩塌。降雨时，斜坡上的松散岩屑、砂和黏土，受水浸透后产生流动崩塌。这种类型的崩塌和泥石流很近似，实际上，这是坡地上崩塌型泥石流。

上述各种类型崩塌并不是孤立存在的，在一次崩塌中，可以有几种形式的崩塌同时出现，或者由一种崩塌形式转变为另一种崩塌形式。

1.3.2.3 陷穴

地表层发生近于圆柱形土体垂直向下塌落的现象称为陷穴。陷穴是黄土地区特有的一种侵蚀形式，黄土地区的梁峁坡地、沟坡地、塬面、沟头和小冲沟的底部常会发生陷穴侵蚀。由于黄土的垂直节理发育，其中含有大量的碳酸盐等可溶性物质，这些可溶性物质随雨水沿着垂直节理缝隙不断向土层深处渗透，甚至达到不透水层，久而久之使土层内部出现了许多微小空隙，严重时形成空洞或管状沟，当地表的土体失去顶托时突然陷落，呈垂直洞穴。在地表往往呈竖井状、漏斗状、下部连通的串珠状等形状。陷穴破坏耕地，跌伤人畜，也为径流的进一步集中汇集和侵蚀沟的发展创造了条件。

1.3.2.4 滑坡

雨水渗透到土层深处，若有不透水层或岩石存在，其交界面上便会有水分聚积，由于水分减少了土体的内摩擦阻力，在重力作用下土体沿不透水层下滑，即形成滑坡。

1. 滑坡的形成过程

滑坡的形成大致可分为三个阶段，即蠕动变形阶段、剧烈滑动阶段、渐趋稳定阶段。

（1）蠕动变形阶段。在斜坡内部某一部分，因抗剪强度小于剪切力而首先变形，产生微小的滑动。以后变形逐渐发展，直至坡面出现断续的拉张裂缝。随着裂缝的出现，渗水作用加强，使变形进一步发展。坡脚附近的土层被挤压，而且显得比较潮湿，此时滑动面已基本形成。蠕动变形阶段，长的可达数年，短的仅有几天。一般来说，滑坡规模越大，这个阶段越长。

（2）剧烈滑动阶段。在此阶段，岩体已完全破裂，滑动面已形成，滑体与滑床完全分离，滑动带抗剪强度急剧减小，只要有很小的剪切力，就能使岩体滑动。这时裂缝错距加大，后缘拉张主裂缝连成整体，两侧羽状裂缝撕开。斜坡前缘出现大量放射状鼓胀裂缝、挤压鼓丘。滑动面出口地方常有浑浊的泉水出露，这时各种滑坡形态纷纷出现，这是滑坡开始整体下滑的征兆。然后发生剧烈滑动。滑动的速度，一般每分钟数米或数十米，这段时间持续最短，为几十分钟。但也有少数滑坡以每秒钟几十米的速度下滑，这种高速度的滑坡已属崩塌性滑坡，它能引起气浪，产生巨大的声响，如发生在 2009 年 11 月山西省中阳县的滑坡。

（3）渐趋稳定阶段。经剧烈滑动之后，滑坡体重心减低，能量消耗于克服前进阻力的土体变形中，位移速度越来越慢，并趋于稳定。滑动停止后，土石变得松散破碎，透水性加大，含水量增大，原有的层理局部受到错开和揉皱，出现老地层覆盖新地层的现象。滑坡停息后，在自重作用下，滑坡体松散土石又渐趋压实，地表裂缝逐渐闭合。滑动时东倒西歪的树木又恢复垂直向上生长，变成许多弯曲的所谓马刀树或醉汉树。滑坡后壁上逐渐生长草木，滑坡体前缘渗出的水变清。滑坡渐趋稳定阶段可能延续数年之久。已停息多年的老滑坡，如果遇到敏感的诱发因素，可能重新活动。

以上几个阶段并不是所有的滑坡都具备，有的只有剧烈滑动阶段、渐趋稳定阶段比较明显，每个阶段持续时间长短也不一样。

2. 影响滑坡的因素

（1）岩性和构造。松散堆积层中发生的滑坡，主要和黏土有关，特别是和蒙脱石、伊利石及高岭石等亲水黏土矿物关系密切，这些矿物含量多的土体，内摩擦角 φ 值很小，因此最易产生滑坡。基岩滑坡多发生在千枚岩、页岩、泥灰岩和各种片岩等岩性区，因为这些岩石遇水时容易软化，在斜坡上失去稳定，产生滑坡。构造主要指的是断层面、节理面、岩层不整合面及松散沉积物与下伏基岩的接触面等，因为它们的存在构成了天然的滑动面，如果岩层倾向与斜坡倾向一致，而岩层倾角小于斜坡倾角时最易形成滑坡。

（2）地形。地形对滑坡的影响主要表现在临空面、坡度和坡地基部受淘冲的程度。河流及沟谷水流对地表的切割，首先为滑坡创造了临空面，基岩沿软弱结构面滑动时，要求坡度为 30°～40°；松散堆积层沿层面滑动时，要求坡度在 20° 以上。河流冲刷坡地基部的地方也是最易产生滑坡的地方。

（3）气候。气候对滑坡的影响主要体现在降水，特别是与特大暴雨关系密切。云南、贵州、四川三省 14 个滑坡资料统计表明，90% 以上的滑坡与降雨有关，一般具有大雨大滑、小雨小滑、无雨不滑的特征。另外，冻融作用也对滑坡有一定的影响。

（4）地下水。地下水的影响主要表现为：①降低土体内细颗粒的吸附力；②能溶解土体中的胶结物，如黄土中的碳酸钙，使土体失去黏结力；③饱和水的土体，增加土体单位面积的重量，因而加大平行滑动面的重力分力；④地下水运动时，产生动压力，能使土体发生滑动；⑤地下水沿滑动面运动，使摩擦系数减小、阻力降低。

（5）人为活动。人工开挖坡脚形成高陡边坡，破坏了自然斜坡的稳定状态，这是引起滑坡的主要原因。另外，人工在坡顶堆积弃土、盖房，加大了坡顶载荷，也可促使滑坡的发生，不适宜的大爆破施工也能诱发滑坡等。人为活动造成工程滑坡的主要原因为：斜坡超限开挖，坡角切坡过陡；建设场地选地不当；斜坡加载填土不当；环山引水渗漏和斜坡坡脚减载不当等。

滑坡危害性相当大，一旦发生，常常埋没村庄，毁坏工厂、矿山，中断交通，堵塞江河，破坏良田和森林等。目前，世界上最大的一次滑坡是意大利瓦依昂特水库左岸石灰岩山坡的滑动，其滑坡体达 3 亿 m^3。据记载，陇海铁路宝鸡附近发生的一次滑坡，由于倾盆大雨的影响，滑动速度由慢到快，滑坡时间长达半小时之久，滑坡体的体积达 2000 万 m^3。滑坡又称"地移""垮山"和"泄山"，一旦发生，其危害程度甚为严重。

1.3.3 风力侵蚀

风是土壤侵蚀的又一重要营力，当空气水平运动时形成风。风作用于物体时即形成风力。风力对地表土壤及其母质进行破坏、搬运和聚集的过程称为风力侵蚀，简称风蚀。

风蚀具有以下特点：①面积广。发生在广大的土地面积上，不论平原、高原、丘陵或山地均可发生（山西省西北部的左云、右玉、平鲁、神池等县为该省典型的风力侵蚀为主的区域）。②时间长。风力侵蚀没有明显的周期性，常年均可进行。③机械

1.5　风力
侵蚀

组成复杂。风速变化多端，因而风蚀有强烈的变动性，被吹蚀的土粒大小不均，因此机械组成复杂。④风蚀量大。风蚀搬运的是细土粒，但由于风力作用的时间长、范围广，总侵蚀量比水蚀大得多。因此，风蚀是造成土地生产力下降和土地荒漠化的主要因素。据全国第三次荒漠化和土地沙化监测结果：全国荒漠化土地总面积为26362 万 km^2，占国土总面积的 27.46%；全国沙化土地面积为 173.97 万 km^2，占国土总面积的 18.12%；具有明显沙化趋势的面积 31.86 万 km^2，占国土总面积的3.32%。

风力侵蚀主要发生在比较干旱、缺乏植被的条件下，当风速大于 4m/s 时即发生土壤侵蚀。如果表土干燥、疏松，土粒过细时，也能形成风蚀，尤其是干旱的风沙区及沙漠地区若遇特大的风速，1mm 以上的较大沙粒也可被吹蚀，形成"飞沙走石"的现象。

1.3.3.1　沙粒移动形式

1. 浮游

当风速达 4～5m/s 时，表层干燥细小的沙粒被吹蚀脱离地表后，由于上层的风速大，而沙粒的自身重量很轻，这样在较长的时间内悬浮于空气中，并以与风速相同的速度运动搬运到远方。悬移运动的沙粒称为悬移质。悬移质的粒径一般为小于0.1m 甚至小于 0.05mm 的粉沙和黏土颗粒。由于体积小、重量轻，加之在搬运过程中涡流的形成使沙粒被浮托上升到高空进行远距离的搬运，只有经过长时间的风静以后或遇到降雨时，悬移质才能到达地面，此时已远远离开原地。通常所提的"降尘"现象就是悬移质的降落。悬移的固体物质量占风蚀总量的 5% 以下。

2. 跃动

当风速继续加大时，滚动前进加速，沙粒的运动能量增加，可以腾空到离地面一定的高度，一般 30cm 以下，之后以抛物线的路径斜向落回地面冲击地面沙粒，促使更多的沙粒发生移动。粒径 0.1～0.15mm 的沙粒最易以跃移方式移动。若空气层中混有大量跃动颗粒的气流即称为风沙流。这表明风蚀已非常严重（如沙尘暴的形成）。

3. 蠕移

沙粒在地表滑动或滚动称为蠕移，呈蠕移运动的沙粒其粒径为 0.5～2.0mm 的粗沙。蠕移运动的沙粒称为蠕移质，蠕移质的量可以占到风蚀物总量的 20%～25%。当风速大于起沙风速时，地表较大的沙粒开始随风移动，除少数沿地面滑动外，大部分沙粒受地表摩擦力的影响而滚动。

1.3.3.2　流沙的堆积

气流中所携带的土沙颗粒随风速的减小或遇到地面障碍物（如植物或地表微小起伏）后逐渐堆积，最先停止运动的为滚动的沙粒，其次是跃动的沙粒，最后才是悬移的沙粒，这种现象称为沙粒的分选作用。在主要风向的影响下，分选作用反复进行，便形成大量沙粒堆积形成较均匀的沙丘；若地表具有障碍物，风沙流中大量的沙粒在障碍物附近堆积下来，形成沙堆。

各种类型的沙丘都不是静止和固定不变的，沙丘的移动是通过沙粒在迎风坡风蚀、背风坡堆积而实现的。常见的沙丘类型有舌状沙丘、新月形沙丘、脉状沙丘等，还有马蹄形、格状、蜂窝状和金字塔形等形状。长期的风蚀作用，促进了沙漠化的发展，致使大量的良田被破坏，不少的名城变成了废墟。据史料记载，公元 413 年大夏王朝曾在陕北靖边城建都，当时"临广泽而带清流"，后因战争破坏、乱垦滥伐，环境逐渐恶化。到公元 822 年，这一带"飞沙为堆，高及城墎"。到了明代，长城两侧已是"四望荒沙，不产五谷"，流沙已向南移了 50km，吞没农田、牧场 14 万 km²，其余的农田也在沙丘包围之中。

1.3.3.3 风蚀与沙漠化

沙漠按组成物质的不同可分为以下两类：地面覆盖大量松散沙粒的沙质荒漠；地面覆盖大量砾石的砾质荒漠，即戈壁（滩）。沙漠地区主要处于年降水量 250mm 以下的广大干旱荒漠地带，具有干旱荒漠气候地带性的特点。

我国面积最大的沙漠为新疆塔里木盆地的塔克拉玛干沙漠（南疆），约 32.2 万 km²，其次为巴丹吉林沙漠、古尔班通古特沙漠以及腾格里沙漠，即我国的四大沙漠。

1. 沙漠化

在干旱、半干旱和部分半湿润地区，自然因素和人为因素的影响，破坏了自然生态的脆弱平衡，使原来非沙漠地区出现了以风沙活动为主要标志的类似沙漠景观的变化过程，以及在沙漠地区发生了沙漠环境条件的强化和扩张过程。简言之，沙漠化即沙漠的形成和扩张过程。

我国是沙漠化危害严重的国家之一，受沙漠和沙漠化影响的区域主要分布在"三北"地区（西北：新疆、青海、宁夏、甘肃、陕西；华北：内蒙古、山西、河北；东北：主要为东北西部地区），形成了长达万里的风沙危害线。"三北"防护林体系建设的主要目的之一，即锁住风沙，防止沙漠化的推进。

沙漠化的主要原因可概括为两大方面：

（1）人为活动。如过度放牧、砍伐、垦殖及过度利用地下水，导致大面积的森林、草原退化、消失。如内蒙古阿拉善旗（内蒙古西部，紧靠腾格里沙漠）绿洲的萎缩，是由于黑河流域的水资源过度利用而造成地下水位下降。

（2）气候条件。气候干旱，风大风多，风沙危害频繁，使得沙漠化的速度加快和沙漠化的面积扩大。我国沙漠化面积扩大的速度：20 世纪 50—70 年代约为 1560km²/a；80 年代约为 2100km²/a；90 年代中期约为 2640km²/a；90 年代末约为 3640km²/a。沙漠化扩展的主要表现形式为就地起沙和风沙流外侵。

由于风沙危害，我国每年直接经济损失达 45 亿元，间接经济损失为直接经济损失的 3～10 倍。

2. 沙漠化土地

受沙漠化的影响而降低和丧失生产能力的土地，即沙漠化土地。沙漠化造成土地退化的主要表现特征有以下几个方面。

（1）土壤流失。风蚀对地表土壤颗粒的搬运，使土壤严重流失；大量的土壤颗粒被吹蚀，土壤质地变差，生产力降低，土地退化。同时，吹蚀的堆积物又造成农田、村庄被埋压，甚至堆积形成流动沙丘或造成河道淤塞。如呼伦贝尔磋岗牧场，20 世纪 50 年代初期开垦的 233hm² 的耕地中，到 20 世纪 80 年代形成的流动和半流动沙丘面积占复垦区面积的 39.4%；从宁夏中卫到山西河曲段，由于风蚀直接进入黄河干流的沙量达 5321 万 t/a。

（2）土壤质地变粗，养分流失。土壤中的黏粒胶体和有机质是养分的载体，风蚀导致土壤中细粒物质流失，粗粒物质相对增多，使土壤养分含量显著降低。

（3）生产力降低。土壤生产力是土壤提供作物生长所需的潜在能力。风蚀使土壤养分流失、结构粗化、持水能力降低、耕作层减薄，以及不适宜耕作或难以耕作、底土层的出露等，降低了土地的生产力。

（4）磨蚀。风力推动沙粒在地面的磨蚀，不仅使土壤表层的薄层结构被破坏，造成下层土壤裸露，使抗蚀力强的土块和团聚体变得可蚀了。同时，磨蚀作用也对植物产生"沙割"危害，影响植物的成活、生长和产量。

3. 沙尘暴

沙尘暴是全球干旱、半干旱地区特殊下垫面条件下产生的一种灾害性天气。我国的沙尘暴主要发生在西北干旱、半干旱区，属于中亚沙尘暴多发区的一部分，也是世界上唯一的中纬度地区发生沙尘暴最多的区域。沙尘暴导致了一系列的环境问题，如污染空气，危害农业、牧业、交通运输、通信、人类健康和动植物生存等，并对气候变化、沙漠化的形成和发展等有着重大影响。

沙尘暴是大风扬起地面沙尘、使空气变得混浊、水平能见度小于 1000m 的恶劣天气现象。气象学中规定，凡水平能见度小于 1000m 的风沙现象，皆称为沙尘暴。

沙尘暴形成的原因，一是大风，二是地面有大量裸露的沙尘物，三是不稳定的空气。其中强风是起动沙尘的动力，丰富的沙尘源是形成沙尘暴的物质基础，不稳定的空气是局地热力条件所致，该条件使沙尘卷扬得更高。因此，沙尘暴是特定气象和地理条件相结合的产物。

黑风暴是大风天气中的一种特强沙尘暴天气，发生时天色灰暗，甚至伸手不见五指，据此形象地称为"黄风"或"黑风"。

风蚀的影响因素除与风力有关外，还与土壤抗蚀性、地形、降水、地表状况等因素有关。

1.3.4　混合侵蚀

混合侵蚀是指在水流冲力和重力共同作用下产生的一种特殊侵蚀类型。其典型的表现形式为泥石流。

1.3.4.1　泥石流的特点

1.6　混合侵蚀

泥石流是固体物质达到超饱和状态的急流。泥石流的主要特点如下：

（1）泥石流固体物质含量高、流速急，具有大冲大淤的特点。泥石流中固体物质的含量均超过 25%，有时高达 80%。容重大于 1.3t/m³，最高可达 2.3t/m³。

（2）暴发突然，来势凶猛。其搬运能力比水流大数十倍到数百倍，是山区的一种特殊侵蚀现象。

（3）历时短暂，具有强大的破坏力。泥石流发生时，像一条褐色的巨龙，奔腾咆哮，巨石翻滚，激浪飞溅，石块撞击声雷鸣般地响彻山谷，以巨大的破坏力倾泻而下，摧毁前进途中的一切建筑物，埋没农田、森林，堵塞河道、沟道，冲毁路基、桥涵、城镇和村庄。因此，泥石流是水土流失发展到最严重阶段的表现形式。1970 年秘鲁的瓦斯卡兰山爆发泥石流，500 多万 m^3 的雪水与泥石，以 100km/h 的速度冲向秘鲁的容加依城，这场灾难直接造成 2 万多人死亡，灾难景象惨不忍睹，经济损失无法估计。

1.3.4.2 泥石流的类型

泥石流按其形成的原因可分为冰川型泥石流和暴雨型泥石流，按泥石流中所含固体物质量的多少可分为稀性泥石流（容重 $1.3 \sim 1.8t/m^3$）、过渡型泥石流（容重 $1.8 \sim 2.0t/m^3$）和黏性泥石流（容重 $20 \sim 23t/m^3$）、按固体物质的组成可将分为石洪、泥流和泥石流。

1. 石洪

石洪是土石山区暴雨后形成的含有大量土砂石砾等松散固体物质的超饱和状态的急流。石洪是水和土砂石块组成的一个整体流动体。因此，石洪以大小石砾间杂混合沉积。

2. 泥流

泥流是发育在黄土地区以细粒泥沙为主要组成物质的泥石流。泥流所具有的动能远大于山洪，流体表面显著凹凸不平，已失去一般流体特点，在其表面常可浮托、顶运一些大土体。在泥流发育的沟道或堆积区，常常大量堆积着大大小小的泥球、碎屑球。

3. 泥石流

泥石流是指由浆体和石块组成的特殊流体。固体物质的成分从粒径小于 0.005mm 黏土粉粒到直径几十米的大漂砾。这是我国山区常见的一种破坏力极大的自然灾害。

1.3.4.3 泥石流的形成条件

泥石流的形成是各种自然因素与人为活动共同作用的结果。这些形成可归纳为两大系列条件，即基本条件和促发条件。

1. 基本条件

(1) 充足的固体碎屑物质。土石山区主要是由地质构造、岩性、地震、新构造运动和不良的物理地质现象等所造成的；黄土地区，在泥岩、页岩和粉砂岩分布区，常被开垦、风化而形成大量的固体物质。人类不合理的经济建设活动，如毁林开荒、陡坡垦种、各类工程建设中被扰动的疏松土体，以及开矿堆放大量的废渣等，都会使泥石流发生时的固体物质增加。如四川冕宁县泸洁盐井沟，因大量弃渣堆放，激发了泥石流年年发生，已造成百余人死亡的惨剧，并且严重威胁着成昆铁路的安全，虽投巨资进行治理，但仍难以彻底控制泥石流的发生。

(2) 充足的水源。充足的水源是泥石流形成的必要条件，如暴雨、冰雪融化、湖库溃决等，尤其是高强度短历时暴雨，如雨强 30mm/h 以上和 10min 雨强在 10mm 以上的短历时暴雨。我国气象部门规定，一日降雨量大于 50mm 为暴雨，100～200m 为大暴雨，大于 200mm 为特大暴雨。

（3）地形条件。典型的泥石流沟道从上游到下游可划分为三大区域：侵蚀区、过渡区和堆积区。

1）侵蚀区。侵蚀区多为漏斗或勺状地形，易在短期内集中大量的径流。加之暴雨的区域性特点，集水区为 $0.5\sim10km^2$ 的流域常是泥石流的多发区。据研究，泥石流沟床比降多在 $5\%\sim30\%$，尤其是 $10\%\sim30\%$ 时最易发生泥石流；$10°$ 以上的沟坡即可发生泥石流，尤以 $30°\sim70°$ 为甚。

2）过渡区。过渡区的地形多陡直并有跌水存在，此类地形不断补充泥石流运动过程中的能量和物质，促使了泥石流的形成。

3）堆积区。堆积区为泥石流固体碎屑物的沉积区，地形通常平缓、开阔，泥石流发生过程中大小不同的各类固体物质在该区突然大量堆积。

泥石流的形成与地质构造、岩性、地震、新构造运动以及人类活动等都有着密切的联系。

2. 促发条件

促发条件包括激发、触发或诱发条件等。激发条件是指泥石流发生基本条件中某一条件超过一般情况下的强度持续作用；触发条件则是泥石流发生基本条件以外的其他动力作用；诱发条件为影响泥石流发生基本条件的间接因素等。它们的主要表现为：①崩塌、滑坡、冰崩和雪崩等促使土体突然运动；②暴雨、冰川积雪强烈消融、水库等溃决、地下水运动压力增大等使水体和水压力突然增加并强烈推动与冲刷堆积物；③人类活动使坡度变陡、松散土体增高、破坏植被等促使土体发生泥石流运动；④大爆破和地震等，促使泥石流流体起动，或使水饱和土体发生液化流动。

泥石流的形成与地质构造、岩性、地震、新构造运动以及人类活动等都有着密切的联系。

水 土 保 持 规 划

历史上，水土保持一般是农民自发地、零星地进行，没有全面、系统的规划。中华人民共和国建立以来，各地先后进行了各种类别的水土保持规划，使水土保持工作进入有科学指导、有组织、有计划、全面系统布局的新阶段。

党的二十大报告指出，"必须牢固树立和践行绿水青山就是金山银山的理念，站在人与自然和谐共生的高度谋划发展"，"要推进美丽中国建设，坚持山水林田湖草沙一体化保护和系统治理，统筹产业结构调整、污染治理、生态保护、应对气候变化，协同推进降碳、减污、扩绿、增长，推进生态优先、节约集约、绿色低碳发展"。

做好水土保持规划，需深入了解水土保持规划的原则、规划的主要内容和不同类型规划编制要点。

任务 2.1 水 土 保 持 规 划 概 述

2.1.1 水土保持规划的定义、作用

水土保持规划是对保护水土资源，防治水土流失的总体部署或专项部署，是开展水土保持工作的基础。水土保持规划是国民经济和社会发展规划体系的重要组成部分，是依法加强水土保持管理的重要依据。

2.1 水土保持规划的定义和作用

水土保持规划是践行生态文明要求的具体行动。首先，水土保持是我国生态文明建设的重要内容，水土保持规划中指出的水土流失防治体系路线、途径和时间表等，与经济社会发展相适应，是落实生态文明总体部署的行动纲领和科学途径。其次，《中华人民共和国水土保持法》赋予规划的法律地位、政府主体责任、预防保护规定等，需要通过规划来落实。最后，水土保持规划是提升综合防治水平的重要途径。编制水土保持规划过程中将分析评价水土保持现状和水土保持发展趋势，从存在问题、水土保持需求等角度出发，提出水土流失防治的总体设计，进而提升综合防治水平。

2.1.2 水土保持规划的类型、性质

水土保持规划分为综合规划和专项规划两大类。

水土保持综合规划是以县级以上行政区或流域为规划范围，根据自然与社会经济情况、水土流失现状及水土保持需求，对预防和治理水土流失，保护和利用水土资源，维护和提高水土保持功能作出的整体部署。规划内容涵盖预防、治理、监测、监

2.2 水土保持规划的类型和性质

督管理等。水土保持综合规划是《中华人民共和国水土保持法》中规定由县级以上人民政府或其授权部门批复的水土保持规划，是一种中长期的战略发展规划。按不同级别进行分类，综合规划包括国家级、流域级、省级、市级、县级水土保持规划。

水土保持专项规划是根据水土保持综合规划，对水土保持专项工作或特定区域水土流失防治而做出的专项部署。水土保持专项规划是在综合规划指导下的专门规划，通常是项目立项的重要依据，也可直接作为工程可行性研究报告或实施方案编制的依据。专项规划包括四种类型：一是专项工程规划，是在综合规划指导下对特定区域或对象水土流失防治而做出的专门规划。如黄土高原地区综合治理规划、坡耕地综合治理规划、淤地坝规划等。二是专项工作规划，是在综合规划指导下为开展水土保持监测、信息化应用、监督管理、科学研究等工作而做出的专门规划。如水土保持监测规划、水土保持科技支撑规划、水土保持信息化规划等。三是水土保持发展规划，是在综合规划指导下制定的与国民经济和社会发展五年规划、水利发展（或水安全保障）五年规划相衔接的特定阶段的水土保持工作部署。如国家水土保持"十四五"实施方案、浙江省水土保持"十四五"规划等。四是专项实施规划（方案），是指根据综合规划、专项工程规划以及投资安排，针对专项工程而做出的阶段实施安排。如国家水土保持重点工程 2021—2023 年实施方案、浙江省 2009—2011 年水土保持重点工程建设规划等。

2.1.3　水土保持规划基本原理

2.1.3.1　系统理论

2.3　水土保持规划的基本原理

水土保持是包括生态、经济和社会等要素的大系统，在系统内部，生态、经济、社会各子系统有着一定的结构、层次和功能。因此，在水土保持规划过程中要将系统论的思想和方法贯穿于其中。其遵循的基本原理如下。

1. 系统性

系统论的核心思想是系统的整体观念，也就是有机整体性原则，即系统中的各要素不是作为孤立事物，而是作为一个整体出现和发挥作用的。水土保持规划通过协调预防、治理和综合监管各方面来实现水土资源的合理保护与利用，综合考量水土保持工作的各个方面，遵从全面和全局的观点，从区域水土保持的整体效果来构思总体方略。

2. 动态性

动态性是系统能够自动调节自身的组织、活动的特性。当系统内部达到良性循环时，系统就具有自动调节的能力。水土保持规划必须遵循水土流失、经济社会发展过程的阶段性，在规划中找到发展、保护、利用和开发的平衡点。随着经济社会发展和转型，人口劳动力、城镇化建设、资源开发、基础设施建设等形势的变化，给水土保持带来了新挑战、新问题、新机遇，人民生活不断改善、生态意识日益增强对水土保持提出了新要求，这些都需要在规划中进行协调，使规划布局、任务安排满足经济社会发展和水土流失防治的要求。

3. 协调性

协调性是指在特定的阶段内，使系统对象和各组成要素处于相互和谐的状态，并按照有序状态运转。水土保持规划既要着重水土流失防治，发挥水土保持整体功能，又要统筹兼顾国家与流域、流域与区域、城市与农村、建设与保护、重点区域与一般区域之间的关系，形成以规划为依据、政府引导、部门协作、全社会共同治理水土流失的局面。水土保持规划还需要考虑需求的协调性，水土保持具有改善农业生产条件和推动农村发展、改善生态系统与维护生态安全、促进江河治理与减轻山洪灾害、保障饮用水安全与改善人居环境等各方面的需求，规划中要统筹协调各方需求，推动区域协调健康发展。

水土保持规划中，生态、经济、社会等要素构成一个有机整体，生态、经济和社会三个子系统间相互联系、相互影响，经济发展和社会进步必须以生态环境为基础，而生态环境的建设和保护又必须以经济发展和社会进步为保障。

2.1.3.2 可持续发展理论

可持续发展的目标是社会持续发展，其基础是经济增长，必要条件是资源的供给和环境的保护。要实现经济、社会可持续发展，必须克服传统的只重视资源开采，忽视环境保护、盲目扩大再生产的观念。经济、资源、环境协调发展是实现可持续发展的重要前提。可持续发展包含两个基本要点：一是强调在人与自然和谐共处的基础上追求健康而富有生产成果的权利，而不应当在耗竭资源、破坏生态和污染环境的基础上追求这种发展权利的实现；二是强调当代人和后代人创造发展与消费的机会是平等的，当代人不能一味地、片面地和自私地为了追求今世的发展与消费，而剥夺后代人本应享有的同等发展和消费的机会。

可持续发展理论是当代处理发展与环境关系的科学理论，它更突出发展与环境的相互关系及其动态变化。可持续发展理论是对综合系统时空行为的规范，从水土保持规划上看，规划理念要从过去为农业发展服务转移到可持续发展的理念上来；而且在规划过程中，在区域的性质分异和等级划分中，不仅要看结构与功能的分异，而且要从更深层次上分析其动态变化趋势。

2.1.4 水土保持规划编制方法

2.1.4.1 组织编制

水土保持规划由县级以上人民政府水行政主管部门会同同级人民政府有关部门编制，报本级人民政府或者其授权的部门批准后，由水行政主管部门组织实施。规划批准后应当严格执行。规划期内的规划，根据实际情况确实需要修改的，应当按照规划编制程序报原批准机关批准。

2.4 水土保持规划编制方法

规划的编制应在水土流失调查结果及水土流失重点预防区和重点治理区划定的基础上进行。其中，水土流失调查由省级人民政府水行政主管部门负责；水土流失重点预防区和重点治理区由县级以上人民政府依据水土流失调查结果划定并公告。

2.1.4.2 编制要求

规划编制要重视基础资料收集和调查研究。编制所需的基本资料应来源可靠、数据准确，并具有代表性。尽可能采用政府公布的现状水平年的统计数据、批复规划中的数据以及由各级政府部门确认的上报数据。编制前要注重实地调研，掌握实际情况和需求；针对重大技术问题可以开展专题研究。

水土保持规划应当与国土空间规划（土地利用总体规划）、水资源规划、城乡规划和环境保护规划等相协调。协调好与其他行业规划的关系，确保规划间生态建设与保护目标任务的一致性。同时，结合规划层级，规划编制宜采取"自上而下"和"自下而上"相结合的工作方式，针对重要中间成果，进行反复磋商。另外，规划编制应当依据规划任务书的要求编制；下级规划应以上级规划为依据，专项规划应以相应的综合规划为依据。

各类水土保持规划要以水土保持区划为基础性和指导性技术文件。水土保持区划是在综合分析自然地理分异、水土流失地域分异和经济社会发展区域差异对水土流失防治的需求基础上，依据区划基本原则，进行的水土保持区域划分，并分区明确水土保持功能以及水土流失防治方略、布局和技术体系。综合规划应根据水土保持区划进行现状评价和需求分析，并结合规划区特点，进行总体布局等；水土保持专项规划宜以水土保持区划为基础，结合专项规划需求，进行必要的分区，提出分区布局等。

水土保持规划应重视需求分析。需求分析是指在现状评价和经济社会发展预测的基础上，结合相关规划以防治水土流失、保护和合理利用水土资源、维护和提高水土保持主导基础功能为目的，从促进农村经济发展与农民增收、保护生态安全与改善城乡人居环境、利于江河治理和防洪安全、涵养水源和维护饮水安全，以及提升社会公众服务能力等角度进行的分析。需求分析宜围绕规划期内突出的水土流失问题和短板，作为规划编制的基础。需求分析结论需满足确定规划目标、任务、规模，以及为区域布局和措施体系配置提供依据的要求。

任务 2.2　水土保持规划原则和基础

2.5　水土保持规划原则和基础

水土保持规划应当在水土流失调查结果及水土流失重点预防区和重点治理区划定的基础上，按照规划指导思想，遵循统筹协调、分类指导、突出重点、广泛参与的原则编制。

2.2.1　规划原则

2.2.1.1　统筹协调

水土保持是一项复杂的、综合性强的系统工作，涉及水利、自然资源、农业农村、林草、交通、能源等多学科、多领域、多行业、多部门。水土保持规划编制应充分考虑自然、经济和社会等多方面的影响因素，协调好与其他行业的关系，分析经济社会发展趋势，统筹相关水土保持内容，合理拟定水土保持目标、任务和重点。

2.2.1.2　分类施策、突出重点

我国幅员辽阔，自然、经济、社会条件差异大，水土流失范围广、面积大，形式多样、类型复杂。水力、风力、重力、冻融及混合侵蚀特点各异，防治对策和治理模式各不相同。应从实际出发，对不同区域、不同类型水土流失的预防和治理区别对待，因地制宜制定水土流失防治体系。另外，结合规划目标和规模，区分轻重缓急，突出重点任务和内容，分期分步实施，全面推进水土流失防治。

2.2.1.3 广泛参与

水土保持规划编制既是政府行为，也是社会行为。规划编制中要充分征求专家和公众的意见。征求有关专家意见，提高规划的前瞻性、综合性和科学性；征求公众意见，听取群众的意愿，维护群众的利益，提高规划的针对性、可操作性和广泛性。

另外，规划内容也有相应的编制原则，如预防保护部分编制应突出"预防为主、保护优先""注重自然修复、减少人为干扰""大预防、小治理"的原则；综合治理部分编制应遵循综合治理、因地制宜、突出重点、提质增效的原则，突出系统性和科学性。

2.2.2 规划基础

水土保持规划基础主要包括水土保持区划、水土流失重点防治区划分和规划基础资料及来源。

2.2.2.1 水土保持区划

水土保持区划是一种相对稳定的水土保持区域划分，是各类水土保持规划的基础性和指导性技术文件，是水土保持规划总体布局的基础。根据区域自然、社会经济和水土流失状况制定的水土保持区划，分区明确了水土保持功能以及水土流失防治方略、布局和技术体系，充分体现了水土流失防治因地制宜的要求。根据不同区域的基础情况制定相应的农业结构调整方案、水土保持措施布局和经济发展方向，对水土保持科学决策具有重要意义。

水土保持综合规划应在水土保持区划的基础上进行，水土保持专项规划可根据水土保持区划结合实际情况进行。在进行水土保持专项工程规划时，为了更好地分区布局，应在全国水土保持区划三级区基础上，进行必要的水土保持分区，并分区分类开展典型调查与设计，各区可以在空间上连续或断续，以达到合理分区、因地制宜的目的，详略程度应以达到典型调查与设计的精度要求为准。水土保持专项工作规划可根据需要以水土保持区划为基础进行布局。

2.2.2.2 水土流失重点防治区划分

我国水土流失类型复杂、形式多样，土壤侵蚀强度及危害程度地区差异极大，水土流失对不同区域生态安全、经济发展以及群众生产生活的影响也不相同。为了有效开展水土流失预防和治理，水土保持必须实行分区防治、分类指导，突出重点实施有效防治。划定和公告水土流失重点防治区是水土保持法律法规明确赋予各级政府的一项重要工作。水土流失重点防治区是确定水土流失重点防治项目的重要依据，是实行地方各级人民政府水土保持目标责任和考核奖惩制度的前提，是生产建设项目选址、选线应当避让或提高防治标准的区域，对加强水土流失重点防治工作、水土保持管理以及生态空间管控等意义重大。

水土流失重点防治区是水土流失重点预防区和水土流失重点治理区的统称。水土流失重点预防区是指水土流失较轻但潜在危险较大，应以自然修复为主实施重点预防保护的区域。水土流失重点预防区具有以下特征：区域人为活动较少；区域现状水土流失较轻，但潜在水土流失危险程度较高；对国家或区域防洪安全、水资源安全和生态安全有重大影响。水土流失重点治理区是指水土流失严重，危害较大，应以人工治理措施为主改善或提高水土保持功能的区域。水土流失重点治理区具有以下特征：区域人口密度较大、人为活动较为频繁；区域现状水土流失相对严重；区域水土流失制约当地和下游经济社会发展。

2.2.2.3　规划基础资料及来源

规划编制时应针对规划区范围，收集自然条件、社会经济条件、水土流失和水土保持状况，以及相关规划和区划成果等基础资料。基础资料主要通过资料收集、实地调查、遥感调查等方式获取。典型小流域或片区调查可参照水土保持工程调查与勘测有关规范执行，必要时还需进行现场勘查。基础资料收集还需注意数据和资料的时效性，应以规划基准年为准，规划基准年一般由规划编制任务书明确。收集的资料不符合时效要求的，可采用延长插补、统计分析、综合研判等方法进行修正。

基础资料的内容和精度可根据规划的类型与级别、编制任务需要做相应调整。一般而言，水土保持规划的级别越高，规划空间尺度范围越大，相应基础资料调查精度可适度降低，但必须满足需求分析、总体布局、措施体系、项目安排等规划工作的要求。国家级、流域级和省级水土保持综合规划的基本资料更偏重于宏观，规划区内基本资料要能反映出地形地貌、水土流失、社会经济等地域分布特点；但为了进行重点项目布局，国家级水土流失重点预防区和重点治理区需要更为翔实的资料；市级、县级水土保持综合规划基本资料要准确反映出地形地貌、水土流失、土地利用、社会经济等空间分布特征。专项规划所需的基本资料应能满足专项工作或特定区域预防和治理水土流失的专项部署要求。

任务 2.3　水土保持综合规划

2.6　综合规划的目的和任务

2.3.1　综合规划目的与任务

水土保持综合规划突出其对水土资源的保护和合理利用，以及对水土资源开发利用的约束性和控制性。综合规划目标从水土流失面积削减、水土流失强度降低，林草植被覆盖增加，水土保持功能和水土保持率提高、综合管理能力和监测能力提升等方面选择确定。综合规划任务主要结合规划区特点，从经济社会长远需要出发确定，宜包括防治水土流失和改善生态，促进水土资源合理利用、改善农业生产基础条件以及发展农业生产，减轻水、旱、风沙灾害及减少河湖库泥沙，改善城乡人居环境，保障经济社会可持续发展等。

综合规划总体上应体现方向性、全局性、战略性、政策性和指导性的作用。

2.3.2　综合规划主要内容

2.3.2.1　总体内容与要求

2.7　综合规划的主要内容

国家、流域和省级水土保持综合规划的规划期宜为 10～20 年；县级水土保持综合规划不宜超过 10 年。国家、流域、省级水土保持综合规划应以县级行政区为基本单元；山区丘陵区县级规划应以小流域或乡镇为基本单元。编制工作主要内容如下。

（1）现状调查和专题研究。不同级别的规划，应开展相应深度的现状调查和资料收集工作，以及必要的专题研究。

（2）现状评价与需求分析。现状评价是对规划区土地利用、水土流失、水土保持、生态状况等现状进行分析评价，找出存在问题，分析发展趋势，为需求分析打下基础。现状评价要有针对性地进行客观公正和科学合理的评价。

根据现状评价和经济社会发展要求，结合国土空间规划（土地利用总体规划）、林业发展、农牧业发展等规划开展水土保持需求分析，为确定水土流失防治目标、任务和规模及措施布局提供依据。

（3）目标、任务和规模。根据现状评价和需求分析，拟定水土流失防治目标、任务和规模。

（4）总体布局和重点布局。根据水土保持区划，结合规划区特点，进行水土保持总体布局；并根据划定的水土流失重点防治区，明确水土保持重点布局。

（5）规划方案。其主要包括预防规划、治理规划、监测规划和综合监管规划。

（6）重点项目安排与投资匡算、实施效果与保障措施。提出重点项目安排，按指标法匡算近期实施重点项目的投资。分析规划实施效果，拟定实施保障措施。综合规划的实施效果以宏观、定性效果分析为主。

2.3.2.2 现状评价与需求分析

1. 现状评价

现状评价包括区域的土地利用现状评价、水土流失消长评价、水土流失防治成效评价、地表径流利用情况评价、饮用水水源地面源污染评价、林草植被状况评价以及水土保持监测与监督管理评价等。

（1）土地利用现状评价是根据国土空间规划（土地利用总体规划）或土地调查的土地利用结构现状，从水土保持角度，分析土地利用结构和利用方式是否合理，并提出存在的问题。

土地利用结构和土地利用方式重点是对丘陵、山区和牧区土地评价。最典型的是顺坡耕种、陡坡地开荒种田、山区单一的果树林、开垦牧草地种田等，造成的水土流失影响较大。需要通过水土保持治理措施，调整土地利用结构，改变种植方式，提高农村土地综合生产力，提高作物产量，减少水土流失。

县级水土保持规划还需要进行土地适宜性评价。土地适宜性评价是评价宜农、宜果、宜林、宜牧，以及需改造才能利用的土地面积和分布。评价方法可参照《水土保持综合治理 规划通则》（GB/T 15772—2008）中的"表 B.1 土地资源评价等级表"。

（2）水土流失消长评价应结合水土流失监测成果，对不同时期水土流失面积、强度、分布、变化、危害与成因进行分析，总结水土流失演变趋势和特点，分析适宜预防保护、综合治理的区域。

（3）水土流失防治成效评价应分析水土保持措施的保存数量和面积、水土保持效益，评价水土流失防治成效及存在问题。

（4）地表径流利用情况评价应结合水资源调查评价和水资源综合规划相关成果，从水土保持角度分析地表径流利用与调控情况，以及地表径流拦蓄利用措施的成效和存在问题。

（5）饮用水水源地面源污染评价是根据水质监测资料、水土流失分布与特点、饮用水水源地保护等相关规划，评价因水土流失造成农药、化肥、农村生活垃圾等对水体的污染影响。

（6）林草植被状况评价应根据主体功能区规划、生态保护与建设等相关生态规划，从植被类型与覆盖状况、林草植被生长及保存状况、林草植被建设的科学性等方面，分析林草植被建设成效和存在问题。

（7）水土保持监测与监督管理评价。其主要评价现状监测站网、监测体系的完备性及运行情况，评价现状监督管理的法规体系、监管制度、监管能力建设等综合监管能力的完善情况，分析监测与监督管理成效和存在的问题。

（8）现行规划修订，需要进行回顾评价。回顾评价是根据经济社会发展变化，对现行规划批准以来的实施情况进行全面分析与评估，分析规划实施取得的主要成效和存在问题，提出规划修编方向、重点和改进的建议。

综上，提出现状评价结论，以及规划区水土流失防治方向和改进建议等。

2. 水土保持需求分析

水土保持需求分析是以现状评价和经济社会发展预测为基础，协调土地利用、林业、牧业发展等，以维护和提高水土保持主导基础功能为目的，分析农业发展、生态保护、改善人居环境、涵养水源等方面对水土保持的需求。根据相关规范，水土保持需求分析主要分析内容如下。

（1）经济社会发展预测是在国民经济和社会发展规划、国土空间规划以及有关行业中长期发展规划的基础上进行，也可根据规划区经济社会、土地利用等相关资料，结合当前形势对经济社会发展进行合理估测。

（2）农村经济发展与农民增收对水土保持的需求分析，主要根据经济社会发展和国土空间规划（或土地利用总体规划）对土地利用的要求，分析不同区域土地资源利用和变化趋势，结合水土流失分布，从适应土地利用规划、维护土地资源可持续利用方面，分析提出水土流失综合防治方向和布局要求；分析评价土地利用结构现状及存在的问题，提出水土保持措施合理配置的要求；根据国家和地方粮食生产方面的规划、人口及增长率、农牧业发展情况，分析提出需要采取的坡耕地改造、淤地坝建设和保护性农业耕作措施等任务和布局要求；分析制约农村经济社会发展的因素与水土保持的关系，提出满足发展农村经济、建设新农村，以及农民增收对水土保持需求的措施布局和配置要求。

（3）生态安全建设与改善人居环境对水土保持需求分析，根据国家和地方水土保持区划确定的水土保持主导功能，结合国土空间规划分析其功能和定位对于水土保持的需求，明确不同区域生态安全建设与水土保持的关系，提出需要采取的林草植被保护与建设等任务和措施布局要求。分析具有人居环境维护功能区域的水土流失分布情况，从改善和维护人居环境要求出发，提出水土保持建设需求。

（4）江河治理与防洪安全对水土保持的需求分析，主要根据规划区水土流失类型、强度和分布与危害，结合山洪灾害防治规划、防洪规划，分析控制河道和水库泥沙淤积对水土保持的需求，提出水土保持需要采取的沟道治理、坡面径流拦蓄等的任务和布局要求。协调相关规划，定性分析滑坡、泥石流、崩岗灾害治理，以及防洪安全建设对水土保持发展的需求，提出水土保持任务与布局要求。

（5）涵养水源与保护饮用水安全对水土保持的需求分析，主要是在分析具有水源涵养功能、水质维护功能区域情况的基础上，分析有关江河源头区及水源地保护对水土保持需求，提出水土流失防治重点和要求，提出水土保持需要采取的水源涵养林草建设、湿地保护、河湖库岸，以及侵蚀沟岸植物保护带等任务和布局要求。

（6）社会公众服务能力提升对水土保持的需求分析，主要根据水土保持现状与监督管理评价结论，提出水土保持监测、综合监督管理体系和能力建设需求。

2.3.2.3 规划目标、任务与规模

1．规划目标

按近期和远期规划水平年分别拟定，定性与定量相结合，近期以定量为主，远期以定性为主，主要从水土流失面积削减、水土流失强度降低，林草植被覆盖增加，水土保持功能和水土保持率提高、综合管理能力和监测能力提升等方面选择确定。

2．规划任务

规划任务主要包括防治水土流失和改善生态与人居环境，促进水土资源合理利用和改善农业生产基础条件以及发展农业生产，减轻水、旱、风沙灾害，保障经济社会可持续发展等方面。国家层面主要从战略格局上，分析水土流失防治与农业生产和农民增收、生态安全、饮水安全、粮食安全等方面关系确定。省级、市级、县级则应根据规划区特点分析确定，如沿海发达地区把饮水安全与人居环境改善作为主要任务，西部老少边穷地区则把发展农业生产、改善农村生产生活条件、增加农民收入作为主要任务。存在多项任务时，需要进行主次排序。

3．规划规模

规划规模主要指水土流失综合防治面积，包括综合治理面积和预防保护面积。根据规划目标和任务，结合现状评价和需求分析、资金投入分析等，按照规划水平年分为近期拟定和远期拟定。规划规模可根据规划需求，按行政单元分解。

2.3.2.4 总体布局

总体布局包括区域布局和重点布局两部分。应根据规划目标、任务和规模，结合现状评价和需求分析，在水土保持区划，以及水土流失重点预防区和水土流失重点治理区基础上，进行预防和治理、保护和合理利用水土资源的整体部署。流域、省级、市级、县级水土保持综合规划需满足全国水土保持区划，特别是三级区主导功能、防治途径和技术体系对总体布局的要求。

（1）区域布局。其主要根据水土保持区划、水土流失现状及存在的主要问题，统筹考虑相关行业的水土保持工作，提出分区水土流失防治方向、战略和基本要求。区域布局是规划区水土保持总体安排。

（2）重点布局。应参考水土保持动态监测成果和水土流失现状，以本级和上级划定的水土流失重点防治区为基础，进行的重点建设内容与项目的布局。各级综合规划的重点布局，要优先考虑各级政府公告的水土流失重点预防区和重点治理区。

2.3.2.5　预防规划

预防规划包括选定预防范围，确定预防规模、保护对象、项目布局或重点工程布局、措施体系及配置等内容。

预防规划突出预防为主、保护优先的原则，主要针对水土流失重点预防区、重要生态功能区、生态脆弱区、饮用水水源地，以及水土保持主导基础功能为水源涵养、生态维护、水质维护、防风固沙等区域，提出预防措施和项目布局。根据规划区水土流失情况，还应确定局部综合治理区域。县级以上规划应根据区域地貌，以及自然条件和水土流失易发程度，分析确定本辖区内山区、丘陵区、风沙区以外的容易发生水土流失的其他区域。

预防措施主要包括封禁管护、植被恢复、抚育更新、农村能源替代、农村垃圾和污水处置设施、人工湿地，以及其他面源污染控制措施，还包括局部治理区的水土流失治理措施等。预防规划以维护和增强水土保持功能为原则，合理配置措施，保护植被，预防水土流失，形成综合预防保护措施体系，所选择的措施应能有效缓解潜在水土流失问题。江河源头和水源涵养区应当注重封育保护和水源涵养植被建设；饮用水水源保护区以生态清洁小流域建设为主，配套建设植物过滤带、沼气池、农村垃圾和污水处置设施，以及其他面源污染控制措施。预防措施配置根据典型流域或片区措施配置分析结果，确定区域措施配比，推算措施数量。

2.3.2.6　治理规划

治理规划主要包括治理范围、对象、项目布局或重点工程布局、措施体系及配置等。

治理规划突出综合治理、因地制宜的原则，主要针对水土流失重点治理区及其他水土流失严重地区，以及主导基础功能为土壤保持、拦沙减沙、蓄水保水、防灾减灾、防风固沙等区域，提出治理措施和项目布局。

治理措施体系主要包括工程措施、林草措施和耕作措施。工程措施包括梯田，沟头防护、谷坊、淤地坝、拦沙坝、塘坝、治沟骨干工程，坡面水系工程及小型蓄排引水工程等；林草措施包括水土保持林、经果林，水蚀坡林地整治、网格林带、灌溉草地、人工草场、高效水土保持植物利用与开发等；耕作措施包括沟垄、坑田、圳田种植、水平防冲沟，免耕、等高耕作、轮耕轮作、草田轮作、间作套种等。不同区域水土保持措施配置应根据典型小流域或片区措施配置模式，确定相应的措施配比，推算措施数量。

2.3.2.7　监测与综合监管规划

1. 监测规划

其主要内容包括监测站网布局、监测项目、监测内容和方法。

（1）监测站网布局。监测站网布局包括监测站网总体布局、监测站点的监测内容及设施设备配置原则。站网总体布局按照水土保持区划，结合不同区域、不同监测对象的监测需要进行，监测站点的布置要考虑区内不同水土流失类型的监测需要，具有一定代表性。不同级别水土保持规划监测站网总体布局，还应按照监测站点类型分类布局。

（2）监测项目。监测项目包括水土流失定期调查项目、水土流失动态监测项目以及其他特定区域或特定对象监测项目等。重点监测项目应根据水土保持发展趋势和监测工作现状，结合国民经济和科技发展水平，考虑经济社会发展需求，以及监测的迫切性进行确定。

（3）监测内容和方法。监测内容和方法根据监测任务和目的确定。一般包括水土流失影响因素、水土流失状况、水土保持措施及其效益等。监测方法包括统计、调查、遥感解译、地面观测等。

2．综合监管规划

其主要包括水土保持监督管理、科技支撑及基础设施与管理能力建设等。

（1）水土保持监督管理。监督管理应按照水土保持法要求，在完善配套法规制度的基础上，按生产建设项目和生产建设活动的监督、水土保持综合治理及其重点工程建设的监督管理、水土保持监测工作的管理，违法行为查处和纠纷调处以及水土保持补偿费征收等，分别提出水土保持监督管理的内容和措施。

（2）科技支撑。科技支撑包括科技支撑体系、基础研究与技术研发、技术推广与示范、科普教育以及技术标准体系建设等内容。应提出规划期内重点科研项目、科技推广项目和水土保持示范创建规模。

（3）基础设施与管理能力建设。基础设施与管理能力建设主要包括监督管理能力建设、信息化建设、科研设施建设和法律法规建设等。

2.3.2.8　实施进度及投资匡（估）算

1．实施进度安排

其主要提出近期规划和远期规划水平年实施进度安排的意见。按轻重缓急原则，对近远期规划实施安排进行排序，分析投入可能，合理确定近期预防、治理的规模和分布，以及监测、综合监管实施安排。近期项目优先安排在：水土流失重点预防区和重点治理区，对国民经济和生态系统有重大影响的江河中上游地区、重要水源区、"老、少、边、穷"地区，基础好、投入少、见效快、效益明显，示范作用强的地区。

2．投资匡算

宜按综合指标法进行投资匡算。

2.3.2.9　实施效果分析

实施效果分析包括调水保土、生态、经济和社会效果等，分析方法采用定性与定量相结合的方法。从水土保持功能维护与提升、减少入河湖（库）泥沙等方面进行蓄水保土效益分析。从林草植被覆盖、生态改善等方面进行生态效果分析。从农业增产增效、农民增收等方面进行经济效果分析。从水土资源承载能力提高、农村生产生活条件改善、防灾减灾能力提升等方面进行社会效果分析。

2.3.2.10　实施保障措施

实施保障措施包括组织保障、政策保障、投入保障、科技保障等。从组织协调机构建设、部门职责分工和目标任务落实等方面提出组织保障；从政策和制度制定、落实等方面，提出政策保障措施；从拓展投资渠道、加大投入力度等方面，提出投入保障措施；从科技攻关、技术推广、科技成果转化等方面，提出科技保障措施；从宣传教育、示范引导等方面，提出宣传保障措施。

2.3.3　案例

2.3.3.1　全国水土保持规划

2.8　综合
规划案例

1. 指导思想与编制原则

（1）指导思想。深入贯彻党的十八大和十八届二中、三中、四中全会精神，认真落实党中央、国务院关于生态文明建设的决策部署，树立尊重自然、顺应自然、保护自然的理念，坚持预防为主、保护优先，全面规划、因地制宜，注重自然恢复，突出综合治理，强化监督管理，创新体制机制，充分发挥水土保持的生态效益、经济效益和社会效益，实现水土资源可持续利用，为保护和改善生态环境、加快生态文明建设、推动经济社会持续健康发展提供重要支撑。

（2）编制原则。一是坚持以人为本，人与自然和谐相处；二是坚持整体部署，统筹兼顾；三是坚持分区防治，合理布局；四是坚持突出重点，分步实施；五是坚持制度创新，加强监管；六是坚持科技支撑，注重效益。

2. 目标与任务

《全国水土保持规划（2015—2030 年）》确定近期到 2020 年，基本建成与我国经济社会发展相适应的水土流失综合防治体系，基本实现预防保护，重点防治区的水土流失得到有效治理，生态进一步趋向好转。全国新增水土流失治理面积 32.00 万 km²，其中新增水蚀治理面积 29.00 万 km²，风蚀面积逐步减少，水土流失面积和侵蚀强度有所下降，人为水土流失得到有效控制；林草植被得到有效保护与恢复；年均减少土壤流失量 8 亿 t，输入江河湖库的泥沙有效减少。

远期到 2030 年，建成与我国经济社会发展相适应的水土流失综合防治体系，实现全面预防保护，重点防治地区的水土流失得到全面治理，生态实现良性循环。全国新增水土流失治理面积 94.00 万 km²，其中新增水蚀治理面积 86.00 万 km²，中度及以上侵蚀面积大幅减少，风蚀面积有效削减，人为水土流失得到全面防治；林草植被得到全面保护与恢复；年均减少土壤流失量 15 亿 t，输入江河湖库的泥沙大幅减少。

3. 水土保持总体方略与布局

按照规划目标，以水土保持区划为基础，综合分析水土流失防治现状和趋势、水土保持功能的维护和提高需求，提出预防、治理和综合监管 3 个方面的全国水土保持总体方略。

综合协调天然林保护、退耕还林还草、草原保护建设、保护性耕作推广、土地整治、城镇建设、城乡统筹发展等相关水土保持内容，按 8 个一级区凝练提出水土保持区域布局。

4. 重点防治项目

以国家级"两区"为基础，以最急需保护、最需要治理的区域为重点，拟定了一批重点预防和重点治理项目。

（1）重点预防项目。遵循"大预防、小治理""集中连片、以重点预防区为主兼顾其他"的原则，规划 3 个重点预防项目：一是重要江河源头区水土保持项目，共涉及长江、黄河等 32 条江河的源头区；二是重要水源地水土保持项目，共涉及丹江口库区、密云水库等 87 个重要水源地；三是水蚀风蚀交错区水土保持项目，范围覆盖北方农牧交错区和黄泛平原风沙区。

（2）重点治理项目。以国家级水土流失重点治理区为主要范围，统筹正在实施的水土保持等生态重点工程，考虑老、少、边、穷地区等治理需求迫切、集中连片、水土流失治理程度较低的区域，确定 4 个重点项目：一是以小流域为单元，开展重点区域水土流失综合治理项目；二是在坡耕地分布相对集中、流失严重的地区开展坡耕地水土流失综合治理项目；三是在东北黑土区、西北黄土高原区、南方红壤区选取侵蚀沟和崩岗分布相对密集的区域，开展侵蚀沟综合治理项目；四是为更好发挥示范带动作用，选取具有典型代表性、治理基础好、示范效应强、辐射范围大的区域，规划建设一批水土流失综合治理示范区。

5. 综合监管

规划贯彻落实水土保持法规定，提出综合监管建设内容和重点，主要包括 3 个方面：一是明确水土保持监管的主要内容，依法构建水土保持政策与制度框架，确定规划管理、工程建设管理、生产建设项目监督管理、监测评价等一系列重点制度建设内容；二是明确动态监测任务和要求，确定水土保持普查、水土流失动态监测与公告、重要支流水土保持监测、生产建设项目集中区水土保持监测等重点项目；三是细化水土保持监管能力建设，确定监管、监测、科技支撑、社会服务、宣传教育、信息化等方面的能力建设内容和要求。

6. 实施保障措施

《全国水土保持规划（2015—2030 年）》要求各级政府将水土保持纳入本级国民经济和社会发展规划，并从加强组织领导、健全法规体系、加大投入力度、创新体制机制、依靠科技进步、强化宣传教育 6 个方面，提出规划实施的保障措施。

2.3.3.2 浙江省水土保持规划

1. 规划期限

规划期限为 2015—2030 年。近期规划水平年为 2020 年，远期规划水平年为 2030 年。

2. 水土流失和水土保持成效情况以及面临的问题

（1）水土流失情况。浙江省水土流失的类型主要是水力侵蚀。2014 年浙江省水土流失面积 9279.70km²，占总土地面积的 8.90%，其中轻度流失面积 2843.26km²、中度流失面积 4321.2km²、强烈流失面积 1255.45km²、极强烈流失面积 692.51km²、剧烈流失面积 167.26km²。

（2）水土保持成效。人为活动产生的新的水土流失得到初步遏制，水土流失面积明显减少，自 2000 年以来，水土流失面积占总土地面积的比例下降了 6.5%，土壤侵蚀强度显著降低，治理区生产生活条件改善，林草植被覆盖度逐步增加，生态环境明显趋好，蓄水保土能力不断提高，减沙拦沙效果日趋明显，水源涵养能力日益增强，水源地保护初显成效。面临的问题：水土流失综合治理的任务仍然艰巨，水土保持投入机制有待完善，局部人为水土流失依然突出，综合监管亟待加强，公众水土保持意识尚需进一步提高。

3. 水土保持区划

浙江省在全国水土保持区划的一级区为南方红壤区（Ⅴ区），涉及江淮丘陵及下游平原区（Ⅴ-3）、江南山地丘陵区（Ⅴ-4）和浙闽山地丘陵区（Ⅴ-6）3个二级区，以及浙沪平原人居环境维护水质维护区（Ⅴ-3-1rs）、浙皖低山丘陵生态水质维护区（Ⅴ-4-7ws）、浙赣低山丘陵人居环境维护保土区（Ⅴ-4-8rt）、浙东低山岛屿水质维护人居环境维护区（Ⅴ-6-1sr）、浙西南山地丘陵保土生态维护区（Ⅴ-6-2tw）5个三级区。其中浙沪平原人居环境维护水质维护区为平原区，需要确定容易发生水土流失的其他区域，其他4个三级区均为山区丘陵区。

4. 目标、任务与布局

（1）总体目标。到2030年，基本建成与浙江省经济社会发展相适应的分区水土流失综合防治体系。全省水土流失面积占总土地面积的比例下降到5%以下，中度及以上侵蚀面积削减25%，水土流失面积和强度控制在适当范围内，人为水土流失得到全面控制，全省所有县（市、区）水土流失面积占国土面积均在15%以下；森林覆盖率达到61%以上，林草植被覆盖状况得到明显改善。

（2）近期目标。到2020年，初步建成与浙江省经济社会发展相适应的分区水土流失综合防治体系，重点防治地区生态趋向好转。全省水土流失面积占总土地面积的比例下降到7%以下，中度及以上侵蚀面积削减15%，水土流失面积和强度有所下降，人为水土流失得到有效控制，全省所有县（市、区）水土流失面积占国土面积均在20%以下；森林覆盖率达到61%，林草植被覆盖状况得到有效改善。

（3）主要任务。加强预防保护、保护林草植被和治理成果，提高林草覆盖度和水源涵养能力，维护供水安全；统筹各方力量，以水土流失重点治理区为重点，以小流域为单元，实施水土流失综合治理，近期新增水土流失治理面积2600km^2，远期新增水土流失治理面积4600km^2；建立健全水土保持监测体系，创新体制机制，强化科技支撑，建立健全综合监管体系，提升综合监管能力。

（4）总体布局。"一岛两岸三片四带"。一岛是做好舟山群岛等海岛的生态维护人居环境维护；两岸是强化杭州湾两岸城市水土保持和重点建设区域的监督管理；三片是指衢江中上游片、飞云江和鳌江中上游片、曹娥江源头区片的水土流失综合治理与水质维护；四带是千岛湖—天目山生态维护水质维护预防带、四明山—天台山水质维护水源涵养预防带、仙霞岭水源涵养生态维护预防带、洞宫山保土生态维护预防带。

水土流失重点预防区和重点治理区划分：淳安县、建德市属新安江国家级水土流失重点预防区，确定预防保护范围面积为3340km^2。全省共划定8个省级水土流失重点预防区，涉及53个县（市、区），重点预防区面积为33136km^2。划定3个省级水土流失重点治理区，涉及16个县（市、区），重点治理区面积为2483km^2。

5. 预防保护

（1）预防对象。保护现有的天然林、郁闭度高的人工林、覆盖度高的草地等林草植被和水土保持设施，以及其他治理成果。恢复和提高林草植被覆盖度低，且存在水土流失的区域的林草植被覆盖度。预防开办涉及土石方开挖、填筑或者堆放、排弃等生产建设活动造成的新的水土流失。预防垦造耕地、经济林种植、林木采伐，以及其他农业生产活动过程中的水土流失。

（2）措施体系。包括禁止准入、规范管理、生态修复及辅助治理等措施。

（3）措施配置。按水土保持主导基础功能合理配置措施。

6. 综合治理

（1）治理范围。包括影响农林业生产和人类居住环境的水土流失区域，以及直接影响人类居住及生产安全的可治理的山洪和泥石流地质灾害易发的区域，但不包括裸岩等不适宜治理的区域。

（2）治理对象。包括存在水土流失的园地经济林地、坡耕地、残次林地、荒山、侵蚀沟道、裸露土地等。

（3）措施体系。包括工程措施、林草措施和耕作措施。

（4）措施配置。以小流域为单元，以园地经济林地水土流失治理和坡耕地、溪沟整治为重点，坡沟兼治。

7. 监测

优化监测站网布设，构建浙江省水土保持基础信息平台，建成浙江省监测预报、生态建设、预防监督和社会服务等信息系统，实现省、市、县三级信息服务和资源共享。开展水土流失调查、水土流失重点预防区和重点治理区动态监测、水土保持生态建设项目和生产建设项目集中区监测，完善浙江省水土保持数据库和水土保持综合应用平台等建设，定期发布水土流失及防治情况公告。

8. 综合监管

（1）监督管理。加强水土保持相关规划、水土流失预防工作、水土流失治理情况、水土保持监测和监督检查的监管，完善相关制度。

（2）机制完善。重点是建立健全组织领导与协调机制，加强基层监管机构和队伍建设，完善技术服务体系监管制度。

（3）重点制度建设。水土保持相关规划管理制度、水土保持目标责任制和考核奖惩制度、水土流失重点防治区管理制度、生产建设项目水土保持监督管理制度、水土保持生态补偿制度、水土保持监测评价制度建设、水土保持重点工程建设管理制度等。

（4）监管能力建设。明确各级监管机构管辖范围内的监管任务，规范行政许可及各项监督管理工作；开展水土保持监督执法人员定期培训与考核，出台水土保持监督执法装备配置标准，逐步配备完善各级水土保持监督执法队伍，建立水土保持监督管理信息化平台，做好政务公开。

（5）社会服务能力建设。完善各类社会服务机构的资质管理制度，建立咨询设计质量和诚信评价体系，加强从业人员技术与知识更新培训，强化社会服务机构的技术交流。

（6）宣传教育能力建设。加强水土保持宣传机构、人才培养与教育建设，完善宣传平台建设，完善宣传顶层设计，强化日常业务宣传。

（7）科技支撑及推广。加强基础理论和关键技术研究，重点推广新技术、新材料，提升安吉县水土保持科技示范园建设水平，规划建设钱塘江等源头区、城区或城郊区等水土保持科技示范园区。

（8）信息化建设。依托浙江省水利行业信息网络资源，在优先采用已建信息化标准的基础上，建立浙江省水土保持信息化体系，形成较完善的水土保持信息化基础平台，实现信息资源的充分共享和开发利用。

9. 近期工程安排

（1）重要江河源区水土保持。范围主要为"四带"中流域面积较大的重要江河的源头，对下游水资源和饮水安全具有重要作用的江河的源头等。主要任务以封育保护为主，辅以综合治理，实现生态自我修复，推进水源地生态清洁小流域建设，建立可行的水土保持生态补偿制度，以达到提升水源涵养功能、控制水土流失、保障区域社会经济可持续发展的目的，治理水土流失面积 215km^2。

（2）重要水源地水土保持。范围包括重要的湖库型饮用水水源地，水土流失轻微，具有重要的水源涵养、水质维护、生态维护等水土保持功能的区域，重要的生态功能区或生态敏感区域，大城市引调水工程取水水源地周边一定范围。主要任务以保护和建设以水源涵养林为主的森林植被，远山边山开展生态自然修复，中低山丘陵实施以林草植被建设为主的小流域综合治理，近库（湖、河）及村镇周边建设生态清洁型小流域，滨库（湖、河）建设植物保护带和湿地，控制入河（湖、库）的泥沙及面源污染物，维护水质安全，并配套建立可行的水土保持生态补偿制度，治理水土流失面积 925km^2。

（3）海岛区水土保持。舟山群岛等主要岛屿在加强生产建设活动和生产建设项目水土保持监督管理的同时，加强生态敏感地区和重要饮用水源地等区域，实施生态修复与保护，在集中式供水水库上游水源地实施清洁小流域建设，结合河岸两侧、水库周边植被缓冲带人工湿地建设、水源涵养林营造等，保护海岛地区生态环境，加强水源涵养，防治水土流失，治理水土流失面积 50km^2。

（4）重点片区水土流失综合治理。范围主要分布在钱塘江流域的新安江、衢江上游、分水江、金华江、曹娥江流域上游，椒江流域上游，瓯江流域的中下游，以及飞云江和鳌江流域。其中衢江中游片、曹娥江源头区片、瓯飞鳌三江片 3 个重点区域为重点治理区。主要任务以片区或小流域为单元，山水田林路沟村综合规划，以坡耕地治理、园地经济林地水土流失治理、水土保持林营造为主，结合溪沟整治，沟坡兼治，生态与经济并重，着力于水土资源优化配置，提高土地生产力，促进农业产业结构调整，治理水土流积 1360km^2。

（5）城市水土保持。以治理城市水土流失，改善城市人居环境为主，加强水土保持监督管理，扩大城区林草植被面积，提高林草植被覆盖度，严格监管区域内生产建设活动，防治人为水土流失，治理水土流失面积 50km^2。

（6）水土保持监测网络建设。其包括水土保持监测网络建设，开展水土流失调查及定位观测，重点区域水土保持监测及公告，水土保持重点工程项目监测，生产建设项目集中区监测，新建 1 个监测点。

10. 保障措施（略）

任务2.4 水土保持专项规划

水土保持专项规划包括水土保持专项工程规划、水土保持专项工作规划、水土保持发展规划、水土保持专项实施规划（方案）。

（1）水土保持专项工程规划编制应明确专项规划范围，确定规划目标和任务，提出规划布局、方案和实施建议。规划范围应根据编制任务要求以及工作基础、工程建设条件等分析确定，开展必要的专题研究。规划目标、任务和工程规模在现状评价和需求分析的基础上确定。宜以水土保持区划为基础，结合水土保持专项工程规划需求，进行必要的分区布局，并根据分区建设条件，提出实施重点区域、建设内容和实施安排等。

（2）水土保持专项工作规划编制应根据任务来源和要求，开展必要的专题调研，进行现状评价和需求分析，确定规划工作目标、任务、内容以及重点建设项目的范围、规模和建设内容，提出工作实施安排等。

（3）水土保持发展规划编制应根据任务来源和要求，在对上一期规划实施情况总结评估的基础上，分析存在的问题和面临的形势，提出规划目标、任务及实施安排等。

（4）水土保持专项实施规划（方案）编制应根据确定的任务和规模，结合实际确定实施范围、建设内容和实施安排等。

2.4.1 专项规划主要内容

2.4.1.1 专项规划主要内容

专项规划主要内容包括：开展相应深度的现状调查和勘查，规模大的规划根据需要进行专题研究；阐明开展专项规划的必要性，确定规划范围、规划水平年，进行现状评价与需求分析，确定规划目标、任务，论证工程规模，提出措施总体布局和规划方案，确定规划实施意见和进度安排，匡（估）算投资，进行效益分析或经济评价，拟定实施保障措施。

2.9 专项工程规划内容及案例

2.4.1.2 依据与范围、规划期

专项规划以水土保持综合规划为依据，结合编制任务以及工作基础、建设条件等分析确定专项规划的范围。规划期宜为5～10年。

2.4.1.3 目标、任务和规模

水土保持专项规划的目标与任务，与综合规划内容基本一致，详见水土保持综合规划中有关规划目标与任务的内容。

专项规划的规模从解决现状评价中存在的水土流失问题、满足规划水平年对水土保持的需求确定，并结合规划目标中量化指标的实现等进行确定。

专项工程规划规模根据规划目标和任务、资金投入，结合现状评价和需求分析拟定，主要确定规划范围内综合治理面积、预防保护面积，或工程建设数量。专项工作规划规模根据工作需求确定。

2.4.1.4　总体布局

专项规划根据规划目标、任务和规模，结合现状评价和需求分析，按照水土保持区划以及各级人民政府划定并公告的水土流失重点预防区和水土流失重点治理区等，考虑规划布局。

专项工程规划布局应依据综合规划确定的重点布局和项目安排开展，以水土保持区划为基础，开展必要的分区，根据规划的任务和规模，结合工程特点，分区分类提出工程组成、措施布局及技术体系。

专项工作规划可按照区域特点和工作需求以水土保持区划为基础进行重点任务布局，也可根据专项任务需求，按照重点任务和重点项目的特点进行任务布局，如水土流失动态监测规划监测点分布可按照水土保持区划进行布局；水土保持监管规划中生产建设项目集中区域"天地一体化"监管任务布局，可针对人为活动频繁、生产建设活动集中、扰动地表和破坏植被面积较大且具有较大社会影响的区域进行。

2.4.1.5　近期重点建设内容和投资估算

在总体布局的基础上，根据水土保持近期工作需要的迫切性，拟定近期重点建设内容安排。

通过不同地区典型小流域或工程调查，测算单项措施投资指标，进行投资估算；对于设计深度接近项目建议书的专项规划，根据水土保持工程概（估）算编制规定按工程量编制投资估算。必要时可对资金筹措做出初步安排。

专项规划需在效益分析的基础上进行国民经济评价。

2.4.2　案例

2.4.2.1　东北黑土区水土流失综合防治规划

1. 规划背景

东北黑土区分布于松辽流域黑龙江省、吉林省、辽宁省、内蒙古自治区，是世界的三大黑土带之一，也是我国重要的商品粮基地。多年来，由于自然因素和人类生产经营活动的影响，黑土区的水土流失日益加剧，国家粮食生产安全受到威胁。为了全面贯彻党的十六大精神，落实中央有关精神及水利部党组可持续发展的治水思路，加快东北黑土区水土流失治理步伐，保护珍贵的黑土资源，在总结"试点工程"经验的基础上，水利部松辽水利委员会组织编制《东北黑土区水土流失综合防治规划》。规划水平年为 2005 年，规划范围涉及黑龙江、吉林、辽宁、内蒙古 4 省（自治区），20 个重点流域，总面积 27.71 万 km^2。

2. 基本情况

东北黑土区北起大小兴安岭、南至辽宁省盘锦市、西到内蒙古东部的大兴安岭山地边缘、东达乌苏里江和图们江，行政区包括黑龙江、吉林、辽宁、内蒙古 4 省（自治区）的部分地区。总面积 103.00 万 km^2，其中，黑龙江省 45.25 万 km^2，吉林省 18.70 万 km^2，辽宁省 12.29 万 km^2，内蒙古自治区 26.76 万 km^2。

（1）自然条件。东北黑土区地貌为西、北、东三面环山，南部临海，中南部为松辽平原，东北部为三江平原。地势大致由北向南、由东西向中部倾斜。主要河流有松花江、辽河及黑龙江、图们江、鸭绿江以及部分独流入海河流。气候类型从东往西依次是中温带湿润区、半湿润区、半干旱区，西北部大兴安岭地区属寒温带湿润区。区内年均降雨量从东南部辽东山区的 1000mm 递减到大兴安岭以西地区和辽河平原西部的 300mm。植被类型以寒温带针叶林、温带针阔混交林、暖温带落叶阔叶林为主。地带性土壤主要有寒温带的棕色针叶林土、山地灰色森林土；温带的暗棕壤、黑土、黑钙土，此外，还有一些白浆土、草甸土、风沙土、沼泽土和水稻土等。

（2）社会经济。东北黑土区共有 41 个市（州、盟），总人口 1.17 亿人。东北黑土区 103.00 万 km² 的面积中，总耕地面积 2139.83 万 hm²，占黑土区总面积的 20.78%。林地、草地、果园、荒山荒地、水域和其他用地面积分别占总面积的 50.00%、1.11%、0.80%、5.52%、11.79%。东北黑土区粮食总产量 627.02 亿 kg，占当年全国根食总产量的 14.16%，其中，大豆产量占全国总产量的 41.30%，玉米产量古全国总产量的 29.00%。水果主要有苹果、梨、桃、杏等树种。

（3）水土流失现状。据第二次全国土壤侵蚀遥感调查，东北黑土区水土流失面积 27.59 万 km²，占黑土区总面积的 27%。按行政区域划分，黑龙江省 11.52 万 km²，吉林省 3.11 万 km²，辽宁省 3.41 万 km²，内蒙古自治区 9.55 万 km²。按侵蚀类型划分，水蚀面积 17.70 万 km²，风蚀面积 4.13 万 km²，冻融侵蚀面积 5.76 万 km²。水土流失主要发生在坡耕地，约占整个黑土区水土流失面积的 46.39%。

（4）水土保持现状。中华人民共和国成立以来，累计完成水土流失综合治理 18.64 万 km²。先后开展的国家工程有柳河上游国家水土保持重点治理工程、小流域综合治理试点工程、国债水土保持重点防治工程、"试点工程"。各项工作效益显著，探索了黑土区不同类型区水土流失有效防治措施，总结出一套科学的治理模式。

3. 现状评价与需求分析

（1）现状评价。东北黑土区坡耕地面积占耕地总面积的 59.38%，坡耕地水土流失面积占整个黑土区水土流失面积的 46.39%。坡耕地水土流失主要表现在剥蚀和沟蚀。东北黑土区目前有 25 万条大型侵蚀沟，导致大量耕地被沟壑切割而被迫弃耕；通过典型调查推算，沟壑吞噬农田超过 47.12 万 hm²，每年损失粮食约 14 亿 kg。

东北黑土区虽然经过"试点工程"治理，局部治理效果明显，就整个东北黑土区而言，仍有水土流失面积 27.59 万 km²，其中 6.50 万 km² 水土流失面积需要抢救性治理。若以试点工程 600km²/a 的治理速度，在不产生新的水土流失情况下，仅这 6.50 万 km² 的水土流失面积得到初步治理就需要 100 多年。因此，黑土区的广大群众迫切要求加大投资、加快治理。

（2）水土保持需求分析。长期以来，由于不合理地开发利用水土资源，超载过牧、乱垦滥伐、乱挖滥弃等，黑土区土层变薄，土地退化，土地生产力逐年下降；严重的水土流失，直接影响着水土资源的综合利用，恶化了生态环境，造成自然灾害频繁，危及当地群众的生产生活条件，制约了当地经济社会的可持续发展。因此，加快东北黑土区水土流失综合防治，建立不同侵蚀类型区的水土流失防治体系，保护珍贵的黑土资源，减少水土流失及其引起的自然灾害发生频繁，保证国家粮食生产安全和可持续发展，必须尽快实施东北黑土区水土流失治理。

（3）开展黑土区水土流失治理的有利条件。多年来，东北地区的地方政府也十分重视水土流失的治理。水利部松辽水利委员会组织东北 4 省（自治区）做了大量的前期规划设计工作和研究课题，针对不同侵蚀类型区水土保持措施对位配置研究和优化配置，探索出不同类型区的治理模式，为治理水土流失奠定了坚实的基础。

（4）探索了建管机制，工程建设有保证。黑土区水土流失防治试点工程开始以来，建立了一套行之有效的管理制度。制定了试点工程管理、验收和档案管理等办法。

4. 规划目标、任务和规模

规划区总面积 27.71 万 km^2，涉及黑龙江、吉林、辽宁、内蒙古 4 省（自治区），20 个重点流域，50 个项目区，通过治理使 22.25 万 km^2 的黑土地资源得到有效的保护，治理程度达到 80% 以上，年均减少土壤流失量 0.52 亿 m^3，使黑土区严重的水土流失恶化趋势得到遏制，黑土资源得到可持续利用，为稳固和提高国家商品粮基地的生产能力提供保障。

5. 分区及总体布局

按照地貌类型及水土流失特点，将黑土区分为漫川漫岗区（Ⅰ）、丘陵沟壑区（Ⅱ）、风沙区（Ⅲ）、中低山区（Ⅳ）、平原区（Ⅴ）5 个水土保持类型区并制定每个区的防治策略。

Ⅰ——漫川漫岗区。本区总面积 11.41 万 km^2，主要是大小兴安岭和长白山延伸的山前台地。由于开发较早，土地开垦指数高，地面植被率低，沟壑密度在 2km/km^2 以上，年土壤侵蚀模数平均为 0.7 万 t/km^2。本区要坚持沟坡兼治，以治理坡耕地为重点。在措施的布设上，坡顶植树戴帽，林地与耕地交界处挖截水沟，就地拦蓄坡面径流、泥沙。坡面采取改顺坡垄为水平垄，修地埂植物带、坡式梯田和水平梯田等工程措施，调节和拦蓄地表径流，控制面蚀的发展。同时，结合水源工程等小型水利水土保持工程，建设高标准基本农田。侵蚀沟的治理采用植物跌水和沟坡植树等措施，防止沟道发展。

Ⅱ——丘陵沟壑区。本区总面积 43.37 万 km^2。主要分布在嫩江、松花江的支流和辽河的中上游及东辽河，其中分布在嫩江、松花江的支流和东辽河的丘陵沟壑区为Ⅱ1 区，该区主要为农区；分布在辽河的中上游地区的丘陵沟壑区为Ⅱ2 区，该区主要为农牧结合区。丘陵沟壑区共有 3° 以上的坡耕地 1.9 万 km^2，坡耕年平均流失表土厚层 0.2～0.7cm，沟壑密度 1.5～2.0km/km^2，年土壤侵蚀模数平均为 0.5 万 t/km^2。其主要把治坡和治沟结合起来。林区要以预防为主，坚持合理采伐，积极采取封山育林等措施，荒山荒坡要大力营造水土保持林，对现有的疏林地进行有计划的改造，采取生态修复等措施，提高林草覆盖率，增强蓄水保土和抗蚀能力。Ⅱ1 区大力开展小流域综合治理，以治理坡耕地和荒山为突破口，大力改造中低产田。降雨少的地区要全面推广旱作农业高产技术，建设旱作农业高产田，增强农业综合生产能力。Ⅱ2 区重点是营造防护林和种草，增加地面植被，建设稳定草场。做好旱作农业和集水灌溉措施，适当发展果树。沟壑要采取沟头防护、修谷坊和小塘坝等措施进行治理，对于较大的侵蚀沟要修建拦沙坝等控制骨干工程，以达到控制和治理水土流失的目的。

Ⅲ——风沙区。本区总面积 10.30 万 km²，主要分布在松花江流域的中游和西辽河中上游地带，其中松花江流域的中游的风沙区为Ⅲ1区，特点是风沙干旱和土地的盐碱化，年风蚀表土厚度 0.6cm 左右，年土壤侵蚀模数 0.6 万 t/km²；西辽河中上游地带的风沙区为Ⅲ2区，特点是土地沙化和草场退化并伴随着流动沙丘的发生。本区水土流失应防治结合，结合"三北"防护林建设，采取植物固沙和沙障固沙措施，建立农田防护林体系。Ⅲ1区结合水土流失的治理，推广节水灌溉技术和建立抗旱防蚀耕作制度为主，注意做好盐碱地的中低产田的改造。Ⅲ2区治理的重点是防风固沙，植物措施以草、灌为主，配以速生乔木，大搞草、田、林网建设，并结合轮牧，舍饲等措施，发展高效牧业，为保护草原和大面积植被恢复创造条件。

Ⅳ——中低山区。本区总面积 29.29 万 km²，又分为两个亚区Ⅳ1和Ⅳ2区，Ⅳ1区主要分布在嫩江和东江河上游，特点是山地绵延。Ⅳ2主要分布二松的上游，地势较陡。中低山区内主要是林区，及部分农区和半农半牧区。水土流失程度在农区和半农半牧区较为严重。本区森林覆被率高，但由于多年大量采伐，迹地更新跟不上，局部水土流失比较严重，潜在危险性很大。本区治理开发方向要以预防保护为重点，认真执行《中华人民共和国水土保持法》《中华人民共和国森林法》和有关的地方性法规，地面坡度 25°以上的森林不准砍伐，地面坡度 25°以下的森林可以采取间伐，做到采育结合。对现有的疏林地，进行有计划的改造和保护，提高林草覆盖率，增强蓄水保土和抗蚀能力，防止疏林地水土流失。Ⅳ1区重点是做好预防保护工作。Ⅳ2在做好预防保护的同时，要重点做好局部严重水土流失地区沟蚀的综合治理工作，实现青山常在、永续利用。

Ⅴ——平原区。本区总面积 8.63 万 km²，主要是指三江平原和松辽平原与辽河流域的中下游平原。其中，三江平原和松辽平原为Ⅴ1区，这里地势平坦，有大片沼泽，在生物多样性保护方面起着重要作用；辽河流域的中下游平原为Ⅴ2区，这里地势低洼、荒源多，且分布大片的盐碱地和芦苇塘。平原区水土保持工作的重点是合理保护和开发利用农业资源，大力营造网、带、片相结合的农田防护林，建立合理的耕作制度，大力提倡深松少耕、秸秆还田，增施有机肥料，改良土壤，增强土壤的抗蚀能力。

6. 综合治理

(1) 耕地治理。禁垦坡度以下的坡耕地，根据坡度和土层厚度等实际，因地制宜地布设水平梯田、坡式梯田、地埂植物带、改垄等措施，修梯田时，田埂根据当地资源状况修筑石埂或土埂，土埂需栽植灌木植物护埂；禁垦坡度以上坡耕地及已不适宜耕作的坡耕地退耕，因地制宜地还林（果）、还草，营建水土保持林时，进行水平槽、鱼鳞坑整地措施，营建经济林时，应配置果树台田。同时，要结合农事耕作，因地制宜采取草田轮作、间作、套种、合理密植、少耕免耕、增施有机肥、留茬播种等保水保土耕作法。

(2) 荒山荒坡治理。根据立地条件和社会经济情况，对荒山荒坡配备林草措施，"宜林则林，宜果则果，宜草则草"。营造水土保持林（草）时，要进行整地措施，坡面较为平整的，采用水平沟、水平阶整地；坡面较为破碎的，采用鱼鳞坑或穴状整地；营造经济林时，要进行果树台田（果树梯田）整地。

（3）沟道治理。在沟头上方，修沟头防护工程，防止沟头发展。在沟底修谷坊、拦沙坝等沟床固定工程，防止沟床冲刷和泥石流灾害的发生；谷坊修建在下切侵蚀活跃的支毛沟，特别是发育旺盛的"V"形沟道内；拦沙坝修建在有季节性水流的沟道中。对潜在危险性大的溪沟，通过工程措施进行整治，在村庄或耕地较薄弱地段修筑护村护地坝。

（4）疏林、草地治理。水土流失严重、生态修复措施已不能满足水土保持需要的疏林、草地，对土层较厚、坡度较缓的疏林地和退化严重、产草量低的天然草场，直接进行补植；对土层浅薄、坡度较陡的疏林地，要进行工程整地后开展补植补种。

（5）风蚀治理。在风口处造林，造林前先设置与主害风向相垂直的带状沙障，沙障内呈块状营造紧密型乔灌混交林，迎风面栽灌木，背面栽乔木。在农田绿洲内设置防护林网，同时，耕种时采取水土保持耕作措施，防止风蚀发生。在农田林网外围的沙丘前沿地带及流沙边缘与农田绿洲交界处，设置防风固沙基干林带。在风蚀较轻的沙地或稳定的低沙丘、半流动沙丘，可以直接成片造林。对流动沙丘，应当首先设置沙障或化学固沙，减缓沙丘前移，然后成片造林，在背风坡丘间低地栽植乔木林带，阻挡流沙前移，在迎风坡脚下种植灌木，拉低沙丘。在林带与沙障已基本控制风蚀和流沙移动的沙地上，大面积成片人工种草，进一步改造并利用沙地。对地广人稀、固沙种草任务较大的地方，采用飞播种草。

（6）小型蓄排引水工程。蓄水池、塘坝等蓄水工程，主要配置在降雨少、水源条件差的地区，工程选址应距耕地、果园较近，方便发展灌溉；在坡面上部为荒地或者人工草地、灌木林地、无措施的坡耕地，而下部为梯田、保土耕作或林草地区，应在其交界处布设截水沟；当坡面上的蓄水池、截水沟不能全部拦截暴雨径流或上部的保土耕作不能全部入渗拦蓄暴雨径流时，布设排水沟，排水沟需种植草皮防冲，并尽量与蓄水池、水窖、塘坝等蓄水工程或天然水道连接。

（7）其他措施。在开展综合治理的同时，根据水土保持工程建设、管理需要，因地制宜修建作业路、农道桥（涵），配置水井、小型灌溉设备等辅助设施。

7. 水土保持监测

在"试点工程"监测工作的基础上，初步建立起布局合理、覆盖松辽流域的水土保持监测网络，对水土流失状况实施及时、准确、持续的监测，形成标准统一、定量准确、技术先进、时效性强的水土保持监测系统。通过遥感遥测、对比结合抽样调查，开展重点治理区内水土流失的分布、面积、危害、强度等的影响及其变化趋势、水土流失成因、水土保持治理措施的动态监测。

2.4.2.2　浙江省水土保持"十四五"规划

1. 规划背景

《浙江省水土保持"十四五"规划》（以下简称《"十四五"规划》）是浙江省"十四五"专项规划编制名录的水利专项规划之一，属于省级备案专项规划。该规划根据水利部水土保持工作总体要求和《浙江省水安全保障"十四五"规划》工作部

2.10　发展
规划内容
及案例

署,在综合评价水土保持实施成效,深入分析生态文明建设和高质量发展等新形势新要求的基础上,以防治人为水土流失、提升区域水土保持功能、提高生态和人居环境质量为出发点,明确规划目标,提出重点任务和重要举措,是指导浙江省水土保持"十四五"改革发展工作的重要依据。

2. 规划水平年

现状水平年 2020 年,规划水平年 2025 年。

3. 现状与形势分析

分析浙江省水土流失现状,从水土流失状况显著改善、人为水土流失监管持续加强、信息化应用取得进展、水土保持工作制度更加健全等角度分析"十三五"期间水土保持工作取得的成效。结合生态文明建设新要求、乡村振兴战略新任务、高质量发展新定位、数字化改革新方向 4 个角度,分析水土保持面临的新形势和新挑战。

4. 规划目标和任务

(1) 规划目标。贯彻水土保持高质量发展战略,维护和提高水土保持对生态文明建设的保障与贡献。"十四五"期间,全省新增水土流失治理面积 1500km^2,水土保持率提高至 93.2% 以上,所有县(区、市)水土保持率维持在 80% 及以上,全省森林覆盖率达到 61.5% 以上,林草植被覆盖状况得到有效改善。推动水土流失减量降级、水土流失防治提质增效,提升水土流失治理体系和治理能力现代化。建立健全专项督查、遥感监管、信用监管"三位一体"的监管体系,人为水土流失得到有效控制;健全水土保持监测体系,发挥监测对管理的支撑作用;建设数字化水土保持,以数字化带动水土保持现代化;加快推进水土保持现代化先行示范建设,打造水土保持高水平建设和高质量发展标志性成果。

(2) 规划任务。充分发挥自然修复作用,保护林草植被和治理成果;对局部集中的水土流失区进行综合治理,促进预防措施实施。以小流域或区域为单元谋划治理项目,统筹实施山水林田湖草系统治理,扎实开展生态清洁小流域建设。强化生产建设活动和生产建设项目水土保持监管,创新体制,完善制度,强化监管能力、手段,实现监管常态化。完善水土保持监测网络和监测站点功能,形成科学、有效的监测支撑体系,抓好水土流失动态监测,提高水土保持公共服务水平。推进水土保持数字化改革,迭代升级水土保持数字化管理应用。

5. 水土流失综合防治

(1) 项目布局。深入实施主体功能区战略,以浙江生态安全战略格局、水土保持区划为基础,突出水土流失重点防治区,统筹自然资源、林业、农业农村、生态环境等相关部门共同开展水土流失防治工作。重要水源区、重要生态廊道区、沿海生态防护带等范围实施"一源、一廊、一带"水土流失预防项目。瓯飞鳌三江片、衢江中游片、曹娥江上游片等片区实施水土流失治理项目,试点实施低山丘陵农林生态修复项目,改善耕地、园地水土流失相对集中的现状。

(2) 水土流失预防。实施"一源、一廊、一带"水土流失预防项目,包括重要水源区水土流失预防项目、重要生态廊道区水土流失预防项目、沿海生态防护带水土流失预防项目。其中,重要水源区水土流失预防项目以大中湖库型饮用水水源地及其上游、主要江河源头区为预防保护范围，选择天然林、郁闭度高的人工林，河流的两岸以及湖泊和水库周边的植物保护带，水土流失综合防治成果等作为保护对象，采取各项预防措施；重要生态廊道区水土流失预防项目以浙江省主要生态屏障、重点生态功能区为保护范围，重点保护天然林、人工林、水土流失综合治理成果等，采取各项预防措施，同时兼顾局部的经果林、水蚀坡林地的整治；沿海生态防护带水土流失预防项目以浙江省沿海低丘和岛屿地区为预防保护范围，对植被、土壤等生态要素实施预防保护。

（3）水土流失治理。结合水土保持区划中的土壤保持区、省级水土流失重点治理区、省级水土流失重点预防区中水土流失严重的局部区域，统筹考虑治理可行性、治理效益、治理能力等确定衢江中游片、曹娥江上游片、瓯飞鳌三江片等为水土流失治理重点片区。以流域或区域为单元，山水林田湖草综合规划，以耕地质量提升、经济林下水土流失治理、水土保持林营造为主，结合溪沟整治、沟坡兼治、林地封禁等，生态与经济并重，着力于水土资源优化配置，提高土地生产力，促进农业产业结构调整。针对水土流失集中发生的园地、耕地，拟实施低山丘陵农林生态修复项目，重点针对园地、耕地等现状情况，统筹其他部门共同进行修复治理。

（4）规划项目规模。"一源、一廊、一带"水土流失预防项目、重点片区水土流失综合治理项目、低山丘陵农林生态修复项目，合计治理水土流失面积 1500km²。其中，水土保持重点工程以流域或区域为单元，统筹山水林田湖草系统治理。规划实施水土保持重点工程 227 个，治理水土流失面积 1220km²。

6. 监督管理

进一步明确监管内容，加强重点机制制度建设，强化水土保持行业管理。明确水土保持规划实施、水土流失预防、水土流失治理、生产建设项目水土保持监管等内容。建立健全组织领导与部门协调机制，完善生产建设项目和重大生产活动监管机制，完善规划实施评估和责任制考核相关制度，完善水土保持重点工程建设管理制度，建立完善水土保持履职监管制度。强化水土保持重点工程监管，生产建设项目遥感监管及水土流失情况调查与技术评估、规划实施情况评估咨询等管理。

7. 水土保持监测

掌握全省水土流失状况及其发展趋势，开展水土流失动态监测、消长分析评价、水土保持重点工程监测和生产建设项目监测等。优化监测站点布设，建成空间布局合理、内容系统全面的监测站点体系。

8. 水土保持数字化建设

（1）建设任务。以水土保持数字化改革作为深化水土保持改革的总牵引，统筹推进水土保持业务流程再造，推动数字技术应用和制度创新，建设水土流失整体智治应用。迭代升级项目监管服务和水土流失动态评价等核心业务智能应用，加强部门间和省市县协同的信息共享，建设监管服务、监测、动态评价等应用场景，建立全域天地一体化感知体系，结合监测，实现生产建设项目绿、黄、红三色评价预警，完善水土保持率研判分析。

（2）重点建设内容。建立水土保持数据字典，规范水土保持数据收集和标准化管理。衔接全国水土保持信息管理系统和水管理平台要求，完善数据库结构，优化数据库接口，实现上下衔接、左右协同。探索跨部门的数据融合，实现数据统一管理和共享。围绕项目全生命周期监管服务执行链，开发"生产建设项目水土保持监管"系统，建立审批、监管、监测、验收等应用场景。加强水土流失动态监测、水土保持监测站网、规划治理项目的数字化管理，开发"水土流失动态评价"系统，建立"规划项目、目标考核、水土保持率"等应用场景。构建水土保持数字大屏，实现水土保持一张图。

9. 基础技术研究和能力建设

开展水土保持基础性研究工作，推广先进的技术体系及治理模式。推动国家水土保持示范县、国家水土保持科技示范园、国家水土保持示范工程创建。依托科研机构、实验基地、管理平台等，健全完善水土保持信息共享等平台。开展水土保持监督执法人员定期培训与考核，提高从业人员技术水平。

10. 投资匡算

规划总投资 18.40 亿元。投资积极争取中央支持，省级财政给予适当补助，市县财政加大投入力度，鼓励、引导社会和民间投资等。

11. 保障措施

通过加强组织领导、强化机制建设、延展资金投入、加大公众参与 4 方面保障。

水 土 保 持 工 程 设 计

生态环境没有替代品，用之不觉，失之难存。"像保护眼睛一样保护生态环境，像对待生命一样对待生态环境"是我们党推进"五位一体"总体布局的重要观点。

做好水土保持工程设计，需深入了解水土保持工程设计要点、各项水土保持工程适用范围。

任务 3.1 水土保持工程设计理念和原则

3.1.1 水土保持工程设计理念

生产建设项目水土保持设计理念首先应是工程设计理念的组成部分，贯穿并渗透于整个工程设计中，对优化主体工程设计起到积极作用。在不影响主体运行安全的前提下，加强弃土弃渣综合利用，应用生态学与美学原理，优化主体工程设计，力争工程设计和生态、地貌、水体、植被等景观相协调与融合。

3.1.2 水土保持工程设计原则

3.1.2.1 确保水土流失防治基本要求，保障工程安全

《中华人民共和国水土保持法》规定任何单位和个人都有保护水土资源、预防和治理水土流失的义务。生产建设项目以扩大生产能力或新增工程效益为特定目标，但在实现其特定目标时必须确保水土流失防治的基本要求。在满足水土流失基本要求的同时，必须保障工程安全。首先，保障主体工程构筑物和设施自身安全，并对周边区域的安全影响控制在标准允许范围内；其次，水土保持工程或设施也应符合上述安全要求，应严格按照工程级别划分与设计标准的规定进行设计。

3.1.2.2 坚持因地制宜，因害设防

所谓"因地制宜"，就是根据项目所在地理区位、气候、气象、水文、地形、地貌、土壤、植被等具体情况，合理布设工程、植物和临时防护措施。所谓"因害设防"，就是指系统调查和分析项目区水土流失现状及其危害，采取相对应的综合防治措施。

对于生产建设项目则还要对主体工程设计进行分析评价，分析预测项目可能产生的水土流失及其危害，与主体设计中已有措施相衔接，形成有效的水土流失综合防治体系。

3.1.2.3　坚持工程与植物相结合，维护生态和植物多样性

坚持工程措施与植物措施相结合，是水土保持工程区别于一般土木工程的最大特点。水土保持工程本质上是一项生态工程。因此，水土保持工程要从生态角度出发，注重工程措施与林草措施的结合，合理巧妙运用林草措施，寓林草设计于工程设计，同时合理配置乔、灌、草，既维护生态和植物多样性，提升项目区生态功能，又使工程与周边植物绿色景观协调。

3.1.2.4　坚持技术可行，经济合理

经济合理是任何建设项目立项建设的先决条件。项目的产出和投入都必须符合国家有关技术规定与经济政策的要求。因此，工程设计要确立技术可行和经济合理的原则，在满足有关安全、环保、社会稳定要求的前提下，以期实现项目效益的最大化。对于生产建设项目更要关注其工程成本与防治效果，努力做到费少效宏。

3.1.3　水土保持措施分类

根据《生产建设项目水土保持技术标准》（GB 50433—2018）等规定，从水土保持措施的功能上来区分，生产建设项目水土保持措施包括拦渣工程、边坡防护工程、土地整治工程、防洪排导工程、降水蓄渗工程、植被恢复与建设工程、防风固沙工程、临时防护工程8大类型。本教材针对其中常见的类型进行重点讲述。

任务 3.2　拦　挡　工　程

3.2.1　分类、等级及设计标准

拦挡工程主要包括挡渣墙、拦渣堤、围渣堰、拦渣坝和拦洪坝5类。

围渣堰适用于平地型弃渣场的渣脚拦挡防护。围渣堰按外侧是否受水流影响分成两类：不受水流影响时按挡渣墙设计；受水流影响时按拦渣堤设计。

拦挡工程构筑物级别应根据弃渣场级别、拦渣工程高度分为5级，按表3.1中的规定确定，并应符合以下要求。

表 3.1　　　　　　　　　弃渣场拦挡工程构筑物级别

弃渣场级别	拦渣工程构筑物级别			排洪工程级别（含拦洪坝）
	拦渣堤	拦渣坝	挡渣墙	
1	1	1	2	1
2	2	2	3	2
3	3	3	4	3
4	4	4	5	4
5	5	5	5	5

（1）拦渣堤、拦渣坝、挡渣墙构筑物级别应按对应的弃渣场级别确定。

（2）当拦渣工程高度不小于15m，弃渣场等级为1级、2级时，挡渣墙建筑物级别可提高1级。

3.2.2 挡渣墙

3.2.2.1 定义与作用

3.1 挡渣墙设计

挡渣墙是指支撑和防护弃渣体，防止其失稳滑塌的构筑物。一般适用于生产建设项目弃渣堆置于台地、缓坡地上，渣脚不受河（沟）道洪水影响的弃渣场坡脚拦挡，如坡地型渣场和不受洪水影响的平地型渣场的防护，主要用来拦挡弃渣体，防止渣体向外滑动和散落。

3.2.2.2 分类与适用范围

挡渣墙通常适用于生产建设项目弃渣堆置于台地、缓坡地上，渣脚不受河（沟）道洪水影响的弃渣场坡脚防护。对于开挖、削坡、取土（石）形成的土质坡面或风化严重的岩石坡面的坡脚，也可采取挡渣墙防护。

挡渣墙按断面结构形式及受力特点分为重力式、半重力式、衡重式、悬臂式、扶臂式等，常用形式有重力式、衡重式等。

3.2.2.3 规划与布置

挡渣墙应布置在原地形斜坡面或弃渣场坡脚处，轴线平面走向宜顺直，转折处应采用平滑曲线连接。

挡渣墙基底纵坡坡降不宜大于 5%，当大于 5% 时，应在纵向将基础做成台阶式，台阶高度不宜大于 0.5m。

3.2.2.4 工程设计

1. 断面形式及稳定性计算

（1）断面形式。挡渣墙断面形式选择的原则包括：①挡渣墙应根据弃渣堆置形式、地形地质条件、降水与汇流条件、建筑材料等选择适宜的断面形式；②选择断面形式时应在防止水土流失、保证墙体安全稳定的基础上，按照经济、可靠、合理、美观的原则，进行方案比选后确定最优断面形式；③挡渣墙断面设计时，应根据地基条件、渣体岩性、挡墙高度、当地材料及施工条件等通过经济技术比较后确定断面尺寸，先根据经验初步拟定主要断面尺寸，然后进行抗滑稳定、抗倾覆稳定和地基承载力验算，当拟定的断面尺寸既符合稳定计算要求又经济合理时即为设计断面尺寸。

挡渣墙主要断面形式介绍如下。

1）重力式。重力式挡渣墙一般用浆砌石砌筑或混凝土浇筑，依靠自身重量维持稳定。通常墙高小于 6m 时较为经济。重力式挡渣墙构造由墙背、墙面、墙顶等组成。在交通要道、地势陡峻地段的挡渣墙应设置护栏。

a. 墙背。重力式挡渣墙墙背有仰斜式、垂直式、俯斜式等形式（图 3.1）。仰斜式墙背所受土压力小，故墙身断面经济，墙身通体与边坡贴合，开挖量和回填均小，但注意仰斜墙背的坡度不易缓于 1∶0.3，以免施工困难；在地面横坡陡峻，俯斜式挡渣墙墙背所受的土压力较大时，俯斜式挡渣墙采用陡直墙面，以减小墙高，俯斜墙背可砌筑成台阶形，从而增加墙背与渣体间的摩擦力。当墙后允许开挖边坡较陡，或为获得好的水流条件，可采用由俯斜到仰斜过渡的扭曲翼墙。垂直式挡墙使用较少，一般与其他竖直墙背的支挡结构顺接。

b. 墙面。一般均为平面，其坡度与墙背协调一致，墙面坡度直接影响挡渣墙的

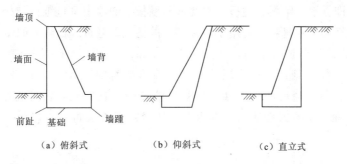

图 3.1 重力式挡渣墙的断面形式

高度。因此，在地面横坡较陡时，墙面坡度一般为 1：0.05～1：0.20，矮墙可采用陡直墙面，地面平缓时，一般采用 1：0.20～1：0.35，较为经济。

c. 墙顶。混凝土重力式挡墙墙顶宽度不应小于 0.3m；浆砌石重力式挡渣墙墙顶宽度不小于 0.5m，另需砌筑厚度不小于 0.4m 的顶帽，若不砌筑顶帽，墙顶应以大块石砌筑，并用砂浆勾缝。

d. 护栏。为保证安全，在交通要道、地势陡峻地段的挡渣墙顶部应设护栏。

2）半重力式。半重力式挡渣墙是为减少圬工砌筑量而将墙背建造为折线型的重力式挡渣建筑物，采用混凝土建造，适用范围同重力式，同等地基条件下其高度可大于重力式。半重力式挡渣墙可分整体型半重力式和轻型半重力式两种，半重力式挡渣墙断面一般比重力式挡渣墙断面小 40%～50%，因而可充分利用混凝土的抗拉强度，与重力式挡渣墙相比，同样高度的挡渣墙其地基应力小，且分布较均匀。同样地基条件下建筑高度可大于重力式挡渣墙。半重力式挡渣墙如图 3.2 所示。

3）衡重式。衡重式挡渣墙多采用混凝土或浆砌石建造，上下墙之间设置衡重台，采用陡直的墙面，适用于山区地形陡峻处的边坡。衡重式挡渣墙由上墙、衡重台与下墙三部分组成，采用陡直的墙面，上墙俯斜墙背的坡比 1：0.25～1：0.45，下墙仰斜墙背坡比 1：0.25，上下墙高之比采用 2：3。由于衡重台有减少土压力作用，夹断面一般比重力式小，应用高度比重力式大。衡重式挡渣墙如图 3.3 所示。

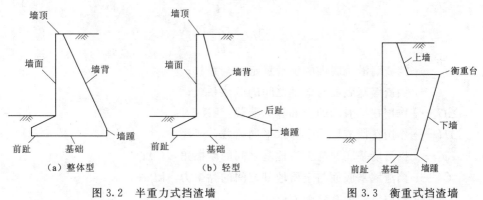

图 3.2 半重力式挡渣墙   图 3.3 衡重式挡渣墙

4）悬臂式。当墙高超过 5m，地基土质较差，当地石料缺乏，在堆渣体下游又有重要工程时，可采用悬臂式钢筋混凝土挡渣墙。悬臂式挡渣墙由立墙和底板组成，具有3个悬臂，即立墙、趾板和踵板。主要依靠踵板上的填土重量维持结构稳定性，墙身断面小，自重轻，节省材料，适用于墙高较大的情况。悬臂式挡渣墙如图3.4所示。

5）扶臂式。当防护要求高，墙高大于10m时，可采用由钢筋混凝土建造的扶臂式挡渣墙。其主体是悬臂式挡渣墙，沿墙长度方向每隔0.8～1.0m做一个与墙高等高的扶臂，以保持挡渣墙的整体性，加强拦渣能力。扶臂式挡渣墙在维持结构稳定、断面面积等方面与悬臂式挡渣墙基本相似。扶臂式挡渣墙如图3.5所示。

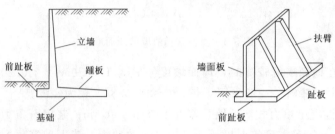

图3.4　悬臂式挡渣墙　　　　图3.5　扶臂式挡渣墙

（2）稳定性计算。

挡渣墙稳定计算包括抗滑稳定计算、抗倾覆稳定计算和基底应力计算。

1）荷载组合。作用在挡渣墙上的荷载可分为基本组合和特殊组合两类。

a. 基本组合。挡渣墙结构及其底板以上填料和永久设备自重，墙后填土破裂体范围内的车辆、人群等附加荷载，相应于正常挡渣高程的土压力，墙后正常地下水位下的水重、静水压力和扬压力，土的冻胀力，其他出现概率较大的荷载。

b. 特殊组合。多雨期墙后土压力、水重、静水压力和扬压力、地震荷载、其他出现概率很小的荷载。墙前有水位降落时，还应按特殊荷载组合计算此种不利工况。

2）抗滑稳定计算。

a. 土质地基上挡渣墙沿基底面的抗滑稳定。土质地基上挡渣墙沿基底面的抗滑稳定安全系数的计算公式为

$$K_c = \frac{f \sum G}{\sum H} \qquad (3.1)$$

或

$$K_c = \frac{\tan\varphi_0 \sum G + C_0 A}{\sum H} \qquad (3.2)$$

式中　　K_c——挡渣墙沿基底面的抗滑稳定安全系数；

f——挡渣墙基底面与地基之间的摩擦系数；

$\sum G$——作用在挡渣墙的全部竖向荷载，kN；

$\sum H$——作用在挡渣墙的全部水平向荷载，kN；

φ_0——挡渣墙基底面与土质地基之间的摩擦角，(°)；

C_0——挡渣墙基底面与土质地基之间的黏聚力，kPa；

A——挡渣墙与地基接触面面积，m^2。

b. 岩石地基上挡渣墙沿基底面的抗滑稳定。岩石地基上挡渣墙沿基底面的抗滑稳定安全系数计算公式为

$$K_c = \frac{f \sum G}{\sum H} \tag{3.3}$$

式中 f——挡渣墙基底面与岩石地基之间的抗剪摩擦系数；

其余符号意义同前。

3）抗倾覆稳定计算。挡渣墙的抗倾覆稳定是指挡墙绕前趾向外转动倾覆的力矩，用抗倾覆安全系数 K_0 表示，计算公式为

$$K_0 = \frac{\sum M_v}{\sum M_H} \tag{3.4}$$

式中 K_0——挡渣墙抗倾覆安全系数；

M_v——对挡渣墙基底前趾的抗倾覆力矩，kN·m；

M_H——对挡渣墙基底前趾的倾覆力矩，kN·m。

当地基为土质地基时，挡渣墙抗倾覆稳定安全系数根据挡渣墙工程级别不应小于表 3.2 规定的允许值；岩石地基上 1～2 级挡渣墙，在基本荷载组合条件下，抗倾覆安全系数不应小于 1.45，3～5 级挡渣墙抗倾覆安全系数不应小于 1.40；在特殊荷载组合条件下，不论挡渣墙的级别，抗倾覆安全系数不应小于 1.30。

表 3.2 土质地基上挡渣墙抗倾覆稳定安全系数允许值

计算工况	挡渣墙级别			
	1	2	3	4、5
正常运用	1.60	1.50	1.50	1.40
非常运用	1.50	1.40	1.40	1.30

4）基底应力计算。挡渣墙基底应力的计算公式为

$$P_{max} \text{ 或 } P_{min} = \frac{\sum G}{A} \pm \frac{\sum M}{W} \tag{3.5}$$

式中 P_{max} 或 P_{min}——挡渣墙基底应力的最大值或最小值，kPa；

$\sum G$——作用在挡渣墙上的全部垂直荷载，kN；

$\sum M$——作用在挡渣墙上的全部荷载对于水平面平行前墙墙面方向形心轴的力矩之和，kN·m；

A——挡渣墙基底面的面积，m²；

W——挡渣墙基底面对于基底面平行前墙墙面方向形心轴的截面矩，m²。

5）基底应力验算。挡渣墙（浆砌石、混凝土、钢筋混凝土）基底应力验算应满足以下 3 个条件。

a. 在各种计算工况下，土质地基和软质岩石地基上的挡渣墙平均基底应力不大于地基允许承载力。

b. 最大基底应力不大于地基允许承载力的 1.2 倍。

c. 土质地基和软质岩石地基上挡渣墙基底应力的最大值与最小值之比不应大于 1.5，砂土宜取 2.0～3.0。

2. 埋置深度

挡渣墙基底的埋置深度应根据地形、地质、结构稳定、地基整体稳定、最大冻结深度等确定。

（1）地基为土基时，当最大冻土深度不大于 1m 时，基底应位于冻结线以下不小于 0.25m 且不大于 1m；当最大冻土深度大于 1m 时，基底最小埋置深度不小于 1.25m，并应将基底冻结线以下 0.25m 范围内的地基土换填为弱冻胀材料。

（2）在风化层不厚的硬质岩石地基上，基底宜置于基岩表面风化层以下。

3. 分缝与排水

（1）分缝。挡渣墙应每隔 10～15m 设置变形缝。挡渣墙轴线转折处，地形变化大，地质条件、荷载和结构断面变化处，应增设变形缝。变形缝宽 2～3cm，缝内填塞沥青麻絮、沥青木板、聚氨酯、胶泥或其他止水材料。

（2）排水。当墙后水位较高时，应将渣体中出的地下水以及由降水形成的渗透水流及时排出，有效降低墙后水位，减少墙身水压力，增加墙体稳定性。应设置排水孔等排水设施，排水孔孔径 5～10cm，间距 2～3m，排水孔从墙背至墙面纵坡坡降不小于 3%，通常取 5%，排水孔出口应高于墙前水位。

在渗透水向排水设施逸出地带，为防止排水带走细小颗粒而发生管涌等渗透破坏，可在水流入口管端包裹土工布起反滤作用，土工布包裹长度不小于 15cm。

3.2.3　拦渣堤

3.2 拦渣堤设计

3.2.3.1　定义与作用

拦渣堤是指支撑和防护堆置于河道岸边或沟道旁的弃渣，防止堆体变形失稳或被水流、降雨等冲入河流（沟道）内，按防洪治导线要求修建的构筑物。适用于生产建设项目涉水弃渣场的挡护，如临河型渣场、沟道型渣场、库区型渣场和受洪水影响的平地型渣场的挡护，拦渣堤兼具拦渣和防洪双重作用，应结合防洪堤进行布设。拦渣堤拦挡的弃渣堆积体或堤后填筑物中，不应含有易溶于水的有毒有害物质，如生活垃圾、医疗废弃物等，也不宜含有大量粉状物料等，以免污染河流水质。

3.2.3.2　分类与适用范围

拦渣堤可分为墙式拦渣堤和非墙式拦渣堤。墙式拦渣堤按几何断面形状和受力特点可分为重力式、半重力式、衡重式、扶臂式（支墩式）、悬臂式、空箱式、板桩式、加筋土式等；按筑堤材料又可分为砌石堤、土石堤、混凝土活钢筋混凝土堤、新型材料堤（如格宾石笼）等。水土保持工程多采用墙式拦渣堤。墙式拦渣堤按《水土保持工程设计规范》（GB 51018—2014）进行设计，非墙式拦渣堤参照《堤防工程设计规范》（GB 50286—2013）进行设计。

对于墙式拦渣堤，选型应综合考虑筑堤材料种类及开采运用条件、地形地质条件、气候条件、施工条件、基础处理、抗震要求等因素，经技术经济比较后确定。

3.2.3.3　工程布置

拦渣堤除拦渣外还兼有防洪作用，因此拦渣堤平面布置相对于非涉水渣场的拦挡工程还应遵循以下原则。

（1）满足河流治导规划或行洪要求。

（2）应布置在弃渣场渣坡坡脚，并使拦渣堤位于相对较高的地面上，以便降低拦渣堤高度。

（3）堤线应与河势流向相适应，并与洪水主流线大致平行，应力求平顺，各堤段平缓连接，不得采用折线和急弯。

（4）应沿等高线布置，尽量避免截断沟谷和水流，否则应考虑沟谷排洪设施。

（5）堤基宜选择新鲜不易风化的岩石或密实土层，并考虑地基土层含水量和密度的均一性，避免不均匀沉陷，满足地基承载力要求。

3.2.3.4 工程设计

（1）工程级别和防洪标准。根据《水土保持工程设计规范》（GB 51018—2014），拦渣堤防洪标准应根据其相应构筑物级别确定，见表 3.3。

表 3.3　　　　　　　　　　　　拦渣堤设计防洪标准

拦渣堤工程级别	防洪标准（重现期）/a			
	山区、丘陵区		平原区、滨海区	
	设计	校核	设计	校核
1	100	200	50	100
2	100～50	200～100	50～30	100～50
3	50～30	100～50	30～20	50～30
4	30～20	50～30	20～10	30～20
5	20～10	30～20	10	20

拦渣堤防洪标准除满足拦渣功能外，还应满足拦渣段河道管理和两岸保护对象的防洪要求，并取较大者。

当拦渣堤失事可能对周边及下游工况企业、居民点、交通运输等基础设施造成重大危害时，2级以下拦渣堤的设计防洪标准可按表 3.3 提高一级。

（2）断面设计及稳定分析。拦渣堤断面设计主要包括堤顶宽、堤高、堤面及堤背坡比等内容，一般先根据工程区的地形、地质、水文条件及筑堤材料、堆渣量、堆渣高度、堆渣边坡、弃渣物质组成及施工条件等，按照经验初步选定堤型、初拟断面主要尺寸，经试算满足技术要求且经济合理的堤体断面为设计断面。

水土保持工程中多采用重力式拦渣堤，其结构形式和断面尺寸一般应通过抗滑、抗倾覆和基底应力计算确定，具体计算方法同挡渣墙计算方法。

（3）基础埋置深度。由于涉水渣场的特殊性，拦渣堤基础受到水流冲刷，除按挡渣墙确定基础埋置深度外，还须考虑洪水对堤脚淘刷影响，堤脚须采取相应防冲措施。

1）冲刷深度及防冲刷措施。为了保证堤基稳定，基础底面应设置在冲刷线以下一定深度。拦渣堤冲刷深度根据《堤防工程设计规范》（GB 50286—2013）计算，并类比相似河段淘刷深度，考虑一定的安全裕度确定。

拦渣堤通常采取的防冲（淘）措施包括：①抛石护脚；②堤趾下伸形成齿墙，并在堤外开挖槽内回填大块石等抗冲物；③堤岸外侧铺设钢筋石笼或格宾石笼等。

2) 埋置深度的确定。拦渣堤底板的埋置深度应根据地形、地质、水流冲刷条件，以及结构稳定和地基整体稳定要求、冻结深度等确定。

a. 当拦渣堤堤前有可能被水流冲刷的土质地基，拦渣堤墙趾埋深宜为计算冲刷深度以下 0.5～1.0m，否则应采取可靠的防冲措施。

b. 对于土质地基，拦渣堤底板顶面不应高于堤前地面高程；对于无底板的拦渣堤，其墙趾埋深宜为堤前地面以下 0.5～1.0m。

c. 在冰冻地区，除岩石、砾石、粗砂等非冻胀地基外，堤基底部应买只在冻结线以下，并不小于 0.25m。

(4) 堤顶高程及安全超高。拦渣堤堤顶高程应满足挡渣要求和防洪要求，因此堤顶高程应按满足防洪要求和安全拦渣要求二者的高值确定。

拦渣堤高度不宜大于 6m；当设计堤身高度较大时，可根据具体情况降低堤身高度，如采取拦渣堤和斜坡防护相结合的复合形式。斜坡防护措施的材料可视具体情况采用干砌石、浆砌石、石笼或预制混凝土块等。当采用拦渣堤和斜坡防护措施时，拦渣堤高度可仅满足常年防洪要求，堤顶以上防洪任务由护坡承担。

(5) 细部构造设计。

1) 排水。

a. 堤身排水。为排出堤后积水，需在堤身布置排水孔。孔眼尺寸一般为 5cm×10cm、10cm×10cm 或直径 5～10cm 的圆孔。孔距为 2～3m，呈梅花形布置，最低一排排水孔宜高出地面 0.3m 以上。

排水孔进口需设置反滤层。反滤层由一层或多层无黏性土构成，并按粒径大小随渗透方向增大的顺序铺筑。反滤层的颗粒级配根据堆渣的颗粒级配确定。近年来，随着土工布的广泛应用，常在排水管入口端包裹土工布，以起反滤作用。

b. 堤后排水。为排出渣体中的地下水及由降雨形成的积水，有效降低拦渣堤后渗流浸润面，减小堤身水压力，增加堤体稳定，可在拦渣堤后设置排水。排水位置一般选在堤脚较低处，并与渣场的排水系统相结合。

若弃渣以石渣为主，可不考虑堤后排水。

c. 堤背填料选择。为了有效排导渣体积水，降低堤后水压力，拦渣堤后一定范围内需设置排水层，选用透水性较好、内摩擦角较大的无黏性渣料，如块石、碎石等。

d. 堤基排水。为降低堤基扬压力，常用竖向排水孔、褥垫、减压井等进行排水，排水形式有层状排水、带状排水和垂直排水 3 种方式。

2) 分缝及止水。一般沿堤线方向每隔 10～15m 设置一道宽 2～3cm 的横缝，缝内填塞沥青麻絮、沥青木板、聚氨酯、胶泥等材料，填料距离拦渣堤断面边界深度不小于 0.2m。堤线转折处，地形变化大，地质条件、荷载及结构断面变化处，应增设沉降缝。

3.2.4 拦渣坝

3.2.4.1 定义与作用

拦渣坝是拦挡堆置于河道内弃土、弃渣等开挖废弃物的构筑物，具有拦挡和防洪

3.3 拦渣坝设计

双重作用，其目的是减少水土流失、避免淤塞河道、防止引发山洪及泥石流灾害。设计时要妥善处理好沟道排洪问题。

3.2.4.2 分类与适用范围

（1）分类。拦渣坝布置在堆渣体下游，按防洪方式分为滞洪式拦渣坝和截洪式拦渣坝两种类型，主要适用于沟道型弃渣场渣脚的拦挡。滞洪式拦渣坝既有拦渣作用，又有滞蓄上游洪水作用。截洪式拦渣坝仅拦渣不滞洪，其上游洪水通过排洪涵洞汇入下游沟道。一般采用低坝，截洪式拦渣坝高度不超过 15m，滞洪式拦渣坝高度不超过 30m。

按筑坝材料拦渣坝可分为土石坝、浆砌石坝和混凝土坝等。

（2）适用范围。

1）土石坝。土石坝对地形适应性较强，一般修建在相对宽阔的沟道型弃渣场，因其坝体断面较大，主要适用于坝轴线较短、库容大，便于施工场地布设的沟道型弃渣场；对于工程地质条件的适应性较好，对大多数地质条件，经处理后均可采用。但对厚的淤泥、软土、流沙等地基需经过论证；密实的、强度高的冲积层，不存在引起沉陷、管涌和滑动危险的夹层时亦可以修建。对于岩基，地质上的节理、裂隙、夹层、断层或显著的片理等可能造成重大缺陷的，需采取相应处理措施。

2）浆砌石坝。浆砌石坝的地形条件应满足堆渣要求，在工程量小并便于施工的场地布置。基础一般要求坐落在岩石地基上，适用于筑坝石料丰富的地区。

3）混凝土坝。混凝土坝宜修建在岩基上，适用于堆渣量大、基础为岩石的截洪式弃渣场，具有排水设施布设方便、便于机械化施工、运行维护简单的特点，但筑坝造价相对较高。

3.2.4.3 规划与布置

（1）坝址选择。拦渣坝地址选择应综合考虑以下几方面因素确定。

1）坝址处沟谷狭窄，坝轴线较短；上游沟谷平缓、开阔，拦渣库容较大。

2）浆砌石和混凝土拦渣坝地址应选择在岔沟、弯道的下游或跌水的上方，坝肩不宜有集流洼地或冲沟。

3）坝基宜为新鲜、弱风化岩石或覆盖层较薄，无断层破碎带、软弱夹层等不良地质状况，无地下水出露，两岸岸坡不宜有疏松的坡积物、陷穴和泉眼等隐患，坝基处理措施简单有效；坝轴线宜采用直线式布置，且与拦渣坝上游堆渣坡顶线平行。

4）具有布置排水洞、溢洪道或排洪渠等排水设施的地形地质条件。

5）筑坝所需土、石、砂等建筑材料充足，且取料方便。

6）设置拦渣坝堆渣后，不影响沟道行洪和下游防洪，也不会增加下游沟（河）道的淤积。

7）坝址附近地形条件适合布置施工场地，内外交通便利，水、电来源条件能满足施工要求。

8）筑坝后不应影响周边公共设施、重要基础设施及村镇、居民点等的安全。

（2）坝型选择。

1）应根据坝址区地形、地质、水文、施工及运行条件，结合弃土、弃石、弃渣等排弃物的物质组成及力学指标，综合分析确定坝型。

2）土石料来源丰富的地区，推荐采用土石坝，以降低工程造价；也可利用弃土、弃石、弃渣等修筑碾压式土石坝。当基础为坚硬完整的新鲜岩石，弃石中不易风化的块石含量较多时，宜选择浆砌石坝。

3）采用放水建筑物，溢洪道布置方案时，应根据坝址地形地质条件、泄洪流量等因素确定坝型。

（3）总库容确定。滞洪式拦渣坝总库容由拦渣库容、滞洪库容、拦泥库容3部分组成。坝顶高程应按总库容在水位-库容曲线上对应水位加上安全超高确定。截洪式拦渣坝不考虑滞洪库容。

3.2.5　拦洪坝

3.4　拦洪坝
设计

3.2.5.1　作用

拦洪坝主要用于拦蓄截洪式弃渣（石、土）场上游来水，并导入隧洞、涵、管等放水设施。

3.2.5.2　分类与适用范围

拦洪坝的坝型主要根据山洪的规模、地质条件及当地材料等决定，可采用土坝、堆石坝、浆砌石坝和混凝土坝等形式。按结构分，主要坝型有重力坝、拱坝。按建筑材料可分为砌石坝（干砌石坝和浆砌石坝）、混合坝（土石混合坝和土木混合坝）、铅丝石笼坝等。常用坝型主要为土石坝、重力坝和格栅坝。

（1）土石坝。坝体采用土料、石料、土石料结合碾压、砌筑而成，适用于汇水面积小、洪水冲击力小的沟道洪水拦挡。

（2）重力坝。根据砌筑材料，可分为浆砌石重力坝、混凝土重力坝；根据来洪情况，采用透水坝和不透水坝。适用于石料丰富、沟道比降较大的沟道洪水拦挡。

（3）格栅坝。格栅坝具有透水性好、坝下冲刷小、坝后易于清淤，可以在现场拼装和施工速度快等优点。

3.2.5.3　规划与布置

（1）规划原则。拦洪坝的规划原则如下：

1）拦洪坝主要适用于流域面积大、弃渣不允许被浸泡的沟道型弃渣场。

2）拦洪坝设计应调查沟道来水、来沙情况及其对下游的危害和影响，重点收集山洪灾害现状和治理状资料，主要包括洪水量、洪峰流量，洪水线、洪水中的泥沙土石组成和来源、沟道堆积物状况以及两岸坡面植被情况。在西南土石山区应根据需要调查石化情况。

3）拦洪坝布置应因害设防，充分结合地形条件。

4）拦洪坝应与排水洞（管或涵）等相互配合，联合运用。

（2）坝址选择。拦洪坝坝址应根据筑坝条件、功能需求。拦洪效益等多种因素综合分析确定。

1）基本条件。

a. 地质条件。坝址处地质构造稳定，两岸无疏松的塌土、滑坡体，断面完整，岸坡不大于60°。坝基应有较好的均匀性，其压缩性不宜过大。岩石要避免断层和较大裂隙，尤其要避免可能造成坝基滑动的软弱层。坝址应避开沟岔、弯道、泉眼，遇有跌水应选在跌水上游。

b. 地形条件。坝址选择应遵循坝轴线短，库容大、便于布设排洪，泄洪设施的原则。坝址处沟谷狭窄，坝上游沟谷开阔，沟床纵坡较缓，建坝后能形成较大的拦洪库容。

c. 建筑材料。坝址附近有充足或比较充足的石料、砂等当地建筑材料。

d. 施工条件。离公路较近，从公路到坝址的施工便道易修筑，附近有布置施工场地的地形，有水源等。

2) 布局及设计条件。根据基本条件，初步选定坝址后，拦洪坝的具体位置还需按下列原则布置。

a. 与防治工程总体布置协调。与泄洪建筑物及下游拦渣坝、挡渣墙合理衔接。

b. 满足拦洪坝本身要求，坝轴线宜采用直线，当采用折线形布置时，转折处应设曲线段。泄洪建筑物应以竖井、卧管结合涵洞（管或涵）为主。

（3）坝型选择。

1) 拦洪坝坝型应根据洪水规模、地质条件、当地材料等确定，并进行方案比较。

2) 重力坝主要适用于以下条件。

a. 石质山区以重力坝型为主。其中石料丰富、采运条件方便的地方，以浆砌石重力坝为主；石料较少的区域以混凝土重力坝为主。

b. 沟道较陡、山洪冲击较大的沟道以重力坝为主。

c. 不便布设溢洪设施、坝址及其周边土料不适宜作筑坝材料时可选择重力坝。

1) 土石坝主要适用于以下条件。

a. 沟道较缓、沟道山洪冲击力较弱的沟道可选择土石坝。

b. 坝址附近土料丰富而石料不足时，可选用土石混合坝。

c. 小型山洪沟道可采用干砌石坝。

2) 其他坝型的选择。

a. 盛产木材的地区，可采用木石混合坝。

b. 小型荒溪可采用铁丝石笼坝。

c. 需要有选择性地拦截块石、卵石的沟道可采用格栅坝、钢索坝。

（4）库容与坝高。

1) 总库容。拦洪坝总库容包括死库容和调蓄库容两部分，死库容根据坝址以上来沙量和淤积年限综合确定，一般按上游 1～3 年来沙量计算。调蓄库容根据设计洪水、校核洪水与泄水建筑物泄洪能力经调洪演算确定。在工程实践中，常受地形、地质等条件的影响，可不考虑死库容。

2) 洪峰计算。拦洪坝工程设计洪峰流量、设计洪水总量应根据已有资料采用相应水文公式计算。

3) 拦泥库容、多年平均输沙量。同拦渣坝中相关计算公式。

4) 坝高。拦洪坝最大坝高按式（3.6）计算。

$$H = H_L + H_z + \Delta H \tag{3.6}$$

式中　H——拦洪坝最大坝高，m；

　　　H_L——拦泥坝高，m；

　　　H_Z——滞洪坝高，m；

　　　ΔH——安全超高，m。

任务 3.3　斜 坡 防 护 工 程

3.3.1　概述

3.3.1.1　定义与作用

斜坡防护是为了稳定斜坡，防止边坡风化、面层流失、边坡滑移、垮塌而采取的坡面防护措施，措施类型包括工程护坡、植物护坡和综合护坡。

斜坡防护的对象是人工开挖或堆填土石方形成的边坡，也可为不稳定的自然斜坡；可按照组成物质、形成过程、固结稳定状况进行分类。按照组成物质可分为土质边坡、石质边坡、土石混合边坡 3 类；按照形成过程可分为堆垫边坡、挖损边坡、构筑边坡、滑动体边坡、塌陷边坡和自然边坡 6 类；按照固结稳定状况可分为松散非固结不稳定边坡、坚硬固结较稳定边坡和固结非稳定边坡 3 类。

斜坡防护的首要目的是固坡，对扰动后边坡或不稳定自然边坡具有防护和稳固作用，同时兼具边坡表层治理、美化坡面等功能。

3.3.1.2　综合分类

斜坡防护工程分为 3 类，包括工程护坡、植物护坡和综合护坡。

（1）工程护坡。工程护坡的主要目的是防治滑坡。坡面上岩土体在重力的作用下，沿着一定的贯通面整体向下滑动的现象，称为滑坡。工程护坡包括削坡开级、削坡反压、抛石护坡、圬工护坡、锚杆固坡、抗滑桩、抗滑墙、边坡排水和截水等工程类措施，边坡排水和截水措施见本书"任务 3.4　截洪（水）排洪（水）工程"。

1）削坡升级。削坡是通过削掉边坡上部分坡体，改变坡形，减缓坡度，保持坡体稳定；开级是通过开挖坡体成阶梯或平台，达到截短坡长，改变坡型、坡度，降低荷载重心。维持边坡稳定。

2）削坡反压。削坡反压是在不稳定坡体上部岩（土）体进行局部开挖，减轻荷载，同时对不稳定坡体下部坡脚前面的阻滑部分堆土加载，以增加抗滑力，填土可筑成抗滑土堤。通过削坡挖除不稳定坡体上部不稳定的岩（土）体，减少上部岩（土）体重量造成的下滑力；同时通过边坡下部反压，以增大抗滑力，保证边坡的整体安全稳定。

3）抛石护坡。抛石护坡是坡脚在沟岸、河岸以及雨季易遭受洪水淘刷的地段，采用抛石的方式对坡面和坡脚进行防护，防止水流对坡面和坡脚的冲刷。将块石抛填至河床一定高程，使其在河床达到一定的覆盖厚度，发挥防止岸坡受冲、失稳等作用。

4）圬工护坡。圬工护坡是在坡面采用圬工全面护坡或框格护坡进行固坡的一种措施。全面护坡指对全坡面采用浆砌石、混凝土、干砌石等整体式护砌措施。框格护坡指采用浆砌石框格护坡、混凝土框格护坡、多边形空心混凝土预制块护坡等措施。

5）锚杆固坡。锚杆固坡就是通过在边坡岩土体内植入受拉杆件，提高边坡自身强度和自稳能力的一种边坡加固技术，其作用是通过埋设在地层中的锚杆，将结构物与地层紧紧地联结在一起，依赖锚杆与周围地层的抗剪强度传递结构物的拉力或使地层自身得到加固，从而增强被加固岩土体的强度，改善岩土体的应力状态，以保持结构物和岩土体的稳定性。

6）抗滑桩。抗滑桩是防治滑坡的一种工程结构物，设置于滑坡体的适当部位，一般完全埋置在地面下，有时也可露出地面。抗滑桩凭借桩与周围岩、土的共同作用，把滑坡推力传递到稳定地层，利用稳定层的锚固作用和弹性抗力来平衡滑坡推力，使滑体保持稳定。

7）抗滑墙。抗滑墙是指支撑斜坡面填土或山坡岩土体，防止岩土体垮塌或变形失稳的构筑物。

（2）植物护坡。植物护坡包括坡面植树种草，设置植生带、植生毯及生态植生袋，铺植草皮，喷混植生，客土植生，开凿植生槽，液力喷播，三维网植被护坡，厚层基材植被护坡等植物类措施，涉及植物类措施见"任务 3.5　植被恢复与建设工程"。

（3）综合护坡。综合护坡为各类工程护坡措施和植物护坡措施的组合。如边坡削坡升级、削坡反压后实施坡面绿化，如采用植树种草、三维网喷播等植物措施，喷浆（混凝土）护坡后实施厚层基材植被护坡等植物措施，浆砌石或混凝土框格护坡后坡面实施各类植物措施等。

3.3.1.3　设计理念

斜坡防护工程主要目的是稳定开挖或填筑所形成的不稳定边坡，有时也要对局部非稳定自然边坡进行加固，或者对存在滑坡危险、局部垮塌、浅层流失等问题的坡面采取护坡措施。边坡的失稳是多种因素复杂作用的结果，不同环境下的影响因素各不相同。因此，设计时必须首先明确边坡灾害、存在问题、灾害的产生机理，再选择适宜的防护措施。工程设计应考虑不同工况，根据地质条件等进行稳定分析，确定边坡的坡形。

（1）斜坡防护在灾害治理方面，是以预防为主，防重于治。治理强调统一考虑边坡稳定的各个影响因素，并根据各因素所起的作用，按照先后主次，有主有次，有选择性地对边坡进行防治。

（2）应优先考虑改变坡形法（削坡升级、削坡反压）和排水法，在仍难以保证边坡稳定的情况下，再选用支挡措施（如抗滑桩、抗滑墙、锚杆固坡等）。

（3）护坡措施类型的选择，主要根据边坡条件、水文特点，以及下游保护目标的重要程度，从经济、安全、生态角度综合比较后确定，护坡结构物应满足稳定要求。斜坡防护工程一般应使用几种防治措施，达到固坡和美化环境的效果。

（4）斜坡防护设计理念已从传统的浆砌石、干砌石或喷混等硬质、单调的护坡形式向植物护坡或综合护坡形式转变，尽可能创造恢复植被的条件，体现边坡生态效益，在维护坡面稳定的同时，兼顾生态环境。

3.3.1.4　工程级别及设计标准

水利水电工程根据《水利水电工程水土保持技术规范》（SL 575—2012）的规定，弃渣场、料场、临时道路等区域的边坡，其斜坡防护工程级别应根据边坡对周边设施安全和正常运用的影响程度、对人身和财产安全的影响程度、边坡失事后的损失大小、社会和环境等因素，按表 3.4 的规定确定。

表 3.4　水利水电工程斜坡防护工程级别

边坡破坏危害的对象	边坡破坏造成的危害程度		
	严重	不严重	较轻
工矿企业、居民点、重要基础设施等	3	4	5
一般基础设施	4	5	5
农业生产设施	5	5	5

水利水电工程斜坡防护工程的抗滑稳定安全系数标准执行《水利水电工程边坡设计规范》（SL 386—2007）中相应规定。

3.3.2　削坡开级

3.5　削坡
开级

3.3.2.1　定义与作用

削坡开级主要通过削坡和开级改变边坡几何形态，维持边坡稳定。削坡是削掉边坡非稳定部分，减缓坡度，削减滑动力；开级是通过开挖坡体成阶梯或大平台等，截短坡长，达到改变坡型、降低荷载重心、提高稳定性的目的。

3.3.2.2　分类与适用范围

土质边坡、岩质边坡削坡开级形式有所区别，同类边坡也会因边坡高度、土体的物理力学性质不同而形式各异。

1. 土质边坡削坡开级分类与适用范围

土质边坡削坡开级分为直线形、折线形、阶梯形和大平台形 4 种形式，主要有以下适用范围。

（1）直线形。从上至下削成同一坡度，削坡后坡比变缓至该类土质边坡的稳定边坡。直线形适用于高度小于 10m。结构紧密的均质土坡或高度小于 12m 的非均质土坡。

（2）折线形。重点是削缓上部边坡，削坡后变坡点上部相对较缓、下部相对较陡。坡高和坡比应根据土质结构确定。折线形适用于高度在 12～20m。结构比较松散的土坡，特别适用于上部结构松散、下部结构紧密的土坡。

（3）阶梯形。将边坡削坡开级形成多级"边坡＋马道"。每一级边坡的高度、马道宽度等，均需根据土质结构、密度及当地暴雨径流情况确定。阶梯形适用于高度大于 12m 结构较松散或高度大于 20m 结构较紧密的均质土坡。

（4）大平台形。将高土质边坡的中部开挖或堆垫成大平台，平台宽度 4m 以上。平台具体位置与宽度，需根据土质结构、密度及边坡高度等情况确定。大平台形适用于高度大于 30m，或在Ⅷ度以上高烈度地震区的土坡。

2. 岩质边坡削坡开级分类与适用范围

岩质边坡削坡开级可分为直线形、折线形和阶梯形 3 种形式。岩质边坡削坡开级适用于坡度陡直、坡型呈凸型或存在软弱交互岩层，且岩层倾向与坡面倾向相同的非稳定边坡治理。

3.3.2.3 工程设计

削坡开级工程设计除削坡开级本身外，还需包括配套工程设计。对于含有膨胀性岩、土的边坡治理，可根据地质情况采取预留开挖保护层、盖压、砌护封闭、保湿和置换等措施。配套工程设计包括排水和防渗、坡面防护，坡脚支挡等，配套工程设计详见本模块相关内容。

削坡开级设计内容主要包括削坡范围、削坡开级类型、削坡坡比、开级高度、马道宽度等。当堆积体或土质边坡高度超过 10m、岩质边坡高度超过 20m 时，应设马道。

1. 确定削坡范围

凡是经稳定性判别可能失稳的边坡体均为削坡范围，需进行削坡开级处理。

2. 削坡开级类型与削坡坡比选择

根据边坡岩土体类别、边坡高度、土体物理力学性质确定削坡开级类型和削坡坡比。除岩质坚硬、不易风化的坡面外，一般要求削坡后的坡比应缓于 1：1；马道间高度为 5～10m，马道间坡比可陡于 1：0.5；采取人工植被护坡的，削坡坡比宜结合植物措施分析确定，不应陡于 1：0.75。

3. 马道宽度与台阶宽度、高度确定

根据边坡岩土体性质、地质构造特征，并考虑边坡稳定、坡面排水、防护、维修及安全监测等需要综合确定马道宽度与高度。

（1）马道与台阶宽度。马道与台阶的最小宽度：土质边坡不宜小于 2m，岩质边坡宜不小于 1.5m，采取植物措施的边坡，开级台阶的宽度还应结合植物配置要求确定。

（2）台阶高度。黄土边坡不宜高于 6m，石质边坡不宜高于 8m，其他土质和强风化岩质边坡不宜高于 5m。

3.3.3 削坡反压

3.3.3.1 定义与作用

削坡反压是边坡治理和加固措施之一。通过对不稳定坡体上部岩（土）体进行局部开挖，减轻荷载，减少下滑力，同时在不稳定坡体下部坡脚前部抗滑地段堆土，加载阻滑，增大抗滑力，保证边坡的整体安全稳定。

3.3.3.2 适用范围

削坡反压适用于推移式不稳定滑坡体，特别是滑动面上陡下缓、接近圆弧形或滑坡体前缘较厚的边坡治理。

3.3.3.3 稳定性分析及预应力分析

极限平衡分析法是边坡稳定分析的基本方法，适用于滑动破坏类型的边坡。对 1级、2 级边坡应采取两种或两种以上的计算分析方法，包括有限元等方法进行变形稳定分析，综合评价边坡变形与抗滑稳定安全性。

边坡安全系数应根据边坡类别、边坡级别按照边坡设计相关规范确定。

当采用土料和堆石料填筑岩质边坡的压坡时，对于需要严格限制变形的边坡，压坡体提供的抗力应按主动土压力计。

3.3.3.4 工程设计

削坡反压工程应包括削坡与反压范围确定、削坡马道、削坡坡比、反压堆土体型设计等。削坡反压工程实施后坡面采用植物防护，坡脚常采用挡土墙进行护脚。

（1）削坡与反压范围。当条件允许时，边坡开挖、减载和压坡措施宜配合使用。采用削坡减载方法治理边坡，应根据潜在滑动面的形状、位置、范围确定减载方式，避免因减载开挖引起新的边坡失稳。

削坡与反压范围需根据稳定分析计算和边坡安全系数确定。经稳定性判别可能失稳的边坡体上部岩土体均为削坡范围，不稳定坡体下部、坡脚前部平缓地段均可为堆土反压范围。减载范围应尽量控制在主滑段，压坡体应尽量控制在阻滑段。

（2）削坡马道与坡比。削坡马道与坡比应根据稳定分析计算确定，见削坡开级中相关内容。

（3）反压堆土体型设计。反压堆土可筑成抗滑土堤。土堤的高度、长度和坡比等需经压坡体局部定与边坡整体稳定计算确定。压坡材料宜与边坡坡体材料的变形性能相协调。回填土堤的土需分层夯实，外露边坡应进行干砌片石或植草皮护坡。土堤内侧需修建渗沟，土堤和老土间需修隔渗层，填土时不能堵塞原来的地下水出口，应先做好地下水引排工程。

3.3.4 抛石护坡

3.6 工程护坡

3.3.4.1 定义与作用

抛石护坡是在沟岸、河岸以及雨季易遭受洪水淘刷的地段，采用抛石的方式对坡面和坡脚进行防护，防止水流冲刷。其主要采用将块石抛填至河床一定高程，使其在河床达到一定的覆盖厚度，发挥稳固河床、防止岸坡受冲等作用。

3.3.4.2 分类与适用范围

抛石护坡主要分为散抛块石和石笼抛石两种类型。

散抛块石护坡一般适用于在沟（河）水流流速小于 $3m/s$ 的岸坡段。石笼抛石护坡适用范围广，一般岸坡都可以采用石笼抛石护坡，尤其适用于沟（河）水流流速大于 $3m/s$ 的岸坡段。

3.3.4.3 工程设计

1. 散抛块石

（1）抛护范围。散抛块石坡的范围应根据实际水下地形情况具体确定，应能满足在水流淘刷下，保证整个护坡工程具有足够的稳定性。根据经验，抛石护岸底部范围为深泓离岸较近河段，抛石至河道中泓线。深泓离岸较远河段，抛石至河岸坡缓于 $1:4 \sim 1:5$ 范围。准确的水下测量是确定抛石范围的关键依据。

抛石护岸工程的顶部平台，一般应高于枯水位 $0.5 \sim 1.0m$。根据河床的可能冲刷深度、岸床土质等情况。在抛石外缘加抛防冲和稳定加固的储备石方。

（2）抛石粒径。考虑抗冲、动水落距、级配等因素，抛石粒径按《堤防工程设计规范》（GB 50286—2013）的抗冲粒径公式计算。

为了使抛石堆有一定的密度，抛石的粒径应为不小于计算尺寸的大小不同的石块掺杂抛投。

（3）抛石厚度。为避免抛石空档及分布不均匀，适应河床冲刷变化、保证块石下的河床砂粒不被水流淘刷。根据工程实践经验，一般抛石厚度不小于抛石粒径的 2 倍，在水深流急的部位，抛石厚度一般采用抛石粒径的 3～4 倍，取 0.8～1.2m。

（4）抛石坡度控制。根据工程实践经验，抛石护坡的坡比应控制在 1∶1.5 以内，对于岸坡陡于 1∶1.5 的边坡按 1∶1.5～1∶1.8 的坡比抛石还坡。当水较深，水流较大时，不宜陡于 1∶2～1∶3。

2. 石笼抛石

石笼抛石护坡柔性好，承担变形能力强，与河床面接合紧密，利于防冲，且施工简单，易于绑扎。

3.3.5 圬工护坡

3.3.5.1 定义与作用

圬工护坡主要包括干砌石、浆砌石、混凝土等材料的全面护坡和浆砌石、混凝土框格或骨架护坡。

全面护坡包括干砌片石护坡、浆砌片石护坡、水泥混凝土预制块护坡、护面墙、喷混（浆）护坡等，采用全坡面、整体式的圬工护坡措施。

框格护坡主要采用浆砌石框格护坡、混凝土框格护坡、多边形空心混凝土块护坡等。坡面采用骨架护坡，骨架材料可现浇、可预制，骨架内配套三维网，植物护坡等，植物护坡见"任务 3.5 植被恢复与建设工程"。

3.3.5.2 分类与适用范围

根据《公路路基设计规范》（JTG D30—2015）等规程规范，喷浆（混）护坡适用于坡率缓于 1∶0.5，易风化但未遭强风化的岩石边坡。

干砌石护坡适用于坡比缓于 1∶1.25 的土（石）质路堑边坡。

浆砌片石护坡适用于坡比缓于 1∶1 的易风化岩石和土质路堑边坡。

水泥混凝土预制块护坡适用于石料缺乏地区的边坡防护。预制块的混凝土强度不应低于 C15，在严寒区不应低于 C20。

护面墙适用于防护易风化或风化严重的软质岩石或较破碎岩石的挖方边坡以及坡面易受侵蚀的土质边坡，边坡坡比不宜陡于 1∶0.5。

3.3.5.3 干砌石护坡

1. 定义与作用

干砌石护坡是采用块石、毛石等干砌形成的护坡结构，通常有单层干砌石护坡和双层干砌石护坡。干砌石护坡施工工艺简单，造价较低，能在一定程度上预防边坡滑移、溜坍。

2. 适用范围

（1）因雨水冲刷，可能出现沟蚀、溜坍、剥落等现象的坡面。

（2）临水的稳定土坡或土石混合堆积体边坡，坡面坡比为 1∶2.5～1∶3.0，流速小于 3.0m/s。

3. 工程设计

（1）石料质量要求。用于干砌石护坡的石料有块石、毛石等。块石要求质地坚硬、无风化，尺寸应满足：上下两面平行，且大致平整，无尖角、薄边，块厚大于20cm，单块质量不小于 25kg。毛石质地坚硬，无风化，尺寸应满足：单块质量大于20kg，中部厚度大于 15cm。

（2）护坡表层石块直径估算。在水流作用下，干砌石护坡保持稳定的抗冲粒径计算公式按《堤防工程设计规范》（GB 50286—2013）的抗冲粒径公式计算。

（3）其他设计要求。干砌石护坡厚度一般为 0.4～0.6m。坡面有涌水现象时，应在护坡层下铺设 10cm 及以上厚度的碎石、粗砂或砾石作为反滤层，封顶用平整块石砌护。

（4）护坡稳定安全计算。护坡稳定安全计算可参照《堤防工程设计规范》（GB 50286—2013）附录 D 的相关内容。

3.3.5.4　浆砌石护坡

1. 定义与作用

浆砌石护坡是通过在砌石之间填充砂浆，在砂浆凝固后与砌石形成一个统一的整体，从而达到边坡防护的目的。

浆砌石护坡由面层和起反滤作用的垫层组成。面层厚度 25～35cm；垫层分单层和双层两种，单层厚度 5～15cm，双层厚度 15～25cm。原坡面为砂、砾、卵石，可不设垫层。对面积较大的浆砌石护坡，应沿纵向设置伸缩缝，并用沥青麻絮、沥青木条等填缝材料填塞。

2. 适用范围

适用于一般坡面坡比范围为 1∶1～1∶2，坡面位于沟岸、河岸，下部可能遭受水流冲刷，且水流冲刷强烈的边坡加固。

3. 工程设计

（1）石料质量要求。用于浆砌石护坡的石料有块石、毛石、粗料石等。所用石料必须质地坚硬、新鲜、完整。块石质量及尺寸应满足：上下两面平行，大致平整，无尖角、薄边，中部厚大于 20cm，面石要求质地坚硬，无风化，单块质量不小于25kg，最小边长不小于 20cm。毛石质量及尺寸应满足：单块质量大于 25kg，中厚大于 15cm，质地坚硬，无风化。

粗料石质量及尺寸应满足：棱角分明，六面大致平整，石料长度宜大于 50cm，块高宜大于 25cm，长厚比值不宜大于 3。

（2）胶结材料。浆砌石的胶结材料为水泥砂浆，主要有 M5 水泥砂浆、M7.5 水泥砂浆、M10 水泥砂浆。

胶结材料的配合比必须满足砌体设计强度等级的要求，工程实践常根据实际所用材料的试拌试验进行调整。

（3）分缝。根据地形条件、气候条件、弃渣材料等，设置伸缩缝和沉降缝，防止因边坡不均匀沉陷和温度变化引起护坡裂缝。设计和施工时，一般将二者合并设置，每隔 10～15m 设置一道缝宽 2～3cm 的伸缩沉降缝，缝内填塞沥青麻絮、沥青木板、聚氨酯、胶泥或其他止水材料。

（4）排水。当护坡区水位较高时，应将出露的地下水以及由降水形成的渗透水流及时排出，以有效降低水位、减少渗透水压力、增加护坡稳定性。排水设施通常采用排水孔，一般排水孔径 5～10cm，纵横向间距 2～3m，底坡 5%，呈梅花形交错布置。为了防止排水带走细小颗粒而发生管涌等渗透破坏，在水流入口管端包裹土工布起反滤作用。

（5）护坡稳定安全计算。浆砌石护坡稳定安全计算可参照《堤防工程设计规范》（GB 50286—2013）的相关内容。

3.3.5.5 混凝土护坡

1. 现浇混凝土和预制混凝土护坡

（1）定义与作用。现浇或预制混凝土护坡是为防止边坡受水流冲刷，在坡面上铺砌预制混凝土砌块结构或直接在坡面现浇混凝土进行防护的护坡形式。

（2）适用范围。现浇混凝土和预制混凝土护坡主要适用于因水流、雨水等冲刷，可能出现沟蚀、溜坍、剥落等现象的坡面。适用于临水的稳定土坡或土石混合堆积体边坡，一般坡面坡比缓于 1∶1。

2. 喷混护坡

（1）定义与作用。喷混护坡是利用压缩空气或其他动力，将由水泥、骨料、水和其他掺合料按一定配比拌制的混凝土混合物，以较高速度喷射于坡面，依赖喷射过程中水泥与骨料的连续撞击、压密而形成的一种混凝土护坡形式。主要用于坚硬易风化，但未严重风化的岩石边坡，形成保护层，保持边坡稳定。

（2）分类和适用范围。喷混凝土按施工工艺的不同，可分为干法喷混凝土、湿法喷混凝土和水泥裹沙喷混凝土。按照掺加料和性能的不同，还可细分为钢纤维喷混凝土、硅灰喷混凝土。以及其他特种喷混凝土等。

除成岩作用差的黏土边坡不宜采用外，喷浆、喷射混凝土护坡主要适用于以下情况：

1）坡面岩体切制破碎，易风化但未遭严重风化的岩石边坡，坡面较干燥。

2）高而陡的边坡，上部岩层较破碎而下部岩层完整的边坡和需大面积防护的边坡。

3. 模袋混凝土护坡

（1）定义与作用。模袋混凝土是用高压泵等设施将流动性混凝土（或砂浆）充灌入模袋中，多余的水分从织物空隙中渗出后凝固形成的整体结构。模袋是由锦纶、涤纶、丙纶、聚丙烯等土工合成材料制成的有一定厚度的袋状物。

（2）分类及适用范围。

1）按充填料分类。按充填料，模袋混凝土护坡可分为充填砂浆型和充填混凝土型两种类型。充填砂浆型适用于一般坡面及渠道、江河、水库的护坡等。充填混凝土型适用于有较强水流和波浪作用的岸坡、海堤等。

2) 按模袋材质和加工工艺分类。按模袋材质和加工工艺，模袋混凝土护坡可分为机织模袋和简易模袋两种类型。机织模袋一般适用于坡比缓于 1：1.0 的护坡，在水中充灌时允许水流流速一般小于 1.5m/s。简易模袋一般适用于坡比缓于 1：1.5 的水上护坡或较浅的静水下护坡。

3.3.5.6 石笼护坡

1. 定义与作用

石笼护坡是以古代广泛采用的柳条框及竹笼为基本原理，采用专用设备将镀锌或稀土合金（高尔凡）的冷拔低碳钢丝等金属线材编织成六边形双绞合金属网片，或采用钢管连接成主骨架并用钢筋焊接（绑扎）成网片，按设计尺寸组装成箱笼状，填充符合要求的块石或鹅卵石等材料，封口形成格网防护结构，用作堤防、河岸、路基、临河弃渣场边坡等部位的防护；习惯上用于护坡及护底的铅丝石笼又称为雷诺护垫或格宾护垫。

石笼按照网片材质一般可分为铅丝石笼、钢筋石笼、竹石笼等。

2. 适用范围及优点

与传统护坡结构相比，石笼护坡属柔性蜂巢型结构，透水性能、生态环保等性能良好，是常用的圬工材料。其主要优点包括以下几个。

（1）石笼透水性强，其多孔隙构造既易于生物栖息，又能有效防止流体静力损害，宜适用于有绿化、景观要求的生态边坡防护建设。

（2）石笼抗冲刷力强，石笼防护工程的防冲系数约为抛石防护工程的 2 倍，适用于急流变缓流的边坡或易于被水流冲刷、淘刷的渣场坡脚防护。

（3）石笼柔韧性好，能承受一定程度的冻胀应力、不均匀沉降与变形，不受季节性限制，季节性浸水、长期浸水的边坡或北方结冰河流岸坡均可适用，并可在填筑体沉实之前施工。

（4）石笼施工简便快捷，施工速度是传统刚性结构的 3～5 倍，是应急抢险、压护水下坡面、防止急流冲刷常用的解决方案。

3.3.5.7 框格护坡

1. 定义与作用

框格护坡是指用浆砌石或混凝土等材料砌筑成的框架式（骨架式）构筑物，框架（骨架）内部可植乔灌草的一种综合护坡。

框格护坡可分散坡面径流，提高边坡的粗糙系数，降低坡面径流流速，减轻径流对坡面的冲刷程度，同时可提高框格内所覆表土的稳定性，利于边坡植物措施的实施，防治水土流失。加锚杆、锚管或预应力锚索的框格护坡还可提高边坡的稳定性。

2. 分类

（1）按框格砌筑材料的不同，框格护坡可分为预制水泥混凝土空心块护坡、混凝土框格护坡、浆砌石框格护坡、钢筋混凝土框格护坡等。

（2）按砌筑的形状的不同，框格护坡可分为方形、菱形、"人"字形、弧形护坡；预制水泥混凝土空心块护坡可分为正方形和六边形。

（3）按边坡的加固形式框格护坡可分为锚固型框格护坡和非锚固型框格护坡。锚固型框格护坡是在框格节点设置锚杆、锚管或预应力锚索，以提高边坡的稳定性。

3.3.6 锚杆固坡

3.3.6.1 定义与作用

锚杆固坡是通过在边坡岩土体内植入受拉杆件，提高边坡自身强度和自稳能力的一种边坡加固技术。其作用是通过埋设在地层中的锚杆，将结构物与地层紧紧地联结在一起，依赖锚杆与周围地层的抗剪强度传递结构物的拉力或使地层自身得到加固，从而增强被加固岩土体的强度、改善岩土体的应力状态，以保持结构物和岩土体的稳定性。

3.3.6.2 分类与适用范围

按是否进行预应力张拉，锚杆可分为预应力锚杆和非预应力锚杆两大类。

1. 预应力锚杆

预应力锚杆由锚固段、张拉段、外锚结构组成，通过锚杆张拉锁定对边坡岩土体进行加固，锚固段应位于稳定的岩土层中。预应力锚杆适合加固高边坡、陡坡、危岩、滑坡体等。常见预应力锚杆组合支护形式包括锚索框架梁、锚拉桩等。

2. 非预应力锚杆

非预应力锚杆由普通钢筋、垫板和螺母组成，单独使用时适合加固不陡于稳定坡比的边坡，也可和混凝土面板、框架梁等结合使用，用以加固土质、破碎岩质边坡。非预应力锚杆不分锚固段、张拉段，一般由普通螺纹钢筋制成，孔内灌满水泥浆凝固后不进行张拉，直接用螺母锁定。常见非预应力锚杆组合支护形式包括喷锚支护、喷锚加筋支护、锚杆框架梁护坡、土钉墙、锚杆挡墙等。

3.3.6.3 常见锚杆固坡形式

1. 喷锚支护

喷锚支护是由坡面喷射混凝土层与坡体内锚杆相连形成的一种支护形式。它的作用机理是把边坡岩土体视为具有黏性、弹性、塑性等物理性质的连续介质，同时利用岩土体中开挖后产生变形的时间效应这一动态特性，适时采用既有一定刚度又有一定柔性的薄层支护结构与围岩紧密黏结成一个整体，既能对边坡变形、表层剥落起到某种抑制作用，又可与边坡"同步变形"来加固和保护边坡，使边坡岩土体成为支护的主体，充分发挥岩土体自身承载能力，从而增加边坡的稳定性。

2. 喷锚加筋支护

喷锚加筋支护是喷射混凝土、锚杆及坡面或坡体内加筋联合支护结构的总称，是一种先进的支护加固技术。它是通过在岩土体内布设一定长度和分布的锚杆、在坡面设置钢筋网或土工格栅网加筋喷射混凝土，起到约束坡面变形的作用，并与岩土体共同作用形成复合体，发挥锚拉作用弥补土体强度不足，使整个坡面形成一个整体，并使岩土体自身结构强度潜力得到充分发挥，提高边坡的稳定性。

3. 非预应力锚杆框架梁护坡

非预应力锚杆框架梁护坡是将锚杆固定于坡面钢筋混凝土框架上，对框架内坡面进行植物防护，加强边坡的抗冲蚀和抗风化能力，并满足景观绿化要求。

采用锚杆框架梁护坡可有效地增强边坡的整体性、稳定性。钢筋混凝土框架梁一般采用钢筋混凝土制作。

4. 锚索框架梁护坡

坡面支护措施采用锚索框架梁，必要时坡面采用（挂网）锚喷或厚层基材植生护坡，不仅可确保高陡边坡的稳定性，加强边坡的抗冲蚀和抗风化能力，也能满足景观绿化的要求。锚索框架梁护坡边坡坡比可陡于岩土体稳定坡比，设计应进行稳定性验算。

5. 土钉墙

土钉墙是将土钉插入土体内部全长度与土体黏结，并在坡面上喷射混凝土，从而形成加筋土体加固区带，用以提高整个边坡原位土体的强度、抵抗墙后传来的土压力和其他力，并限制其位移，同时增强边坡体的自身稳定性。

6. 锚杆挡土墙

锚杆挡土墙按墙面结构形式可分为柱板式挡土墙和壁板式挡土墙。柱板式挡土墙是由挡土板、肋柱和锚杆组成，肋柱是挡土板的支座，锚杆是肋柱的支座，墙后的侧向土压力作用于挡土板上，并通过挡土板传递给肋柱，再由肋柱传递给锚杆，由锚杆和周围地层之间的锚固力即锚杆抗拔力与之平衡，以维持墙身及墙后土体的稳定；壁板式挡土墙是由墙面板和锚杆组成，墙面板直接与锚杆连接，并以锚杆为支撑，土压力通过墙面板传给锚杆，依靠锚杆与周围地层之间的锚固力（即抗拔力）抵抗土压力，以维持挡土墙的平衡与稳定。目前多用柱板式挡土墙。

7. 锚拉桩

与抗滑桩相比，锚拉桩改变了桩悬臂端的受力状态，降低了桩身内力和力矩，大大减小了桩截面尺寸和桩长，节约了材料，优势明显。

3.3.7　抗滑桩

3.3.7.1　定义与作用

抗滑桩是防治滑坡的一种工程结构物，设置于滑坡的适当部位，一般完全埋置在地面下，有时也可露出地面。无论是前者还是后者，桩的下段均设置在滑动面以下稳定地层一定深度。抗滑桩凭借桩与周围岩、土的共同作用，把滑坡推力传递到稳定地层，即利用稳定地层的锚固作用和弹性抗力来平衡滑坡推力，使滑体保持稳定。

3.3.7.2　分类与适用范围

抗滑桩的类型较多：按施工方法分为打入桩、钻孔桩和挖孔桩；按材料分为木桩、钢桩和钢筋混凝土桩；按截面形状分为圆桩、管桩和矩形桩；按桩与土的相对刚度分为刚性桩和弹性桩；按结构形式分为排式单桩、承台式桩和排架桩等。抗滑桩除了用于滑坡防治外，也可用于山体加固、特殊路基支挡等，实践证明抗滑桩作为支挡加固工程效果良好。用于滑坡防治的抗滑桩通常指的是矩形截面人工挖孔钢筋混凝土桩，采用其他类型抗滑桩的工程实例较为少见。

3.3.8　抗滑墙

3.3.8.1　定义与作用

抗滑墙是指支承斜坡面填土或山坡岩土体，防止岩土体垮塌或变形失稳的构筑物。

抗滑墙是整治中小型不稳定边坡中应用广泛且较为有效的措施之一。采用抗滑墙治理不稳定边坡的优点是坡面破坏少、施工工期较短、施工简便。在具体工程中，应根据不稳定边坡的性质、类型、滑动面的位置等采取相应的抗滑墙类型。

3.3.8.2 分类与适用范围

1. 分类

抗滑墙可分为以下类型。

（1）从结构形式上分，有重力式抗滑墙、锚杆式抗滑墙、加筋土抗滑墙、竖向预应力锚杆式抗滑墙等。

（2）从材料上分，有浆砌石抗滑墙、混凝土抗滑墙、钢筋混凝土抗滑墙、加筋土抗滑墙等。

选取何种类型的抗滑墙，应依据项目所在地的自然地质、当地的材料供应情况等条件，综合分析，合理确定，以期达到在整治滑坡的同时降低费用的目的。

2. 适用范围

采用抗滑墙整治滑坡，对于小型滑坡，可直接在滑坡下部或前缘修建抗滑墙，对于中型、大型滑坡，抗滑墙常与排水工程、刷坡减载工程等整治措施联合使用。其优点是山体破坏少、稳定滑坡收效快，尤其对于由于斜坡体因前缘崩塌而引起大规模滑坡，抗滑墙会起到良好的整治效果。

任务 3.4 截洪（水）排洪（水）工程

3.4.1 放水建筑物与溢洪道

3.4.1.1 定义与作用

放水建筑物是指在弃渣场、拦洪坝工程中布置的泄水建筑物，其作用是用来排泄弃渣场内部或上游洪水。放水建筑物还包含储灰库内的竖井及其配套建筑物、尾矿库和赤泥库的澄清水放水设施及配套建筑物（如斜井）等。

溢洪道亦是一种泄水建筑物，其作用是泄放弃渣场及挡洪坝内的洪水。

3.4.1.2 分类与适用范围

1. 放水建筑物的分类与适用范围

放水建筑物由取水建筑物、涵洞、消能等设施组成。根据取水建筑物的不同常采用卧管和竖井两种形式。

卧管常用于滞洪式弃渣场，布置在拦渣坝上游岸坡上，上端高出最高滞洪水位。

竖井适用范围较广，用于滞洪式弃渣场、弃渣场上游拦洪坝内。因水流在竖井内跌落的高差较大，底部设消力井。

2. 溢洪道的分类与适用范围

溢洪道按其构造类型可分为开敞式和封闭式两种类型。开敞式溢洪道按所在位置可分为河床式溢洪道和河岸式溢洪道。河床式溢洪道经由坝身泄洪，适用于滞洪式弃渣场的浆砌石坝和混凝土坝，以挑流消能为主。河岸溢洪道泄洪时水流具有自由表面，它的泄流量随水位的增高而增大很快，运用安全可靠，因而被广泛应用，根据溢流堰与泄槽相对位置的不同，又分为正槽溢洪道与侧槽溢洪道。水土保持工程常采用正槽溢洪道，其优点是构造简单、水流顺畅，施工和运用都比较简便可靠，当坝址附近有天然马鞍形垭口时，修建这种形式的溢洪道更为有利。溢洪道主要适用于汇流面积较大的弃渣场、排矸场、储灰场、尾矿库和赤泥库。

3.4.1.3　工程级别及防洪标准

放水建筑物与溢洪道均根据所在的弃渣场、排矸场、储灰场、尾矿库和赤泥库等工程确定相应的工程级别及防洪标准。

1. 工程级别

根据弃渣场的级别，放水建筑物与溢洪道建筑物级别亦分为 5 级，按表 3.5 确定。

表 3.5　　　　　　　　　　放水建筑物与溢洪道建筑物级别

弃渣场级别	放水建筑物与溢洪道建筑物级别	弃渣场级别	放水建筑物与溢洪道建筑物级别
1	1	4	4
2	2	5	5
3	3		

2. 防洪标准

防洪标准根据建筑物级别，按表 3.6 确定。

表 3.6　　　　　　　　　放水建筑物与溢洪道建筑物防洪标准

放水建筑物与溢洪道建筑物级别	防洪标准（重现期）/a			
	山区、丘陵区		平原区、滨海区	
	设计	校核	设计	校核
1	100	200	50	100
2	100～50	200～100	50～30	100～50
3	50～30	100～50	30～20	50～30
4	30～20	50～30	20～10	30～20
5	20～10	30～20	10	20

3.4.1.4　放水建筑物与溢洪道设计

放水建筑物与溢洪道设计，包括调洪演算、水力计算及建筑物体、结构计算等内容，最终设计成果是确定放水建筑物与溢洪道的平面位置、过流能力（设计和校核流量）、建筑物结构形式和断面尺寸等，如卧管管身或竖井的断面尺寸、放水孔形式及孔径、涵洞过水断面形式和尺寸等。

3.4.2　截洪排水沟

3.4.2.1　定义与作用

3.7　截、排水沟设计

截洪排水沟包括截洪沟和排水沟。截洪沟是指为了预防洪水灾害，在坡面上修筑的拦截、疏导坡面径流的沟渠工程，常用于排除渣场等项目区上游沟道或周边坡面形成的外来洪水；排水沟是指用于项目区内部排除坡面、天然沟道、地面径流的沟渠。

3.4.2.2 分类与适用范围

按其断面形式一般可采用矩形、梯形、U 形和复式断面。梯形断面适用广泛，其优点是施工简单、边坡稳定，便于应用混凝土薄板衬砌。矩形断面适用于坚固岩石中开凿的石渠、傍山或塬边渠道以及宽度受限的渠道等。U 形断面适用于混凝土衬砌的中小排水沟，其优点是具有水力条件较好、占地少，但施工比较复杂。复式断面适用于深挖方渠段，渠岸以上部分可将坡度变陡，每隔一定高度留一平台，以节省开挖量。

按蓄水排水要求，可分为多蓄少排型、少蓄多排型和全排型。北方少雨地区，应采用多蓄少排型；南方多雨地区，应采用少蓄多排型；东北黑土区如无蓄水要求，应采用全排型。

按建筑材料，截洪排水沟可分为土质截洪排水沟、衬砌截洪排水沟和三合土截洪排水沟三类。土质截洪排水沟，结构简单、取材方便、节省投资，适用于比降和流速较小的沟段，多用于临时排水；用浆砌石或混凝土将截洪排水沟底部和边坡加以衬砌，适用于比降和流速较大的沟段；三合土截洪排水沟，适用范围为介于前两者之间的沟段。

3.4.2.3 工程级别及标准

截洪排水沟工程级别及设计洪水标准根据防护对象等级确定，弃渣场场界截洪排水沟设计洪水标准有行业标准的按其标准执行，无行业标准时均参照《水利水电工程水土保持技术规范》（SL 575—2012）确定。

3.4.2.4 工程设计

1. 设计径流量计算

（1）截洪沟设计洪峰流量计算。生产建设项目水土保持工程多属于小型工程，其场址一般均无实测水文资料，截洪沟设计洪峰流量可采用当地水文手册推荐的相关计算方法推求，亦可采用中国水利水电科学研究院的推理公式法进行计算。

（2）场内排水沟设计流量。水土保持工程场址内汇流面积一般较小，应采用小流域设计流量公式进行流量计算。

2. 截洪排水沟断面确定

（1）截洪排水沟断面尺寸确定。截洪排水沟设计一般先根据地形、地质条件、设计经验等初步确定其断面结构形式、尺寸等。然后，按照明渠均匀流流量公式计算截洪排水沟的过流能力。当算得过流能力满足设计要求，同时截洪排水沟排水流速应大于不淤允许流速，小于不冲允许流速，且断面符合安全超高要求，该断面尺寸即为合理尺寸。

$$Q = \frac{wR^{\frac{2}{3}}i^{\frac{1}{2}}}{n} \tag{3.7}$$

式中 Q——需要排泄的最大流量，m^3/s；

      w——过水断面面积，m^2；

      R——断面水力半径，m；

      i——沟道纵坡；

      n——糙率，见表 3.7。

表 3.7　　　　　　　　　　　常见沟壁的糙率 n

截洪排水沟过水表面类型	糙率 n	截洪排水沟过水表面类型	糙率 n
岩石质明沟	0.035	浆砌片石明沟	0.032
植草皮明沟（$v=0.6\text{m/s}$）	0.035～0.050	水泥混凝土明沟（抹面）	0.015
植草皮明沟（$v=0.6\text{m/s}$）	0.050～0.090	水泥混凝土明沟（预制）	0.012
浆砌石明沟	0.025		

（2）主要技术要求。

1）断面形状。土质坡面截（排）水沟断面宜采用梯形，岩质坡面截（排）水沟断面可采用矩形。

2）断面设计。断面设计应考虑渠床稳定或冲淤平衡、有足够的排洪能力、渗漏损失小、施工管理及维护方便、工程造价较小等因素。矩形、梯形截洪排水沟断面的底宽和深度不宜小于 0.40m。梯形土质截洪排水沟，其内坡按土质类别宜采用 1：1.0～1：1.5，用砖石或混凝土铺砌的截洪排水沟内坡可采用 1：0.75～1：1。排水沟比降取决于沿线地形和土质条件，设计时宜与沟沿线的地面坡度相似，以减小开挖量。排水沟比降不宜小于 0.5%，土质排水沟的最小比降不应小于 0.25%，衬砌排水沟的最小比降不应小于 0.12%。

3）流速。截洪排水沟的最小允许流速为 0.4m/s。在陡坡或深沟地段的截洪排水沟，宜设置跌水构筑物或急流槽，急流槽可采用矩形断面形式，槽深不应小于 0.2m，槽底宽度不应小于 0.25m，采用浆砌片石时，矩形断面槽底厚度不应小于 0.2m，槽壁厚度不应小于 0.3m。

4）安全超高。截洪沟安全超高可根据建筑物级别确定，在弯曲段凹岸应考虑水位壅高的影响。

5）弯曲半径。截洪排水沟弯曲段弯曲半径不应小于最小允许半径及沟底宽度的 5 倍。

6）防冲要求。截洪排水沟的出口衔接处，应铺草皮、抛石或做石料衬砌防冲。

3.4.3　暗沟（管）与渗沟

3.4.3.1　定义与作用

暗沟（管）和渗沟均是设在地面以下或路基内，引导水流排出场地范围的沟（管）状结构物，可拦截、引排含水层地下水，降低地下水位或疏导坡体内地下水。暗沟无渗水和汇水功能，主要是把水流从一个地方疏导到另外一个地方（属于点对点排水）。渗沟采用渗透方式将地下水汇集于沟内，具有渗透汇集水流的功能，沿程必须是"开放的"，主要是由沿路渗水汇流到另外一个地方（属于面对点排水）。

3.4.3.2　分类与适用范围

要根据地下水类型、含水层埋藏深度、地层渗透性、地下水对环境的影响，并考虑与地表排水设施协调等，选用适宜的地下排水设施。

当地下水位较高，潜水层埋藏不深，场地或路基基底范围有泉水外涌时，宜设置暗沟（管）截流地下水及降低地下水位，将水引排至场地外或场地边沟内，包括暗沟和暗管两种形式。

有地下水出露的场地或挖填方路基交替地段，当地下水埋藏浅或无固定含水层时，宜采用渗沟。当地下存在多层含水层，其中影响路基的上部含水层较薄，排水量不大，且平式渗沟难以布置时采用立式（竖向）排水，即渗井。

渗沟分为填石渗沟、管式渗沟和洞式渗沟3种形式。填石渗沟（盲沟）只适用于地下排水流量不大、渗流不长的地段，且纵坡不能小于1%，宜采用5%；管式渗沟适用于地下引水较长的地段；洞式渗沟适用于地下水流量较大的地段。3种渗沟均应设置排水层（管、洞）、反滤层、封闭层。

3.4.4　涵洞

3.4.4.1　定义和作用

埋设在填土下面的输水洞称为涵洞。在水土保持设计中，涵洞主要用于填土（或渣体）下方排泄洪水。

3.4.4.2　分类与适用范围

按照构造形式和建筑材料，涵洞一般可分为浆砌石拱形涵洞、钢筋混凝土箱形涵洞、钢筋混凝土盖板涵洞3种类型。

（1）浆砌石拱形涵洞：底板和侧墙用浆砌块石砌筑，顶拱用浆砌粗料石砌筑，其超载潜力较大，砌筑技术容易掌握，便于修建。

（2）钢筋混凝土箱形涵洞：顶板、底板和侧墙为钢筋混凝土整体框形结构，适合布置在项目区内地质条件复杂的地段，排除坡面和地表径流，其上部同时可满足人、车通行需要。

（3）钢筋混凝土盖板涵洞：边墙和底板由浆砌块石砌筑，顶部用预制的钢筋混凝土板覆盖，其受力明确，构造简单，施工方便。

3.4.4.3　设计流量确定

1. 洪水标准

生产建设项目水土保持工程涵洞洪水标准应按行业标准执行，本行业无标准时参照《水利水电工程水土保持技术规范》（SL 575—2012）等确定。

2. 设计流量确定

涵洞设计流量计算方法与"3.4.2 截洪排水沟"相同。

3.4.4.4　断面设计

1. 断面尺寸计算

水土保持设计中，涵洞多采用无压流态，无压流态涵洞中水流流态按明渠均匀流计算。由于边墙垂直、下部为矩形渠槽，其过水断面面积按式（3.8）或式（3.9）计算。

$$A = bh \tag{3.8}$$

$$A = Q/v \tag{3.9}$$

式中　A——过水断面面积，m^2；

　　　b——涵洞底宽，m；

　　　h——最大水深，m；

Q——最大排洪流量，m^3/s；

v——水流流速，m/s。

最大流速 v 可采用式（3.10）或式（3.11）进行计算：

$$v = C^{\frac{1}{2}}(Ri)^{\frac{1}{2}} \tag{3.10}$$

其中

$$C = \frac{R^{\frac{1}{6}}}{n}$$

$$v = \frac{R^{\frac{2}{3}}i^{\frac{1}{2}}}{n} \tag{3.11}$$

式中　v——最大流速，m/s；

　　　C——流速系数；

　　　R——水力半径，m；

　　　i——涵洞纵坡比降；

　　　n——涵洞糙率。

由式（3.8）求得最大水深后，应加净空超高，即涵洞净高。无床涵洞洞内设计水面以上的净空面积宜取涵洞内横断面面积的 10%～30%，且涵洞内顶点至最高水面之间的净空高度应符合规定，并应不小于 0.4m。

2. 纵坡比降确定

排水涵洞应有较大的比降，以利于淤积物的下泄。沟道入口衔接段在涵洞进口前需有 15～20 倍渠宽的直线引流段，与涵洞进口平滑衔接。

3. 涵洞结构组成

涵洞由进口、洞身和出口建筑物 3 部分组成。进口建筑物由进口翼墙（或护锥）、护底和涵前铺砌构成。洞身位于填土（或渣体）下面，是涵洞过水的主要部分。涵洞出口建筑物由出口翼墙（或锥体）、护底和出口防冲铺砌或消能设施构成。通常无压缓坡涵洞出口流速不大，故出口常做一段防冲铺砌。涵洞出口流速较大，需设消能设施。

3.4.5　急流槽

3.4.5.1　定义与作用

急流槽是指在陡坡或深沟地段设置的坡度较陡、水流不离开槽底的沟槽。急流槽一般布设在需要排水的高差较大而距离较短、坡度陡峻的地段。它的主要作用是在很短的距离内、水面落差很大的情况下进行排水，多用于涵洞的进出水口。在公路工程中，急流槽常被建在坡路两边，用来排水以及达到减缓水流速度的目的。

3.4.5.2　分类与适用范围

按衬砌材料，急流槽一般分为浆砌片（块）石、混凝土急流槽；临时工程急需，如有条件可用木槽或竹槽。在中、小流量且石料和劳动力缺乏的地区，也可采用铸铁圆管急流槽。按断面类型，急流槽一般分为矩形或梯形断面急流槽，以矩形断面居多。

3.4.5.3 工程设计

1. 洪水标准

生产建设项目水土保持工程急流槽洪水标准应按行业标准执行，若无行业标准时，参照《水利水电工程水土保持技术规范》（SL 575—2012）等确定。

2. 急流槽布置

急流槽的布置应因地制宜，结合地形、地质、天然水系、当地材料和施工条件进行综合考虑。急流槽底的纵坡应与地形相结合，进水口应予以防护加固，出水口应采取消能措施，防止冲刷。当急流槽较长时，槽底可采用多个纵坡，一般是上段较陡，向下逐渐放缓。

为防止基底滑动，急流槽底可设置防滑平台，或设置凸榫嵌入基底中。

3.4.6 导流堤

3.4.6.1 定义与作用

导流堤是用以平顺引导水流或约束水流的建筑物，也称导水堤或引水坝。

导流堤的主要作用是平顺引导水流和约束水流，使水流在行洪口门内均匀顺畅地通过，减小洪水对路（渠）堤引道的淘刷破坏和河床的不利变形，保障跨河建筑物正常运行。

3.4.6.2 分类与适用范围

根据上游堤端（头部）与河道堤岸是否连接，导流堤可分为非封闭式导流堤、封闭式导流堤。非封闭式导流堤分直线形和曲线形，曲线形堤水流绕堤流动较为理想，对水流压缩较大而平缓，梨形堤为曲线形导流堤的一种。直线形堤旁水流与堤分离，对水流压缩大，在堤旁形成回流区，回流区内可能产生泥沙淤积。

导流堤主要适用于路（渠）堤跨（穿）越大型河道时的路（渠）堤引道上。导流堤的设置应根据路（渠）堤引道阻断流量占总流量的比例确定。单侧河滩阻断流量占总流量的 15% 以上，或双侧河滩阻断流量占总流量的 25% 以上时，应设置导流堤；小于上述数值且大于 5% 时应设置梨形堤；小于 5% 或河滩阻断流量的天然平均流速小于 1.0m/s 时，可不设置导流堤。

封闭式导流堤一般用于变迁性河段和冲击漫流河段上，按水流条件和地形条件进行对称或不对称布置，因封闭式导流堤造价高、易冲毁，实际工程中较少应用。

在河流滩地上，还可采取植树造林等植物措施配合导流堤引导水流。

3.4.6.3 工程设计

1. 设计标准

（1）防洪标准。导流堤的设计洪水频率一般与跨（穿）河路（渠）建筑物的设计洪水频率相同。

（2）导流堤级别。跨（穿）河路（渠）主体建筑物级别确定后，导流堤的级别按次要建筑物查相关规范确定。

2. 平面布置

导流堤的平面布置应根据河段特性、水文、地形、地质、建筑物布置等，综合考虑工程总体布置和河道治导线，情况复杂时应进行水工模型试验加以论证确定。

（1）非封闭式导流堤。

1）路（渠）堤与河道正交。两侧有滩且对称分布时，口门两侧布置对称的曲线形导流堤，使口门内河滩冲刷后与河槽连成一片，促使口门水深均化，如图 3.6 (a) 所示。

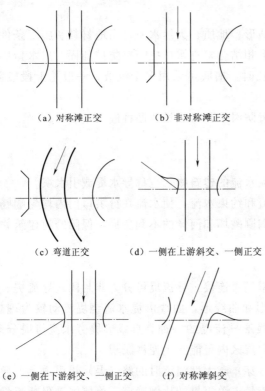

（a）对称滩正交　　　（b）非对称滩正交

（c）弯道正交　　　（d）一侧在上游斜交、一侧正交

（e）一侧在下游斜交、一侧正交　　　（f）对称滩斜交

图 3.6　非封闭式导流堤

两侧有滩而不对称时，导流堤一般布置成口朝上的喇叭形，大滩侧多布置曲线形导流堤，小滩侧多布置两端带曲线，近口门处为直线形导流堤，如图 3.6 (b) 所示。

在弯道上，凹岸布置直线形导流堤，凸岸布置曲线形导流堤，如图 3.6 (c) 所示。

一侧引道伸向上游与河滩斜交，另一侧引道与河滩正交。在斜交侧布置梨形堤，引道上游侧设置短丁坝群等加强防护，当水深小于 1m，流速小于 1m/s 时，可不设丁坝；在正交侧布置直线形导流堤，如图 3.6 (d) 所示。

一侧引道伸向下游与河滩斜交形成"水袋"，另一侧引道与河滩正交，在斜交侧布置曲线形导流堤，引道上游侧加强边坡防护，并在适当位置设置小型排水建筑物以排除

"水袋"内积水，在正交侧布置直线形导流堤以使两侧堤头水位接近，如图 3.6 (e) 所示。

2）路（渠）堤与河道斜交。两侧有滩且对称分布，导流堤根据河槽流向布置，通常锐角侧布置梨形堤，另一侧布置两端为曲线的直线形导流堤。如图 3.6 (f) 所示。斜交位上的导流堤布置比较复杂，一般应通过模型试验确定。

（2）封闭式导流堤。路（渠）堤位于出山口附近的喇叭形河段上，封闭地形良好，宜对称布置封闭式导流堤；引道阻断支汊，上游可能形成"水袋"，为控制洪水摆动，防止支汊水流冲毁引道路（渠）堤，视单侧或双侧有汊及其地形情况，可不对称或对称布置封闭式导流堤；交叉河段洪水含沙量大而足以形成泥流时，应布置封闭式导流堤。

3.4.7　沉沙池

3.4.7.1　定义与作用

沉沙池是用以沉淀挟沙水流中颗粒大于设计沉降粒径的泥沙，降低水流中泥沙含量、控制土壤流失的设施。

生产建设项目水土保持中的沉沙池，主要作用是通过沉沙设施，调节泥沙颗粒移动速度，将水力侵蚀产生的泥沙停积、落淤到指定地点，实现拦截泥沙、减少水土流失。沉沙池是生产建设项目常用的水土保持设施之一。

沉沙池对设计沉降泥沙粒径和设计沉沙率没有具体要求。

3.4.7.2 分类与适用范围

按使用时段或服务期限，沉沙池可分为永久沉沙池和临时沉沙池；按池箱结构形式，沉沙池可分为混凝土（钢筋混凝土）、浆砌石、砖砌结构。根据进入池体水水质可能对环境的影响，可采取防渗措施。沉沙池的清淤一般按人工清淤考虑。

生产建设项目水土保持中的沉沙池，主要适用于沉淀处理排水沟、截流沟、引水渠，基坑及径流小区等地表径流中的泥沙。

3.4.7.3 工程设计

1. 设计标准

（1）洪水标准。沉沙池的洪水标准与其所连接的沟渠（或设施）的防洪、排水标准相同。

（2）设计沉降粒径。设计沉降粒径指的是在沉沙池内设计沉淀的最小粒径。根据有关研究成果，考虑设计沉沙效果和技术经济因素，设计沉降粒径一般不小于 0.1mm。

2. 工程布置

生产建设项目所设置的沉沙池，布置于水土流失区下游排水设施出口处或集水设施进口前端。布置时应根据项目区地形、施工布置、集水排水措施布局和施工条件等具体情况确定，如截排水沟出口、路边沟或场地排水沟末端、径流小区下游出口处、蓄水池或水窖前端、电厂除灰口附近、基坑降水集流出口处等。

根据项目区实际需要和沉沙效果要求，可以设置多级沉沙池，实现拦沙控制指标。

3. 沉沙池设计

（1）基本资料。沉沙池设计需要以下基本资料。

1）项目区水文泥沙资料。其包括降雨量、汇水面积、土壤侵蚀强度及泥沙颗粒组成等。

2）与沉沙池衔接的沟渠（或设施）设计资料。设计防洪标准或排水标准、设计流量、沟渠设计断面参数、设计水位等。

3）其他资料。项目区地形图、主体工程平面布置图、施工布置图、土壤质地资料、地质勘察资料等。

（2）基本要求。

1）工程设计上一般按泥沙颗粒匀速沉降考虑。

2）人工沉沙采用箱体，池箱横断面宜取矩形或梯形，矩形沉沙池的池箱平面形状为长方形，长宽比值一般为 2.0～3.5。当利用天然低洼地作为沉沙池时，因形状不规则，计算时可概化为箱形尺寸进行校核。

3）沉沙池进口段应设置扩散段，以利于水流扩散，提高泥沙沉淀效率。进口扩散段单侧扩散角不宜大于 9°～12°，进口段长可取 15～30m；出口段应设置收缩段，单侧收缩角不宜大于 10°～20°，出口段长可取 10～20m。

（3）沉沙池箱体计算及设计步骤。

1）箱体计算。

a. 进入沉沙池的泥沙量 W_s。

$$W_s = \lambda M_s F / \gamma \tag{3.12}$$

式中　W_s——进入沉沙池的泥沙量，m^3；

　　　λ——输移侵蚀比，根据经验，大型场平工程因难以布设拦挡、苫盖措施，λ 可取 0.45，其他工程 λ 可取 0.2；

　　　M_s——上游汇水区土壤侵蚀模数，取水土流失预测中的施工期土壤侵蚀模数，$t/(km^2 \cdot a)$；

　　　F——沉沙池控制的汇水面积，km^2；

　　　γ——淤积泥沙的容重，t/m^3。

当施工工期不足 1 年时，在使用公式时应考虑时间修正，具体修正方法可参照水土流失预测时段的相关规定。

b. 沉沙池有效沉沙容积。

$$V_s = \psi W_s / n \tag{3.13}$$

式中　V_s——沉沙池有效沉沙容积，m^3；

　　　ψ——设计沉沙率；

　　　n——每年清淤次数；

其他符号意义同前。

c. 沉沙池形体结构尺寸确定。以矩形沉沙池为例，池体结构尺寸按下列方法确定：

（a）沉沙池长度：

$$L = 10^3 \xi v H_p / w \tag{3.14}$$

$$H_p = H_2 + 0.3 \tag{3.15}$$

式中　L——沉沙池长度，m；

　　　ξ——安全系数，可取 1.2～1.5；

　　　v——池中水流平均流速，m/s；

　　　H_p——工作水深，即池中有效沉降静水深，m；

　　　w——泥沙沉降速度，mm/s；

　　　H_2——下游连接段水深。

（b）沉沙池宽度：

$$B = Q_p / H_p v \tag{3.16}$$

式中　B——沉沙池宽度，m；

　　　Q_p——进入沉沙池的流量，等于上游排（截）水沟设计流量，m^3/s。

（c）沉沙池池深：

$$H = H_s + H_p + H_0 \tag{3.17}$$

$$H_s = \frac{V_s}{LB} \tag{3.18}$$

式中　H——沉沙池深度，m；

　　　H_p——池中泥沙淤积厚度，m；

　　　H_0——沉沙池设计水位以上超高，一般取 0.3m；

　　其他符号意义同前。

2）设计步骤。

a. 根据汇水面积、土壤侵蚀强度和输移侵蚀比由式（3.12）确定可能进入沉沙池泥沙总量 W_s。

b. 根据年清淤次数、设计沉沙率，由式（3.13）确定沉沙池有效沉沙容积 V_s。

c. 先确定设计沉降粒径，考虑经济因素，确定的设计沉降粒径不宜小于 0.1mm。再根据设计沉降粒径和水温，查表得池中平均流速 v 和泥沙沉降速度 w；将 H_p、v、w。代入式（3.14）确定沉沙池长度 L。

d. 由式（3.16）确定沉沙池池宽 B；

e. 根据沉沙池有效沉沙容积 V，和 L、B，求得池中泥沙淤积厚度 H_p；由式（3.17）得沉沙池深度 H。

任务 3.5　植被恢复与建设工程

3.5.1　概述

自 20 世纪 90 年代以来，我国经济迅猛发展，人民生活水平日益提高，对生态环境保护的意识也大大加强。随着生产建设项目水土保持工作的技术手段及水平不断提高，植被恢复与建设工程从一开始简单的植树种草发展到现在，在提升工程整体环境效果、打造工程整体形象、提高工程安全运行管理质量等方面发挥着越来越重要的作用，一些植被恢复与建设新技术、新工艺、新方法也不断涌现，并日臻完善。

总结多年来的实践经验，现大体上将植被恢复与建设工程分为绿化美化、植物防护、植被恢复 3 个类型，并根据生产建设项目主体工程所处的自然及人文环境、气候条件、立地条件、征地范围、绿化要求等综合情况，制定了植被恢复与建设工程的工程级别和设计标准。在工程设计中，不同级别标准可分别采取不同的措施、不同的技术方案达到，各类型措施应搭配使用。

3.5.1.1　总体布局原则和要求

1. 基本原则

生产建设项目植被恢复与建设工程的总体布局应遵循以下基本原则。

（1）统筹规划。应统筹规划，使植被恢复与建设工程的布局满足工程等级划分要求，符合各行业涉林规定，与主体工程设计要求相协调，满足为项目区生产、生活服务的功能要求。

（2）生态优先。应在不影响主体工程安全的前提下，优先考虑生态与景观，尽可能恢复植被。

（3）景观协调。应符合当地生态环境建设等规划要求，与周边自然景观、项目所在区域条件相协调，兼顾生态和景观，合理配置树草种。

（4）因地制宜。应与项目区自然环境条件相适应，特别是与工程扰动后的植被恢复的实际条件相协调，按对水土资源的扰动程度和潜在危害程度，配合水土保持工程措施，因地制宜地布置植被恢复与建设措施。

（5）经济合理。应与当前经济条件及工程建设投资相适应，在节约成本、方便管理的基础上，以最少的投入获得最大的生态效益和社会效益。

2. 基本要求

生产建设项目植被恢复与建设工程的布置根据总体布局的原则，综合考虑生产建设项目的特点（如线性、点状等）、措施布置位置、等别要求、功能定位、立地条件和工程扰动状况等，选择措施类型，做到适地适树（草）、景观协调、草灌乔优化配置、因地制宜、经济合理。

（1）根据统筹规划原则和主体工程设计要求，合理划分防治分区，通常可分为主体工程区、工程永久办公生活区、弃渣场区、料场区、交通道路区、施工生产生活区、移民安置与专项设施复建区等。根据不同分区确定植被恢复与建设工程的设计标准和要求。不同类型的工程运行管理对植物种有不同的要求，措施布局时，要注重树种生物学特性，优化植物配置，满足主体工程和行业的相关要求。

（2）根据生态优先原则，生产建设项目所涉及的各类裸露土地均应进行绿化。宜加大林草措施比例，通过合理布局，利用乔木、灌木、花草合理地覆盖空地区、线性工程两侧边坡等一切可绿化的用地。不符合立地条件的要采取改良措施，满足绿化要求。

（3）大型工程应开展景观规划，在景观规划指导下，使植被恢复和建设工程的布局与主体工程布局、周边环境及社会经济、人文环境等相协调。

（4）要根据生产建设项目的水土流失特点及设计场地生态环境条件，因地制宜地选择适当的措施类型和植物种类，使植物本身的生态习性和布设地点的环境条件基本一致。要对设计场地的主导限制因子，包括温度、湿度、光照、土壤和空气等进行调查和综合分析，了解立地分类，还要考虑当地的人文条件，包括社会经济状况、历史背景和遗迹、文化特征、宗教、民俗、风情等因素，再确定具体的措施布局及设计，做到因地制宜。

（5）对措施布局等要进行技术经济方案比选，在达到设计要求的情况下宜选择造价比较低的方案。如在满足功能需求等情况下，多选用寿命长、生长速度中等、耐粗放管理、耐修剪的植物，以减少资金投入和管理费用。

3.5.1.2　设计基本要求

1. 设计分类

生产建设项目植被恢复与建设布设于工程扰动占压的裸露土地以及工程管理范围内未扰动的土地，主要包括：弃土（石、渣）场、土（块石、砂砾石）料场及各类开挖填筑扰动面；工程永久办公生活区；未采取复耕措施的临时占地区和移民集中安置及专项设施复（改）建区。

根据生产建设项目建筑物、构筑物自身特点及其周边情况，其所涉及的植被恢复与建设工程的设计特点可以划分为以下 3 种类型。

（1）绿化美化类型。

1）生产建设项目管理区的绿化美化。

2）生产建设项目线性工程沿线管理场站所周边的绿化美化。

3）生产建设项目线性工程的交叉建筑物、构筑物，如桥涵、道路联通匝道、道路枢纽、水利枢纽、闸（泵）站等周边或沿线的绿化美化。

4）生产建设项目涉及城镇或工程移民的，与城镇景观规划相结合的绿化美化。

5）为展示工程建设风貌，面向公众的相关工程重要节点的绿化美化。

（2）植物防护类型。

1）由于生产建设项目施工造成的扰动坡面（特别是原有植被受到扰动的坡面），极易发生水土流失的，应根据土地整治后的具体条件，营造水土保持防护林。如矿山开挖汇水区，交通沿线自然坡面，在涉及管理范围内有严重水土流失的，应营造水土保持防护林。

2）在工程涉水范围，应根据实际需要，营造水土保持护岸防浪林；坝、堤、岸、渠、沟等坡面、交通道路等涉水边坡（迎水面常水位以上），应种植护坡草皮。

3）在生产建设项目工程管理范围，工程管辖的道路两侧，厂（场）区周边等营造防护林带、防风林带或片林。

（3）植被恢复类型。生产建设项目的弃土（石、渣）场、土（块石、砂砾石）料场及各类开挖填筑扰动面，应根据土地整治后的具体条件（有土、少土），实施植树或植草，恢复植被；不具备土地整治条件的困难立地（少土和无土），如高陡裸露边坡等，可采用工程绿化技术或植被恢复工法，恢复植被。

2．工程级别及设计标准

植被恢复与建设工程建设的工程等级，应根据其附属的主要建筑物工程等级和绿化工程所处位置，按相关规范规定确定。

（1）《水利水电工程水土保持技术规范》（SL 575—2012）的相关规定。

1）植被恢复与建设工程级别，应根据水利水电工程主要建筑物的等级及绿化工程所处位置，按表 3.8 确定。

表 3.8　　　　　　　　水利水电工程植被恢复与建设工程级别

主要建筑物级别	植被恢复与建设工程级别	
	水库、闸站等点型工程永久占地区	渠道、堤防等线型工程永久占地区
1～2	1	2
3	1	2
4	2	3
5	3	3

注　1. 对于临时占用弃渣场和料场的植被恢复和建设工程级别宜取 3 级；对于工程永久占地区内的弃渣场和料场，执行相应级别。

　　2. 渠堤、水库等位于或通过 5 万人口以上城镇的水利工程，可提高 1 级标准。

　　3. 饮用水水源及其输水工程，可提高 1 级标准。

　　4. 对于工程永久办公和生活区，植被恢复与建设工程级别可提高 1 级。

2）植被恢复和建设工程设计标准应符合下列规定。

a. 1级标准应满足景观、游憩、水土保持和生态保护等多种功能的要求。设计应充分结合景观要求，选用当地园林树种和草种进行配置。

b. 2级标准应满足水土保持和生态保护要求，适当结合景观、游憩等功能要求。

c. 3级标准应满足水土保持和生态保护要求，执行生态公益林绿化标准。

（2）《水土保持工程设计规范》（GB 51018—2014）的相关规定。

1）生产建设项目的植被恢复与建设工程级别，应根据生产建设项目主体工程所处的自然及人文环境、气候条件、立地条件、征地范围、绿化要求综合确定：按规范中相关规定确定。工程项目区域涉及城镇、饮水水源保护区和风景名胜区的，应提高一级；弃渣取料、施工生产生活、施工交通等临时占地区域执行3级标准。

2）植被恢复与建设工程设计标准应符合下列规定。

a. 1级植被建设工程应根据景观、游憩、环境保护和生态防护等多种功能的要求，执行工程所在地区的园林绿化工程标准。

b. 2级植被建设工程应根据生态防护和环境保护要求，按生态公益林标准执行；有景观、游憩等功能要求的，结合工程所在地区的园林绿化标准，在生态公益林标准基础上适度提高。

c. 3级植被建设工程应根据生态保护和环境保护要求，按生态公益林绿化标准执行；降水量为250～400mm的区域，应以灌草为主；降水量为250mm以下的区域，应以封育为主并辅以人工抚育。

3．立地类型划分

植树造林地的立地类型划分，包括立地区、立地亚区、立地小区、立地组、立地小组、立地类型等。其中，立地类型是最基本的划分单元。立地类型划分就是把具有相近或相同生产力地块划为一类，按类型选用树草种，设计植树造林种草措施。

4．立地改良条件及要求

应根据工程扰动和未扰动两种情况，在充分考虑地块的植被恢复方向后，依据立地类型现状确定相应的立地改良要求。立地改良主要通过整地措施、土壤改良措施及工程绿化特殊工法等技术实现。

5．适用条件和设计类型

（1）适用条件。植被恢复与建设工程主要布设于工程扰动或占压的裸露地以及工程管理范围内未扰动土地，包括主体工程辖区涉及的一切裸露土地，如施工生产生活区、厂区、管理区；弃土（石、渣）场、土（块石、砂砾石）料场及各类开挖填筑扰动面。

（2）设计类型。林草措施设计类型分为常规绿化、工程绿化及园林式绿化。

1）有正常土壤层的无扰动、轻微扰动和扰动后经土地整治覆土的待绿化土地经整地和土壤改良（根据需要）后，可采用常规的林草措施设计。

2）对于生产建设项目施工扰动后形成的无正常土壤层地段、裸岩地段、过陡坡面、混凝土和砌石边坡等区域，以及部分经土地整治后亟待提高绿化效果的土地，根据景观需求可采用相应的工程绿化设计。

3）对于有景观要求的应结合主体工程设计将生态学要求与景观要求结合起来，采用园林绿化设计，使主体工程建设达到既保持水土、改善生态环境，又美化环境、符合景观建设的要求。

6. 树种、草种选择与配置

（1）山区、丘陵区的土（块石、砂砾石）料场和弃渣（土）场绿化应结合水土流失防治、水资源保护和周边景观要求，因地制宜配置水土保持林树种或草种、水源涵养林树种或风景林树种。

（2）涉水范围需要植物防护的内外边坡，一般采用草皮或种草绿化，选用多年生乡土草种；条件允许地区在背水面也可灌草混交。

（3）平原取土场、采石场和弃渣（土）场绿化，应结合平原绿化，选择农田防护林树种、护路护岸林树种和环境保护树种。

（4）工程绿化植物材料应根据其技术特点和当地气候条件酌情确定。

3.5.2 常规绿化

常规绿化设计主要适用于主体工程管理范围所涉及的有正常土壤层的无扰动、轻微扰动和扰动后经土地整治覆土的土地，包括施工生产生活区、厂区、管理区、弃土（石、渣）场、土（块石、砂砾石）料场及各种开挖填筑扰动面等各类土地的绿化美化、植被恢复和植物防护。

1. 整地设计

生产建设项目所涉及平缓土地林草措施的整地措施，可采用全面整地和局部整地。生产建设项目所涉及一般边坡的林草措施整地工程，主要采用局部整地。

（1）全面整地。平坦植树造林地的全面整地应杜绝集中连片，面积过大。

经土地整治及覆土处理的工程扰动平缓地，宜采取全面整地。一般平缓土地的园林式绿化美化植树造林设计，也宜采用全面整地。

（2）局部整地。局部整地包括带状整地和块状整地。

1）带状整地可采用机械化整地。一般平缓土地进行带状整地时，带的方向一般为南北向，在风害严重的地区，带的走向应与主风方向垂直。有一定坡度时，宜沿等高走向。

2）块状整地包括穴状整地、鱼鳞坑整地等。

（3）整地规格。造林整地规格可参照《生态公益林建设　技术规程》（GB/T 18337.3—2001）和《水土保持综合治理　技术规范　荒地治理技术》（GB/T 16453.2—2008）执行。

2. 植树造林植草设计

（1）立地分析。在平缓区域的立地类型划分中，立地类型组划分的主导因子包括海拔、降水量、土壤类型等。立地类型划分的主导因子包括地面组成物质（岩土组成）、覆盖土壤的质地和厚度、地下水等。

各类边坡的立地类型划分的主导因子中要补充坡向、坡度（急、陡、缓）两个因子。

（2）树草种选择与配置。应根据生产建设项目植被恢复与建设工程等级，进行树草种选择与配置。

1）绿化美化类型树草种配置。

a. 1 级工程主要选用当地景观树种和草种，按景观要求配置设计。

b. 2 级工程的主要景区采用当地景观树种和草种，按景观要求配置设计；一般区选用风景林树种、环境保护林树种和生态类草种，按略高于一般绿化的要求进行树草种配置和设计。

c. 2 级以下工程采用水土保持草种、生态草种、风景林树种和环境保护林树种，干旱半干旱区以草灌为主、乔木为辅。

2）植物防护类型树草种配置。在施工所造成的植被扰动坡面和在涉及管理范围内有严重水土流失的，应选择水土保持树种，营造水土保持防护林。干旱半干旱区以水土保持灌草为主，块状混交、带状混交。

3）植被恢复类型树草种配置。弃土（石、渣）场、土（块石、砂砾石）料场及各类开挖填筑扰动面，根据立地特点，选择困难立地植树造林树种或灌草、块状混交或整齐坡面带状混交。

（3）植苗造林设计。

1）苗木的种类、年龄、规格和质量的要求。生产建设项目植树造林所用的苗木种类主要包括：播种苗、营养繁殖苗和两者的移植苗，以及容器苗等。园林式绿化常采用容器苗，甚至是带土坨大苗；一般水土保持林用留床的或经过移植的裸根苗；防护林和风，景林多用移植的裸根苗；针叶树苗木和困难的立地条件下植树造林常采用容器苗。一般营造水土保持林常用 0.5～3 年生的苗木，防护林常用 2～3 年生的苗木，风景林常用 3 年生以上的苗木。

2）苗木的保护和处理。生产建设项目植树造林主要采用大苗造林，为了保持苗木的水分平衡，在栽植前须对苗木采取适当的处理措施。地上部分的处理措施主要包括截干、去梢、剪除枝叶、喷洒蒸腾抑制剂等制剂；根系的处理措施主要包括浸水、修根、蘸泥浆、蘸吸水剂、蘸激素或其他制剂、接种菌根菌等。

3）栽植技术。植树造林密度应根据当地的降水条件、树种特性等确定。

4）植苗植树造林季节和时间。适宜的栽植植树造林时机，从理论上讲应该是苗木的地上部分生理活动较弱（落叶阔叶树种处在落叶期），而根系的生理活动较强和根系愈合能力较强的时段。生产建设项目植被恢复与建设工程的造林时间，应根据工程进度、土地整治进度和整地时间进行安排，也可以随整随造。

（4）植草设计。

1）播种植草。广义上种草的材料包括种子或果实、枝条、根系、块茎、块根及植株（苗或秧）等。普通种草和草坪建植均以播种（种子或果实）为主。播种是种草中的重要环节之一，主要包括以下一些技术要点。

a. 种子处理：大部分种子有后成熟过程，即种胚休眠，播种前必须进行种子处理，以打破休眠，促进发芽。

b. 播种量：根据种子质量、大小、利用情况、土壤肥力、播种方法、气候条件及种子用价以及单位面积上拥有额定苗数而定。

c. 播种方法：条播、撒播、点播或育苗移栽均可，播种深度 2～4cm，播种后覆土镇压可提高种草成活率。

2）草皮及草坪建植。草皮及草坪建植，其草种选择通常包含主要草种和保护草种。保护草种一般是发芽迅速的草种，其作用是为生长缓慢和柔弱的主要草种提供遮阴与抵制杂草，如黑麦草和小糠草。

3）铺草皮建植。草坪铺设法就是由集约生产的优良健壮草皮，按照一定大小的规格，用平板铲铲起，运至目的铺设场地，在准备好的草坪床上，重新铺设建植草坪的方法，是我国最常用的建植草坪的方法。该方法在一年中任何时间内都能铺设建坪，且成坪速度快，但生产成本高。

4）植株分栽建植。植株分栽建植技术是利用已经形成的草坪进行扩大繁殖的一种方法。它是无性繁殖中最简单、见效较快的方法。但很费工，所以在小面积建坪中应用较多。

5）插枝建植。插枝建植是直接利用草坪草的匍匐茎和根茎进行栽植，栽植后幼芽和根在节间产生，使新植株铺展覆盖地面。插枝法主要用于有匍匐茎的草种。

6）天然草皮移植。天然草皮移植是高山草甸地区，特别是青藏高原等地区的主要植被保护手段。

3.5.3 工程绿化

工程绿化是指在水土保持工程中进行植被恢复建设时，由于立地条件较差，需要以土木工程措施为基础进行绿化的技术或方法。工程绿化技术广泛应用于控制水土流失的绿化、保护环境的绿化和美化风景的绿化。工程绿化技术按照应用材料、技术形式、技术特点和适用范围有多种类型划分，常见工程绿化技术有客土喷播绿化、植被混凝土护坡绿化、植生毯绿化护坡、生态袋绿化护坡等。

3.8 植物护坡

3.5.3.1 客土喷播绿化

客土喷播是利用液压流体原理将草（灌、乔木）种、肥料、黏合剂、土壤改良剂、保水剂、纤维物等与水按一定比例混合成喷浆，通过液压喷播机加压后喷射到边坡坡面，形成较稳定的护坡绿化结构，具有播种均匀、效率高、造价低、对环境无污染、有一定附着力等特点，是边坡绿化基本技术。通常依据边坡基面条件不同分为直喷和挂网喷播。

1. 适用条件

（1）通用条件。各地区均可应用。在干旱、半干旱地区应保证养护用水的供给；边坡无涌水、自身稳定、坡面径流流速小于 0.6m/s 的各种土、石质边坡。

（2）直喷。边坡坡度小于 45°，坡面高度小于 4m 的土质边坡。

（3）三维土工网。边坡坡度小于 60°，边坡高度小于 8m 的土质或坡面平整的石质边坡。

（4）金属网。边坡坡度小于 75°，坡面高度大于 8m，坡面平整度差、风化严重的石质边坡。

（5）技术应用包括以下一些约束条件。

1）年平均降水量大于 600mm、连续干旱时间小于 50d 的地区，但在非高寒地区和养护条件好的地区可不受降水限制。

2）坡度不超过 1：0.3 的硬质岩石边坡及混凝土、浆砌石面边坡。

3）各类软质岩石边坡、土石混合边坡及贫瘠土质边坡。

2. 技术设计

（1）技术要点与技术指标。

1）锚钉与网的设计。锚钉与网的选型应根据不同边坡类型选取，对于深层不稳定边坡，锚钉应根据边坡加固类型选取。锚钉一般采用梅花形布置，间距 1000mm×1000mm，边坡周边锚钉应加密 1 倍左右。一般锚钉外露长度为喷射厚度的 80%～90%，在离坡面 50～70mm 处与网绑扎。

2）基材混合物配比。一般基材种植土、绿化基质、纤维的配比（体积比）为 1：0.2：0.2。

3）喷射厚度。考虑边坡类型、坡度和降水量等影响因素。

（2）材料选取。

1）锚钉：对于深层稳定边坡，锚钉主要作用为将网固定在坡面上，长度一般为 30～60cm；对于深层不稳定边坡，其作用为固定网和加固不稳定边坡，应根据边坡稳定分析结果选型。规格为直径 12～25mm，长度 300～1000mm。

2）网：依据边坡类型选择普通铁丝网、镀锌铁丝网或任工网。

3）基材混合物：由种植土、绿化基质、纤维和植物种子等组成。

种植土一般选择工程所在地原有的地表耕植土，经晒干、粉碎、过 8mm 筛即可，含水量不超过 20%。基材由有机质、肥料、保水剂、稳定剂、团粒剂、消毒剂、酸度调节剂等按照一定比例混合而成，一般由现场试验确定配合比，也可采用有关单位的专利产品。纤维就地取材，秸秆、树枝等粉碎成 10～15mm 长即可。种子一般选择 4～6 种冷、暖型混合植物。

（3）同类技术。为克服客土喷播在抗冲刷性、耐候性等方面的不足，科技工作者在此技术基础上研发了厚层基材喷播绿化技术、有机纤维喷播绿化技术、高次团粒喷播绿化技术等。

1）厚层基材喷播绿化。因基材质量轻，同等条件下可以在陡坡上形成更厚的植生层而得名。采用立式双罐干法喷射机、配料输送机等成套设备及其施工工艺规程。以草炭土、腐叶土、植物纤维为主材，与有机堆肥配制成植生基材，加入黏合剂等其他调理添加剂，依靠压缩气流输送喷覆在坡面上，借助锚固在坡面上的钢丝网包络骨架形成稳定的植生基层。特点是纤维状材料在钢丝网，上交织形成雀巢骨架结构，依靠黏合剂将粒状、卵状、片状有机材料稳固在坡面上，基材整体质量轻，固结厚度大。

2）有机纤维喷播绿化。有机纤维喷播绿化因有机纤维形成的雀巢骨架结构可以稳固客土而得名，其成套技术包括：植物胶、木纤维、软管泵泥浆喷播机械及其施工工艺规程。在实际应用中得到发展，生成混合（复合）纤维喷播技术以及连续纤维喷播技术。其原理是现场取自然土配制种植客土泥浆，加入木纤维、黏合剂与保水剂增稠，喷附到坡面上。随后木纤维、保水剂吸湿与黏合剂的增稠效果持续增加，借助锚固在坡面上的钢丝网包络骨架，土壤颗粒靠胶黏剂依附在木纤维交织成的雀巢骨架上形成稳定的植生客土层。其特点是通过较大长细比的有机纤维在钢丝网上交织形成雀巢骨架结构，再依靠黏合剂将土壤颗粒充满纤维之间，从而形成稳固的坡面。

3）高次团粒喷播绿化。因高次团粒剂的特殊功效而得名。成套技术包括团粒剂、双罐双轮离心泵喷播机、混合流喷枪及其施工工艺规程。其原理是现场取自然土，添加有机质材料及微量元素配制种植客土泥浆，在喷射枪口与团粒剂浆液充分混合发生化学反应，喷覆过程中产生絮桥吸附凝聚形成絮凝体析出水分，落到坡面时形成高次团粒絮凝泥块并逐渐交联长大，借助锚固在坡面上的钢丝网包络骨架形成稳定的植生客土层。特点是以自然土为主体的絮凝结构客土层，土壤稳固及抗侵蚀能力源于不同特性团粒剂絮桥交联作用，有机质材料的交织强度贡献较小。

3.5.3.2　植被混凝土护坡绿化

植被混凝土护坡绿化技术是指采用特定的混凝土配方、种子配方和喷锚技术，对岩石及工程边坡进行防护的一种新型生态性工程绿化技术。它运用喷混机械将土壤、水泥、有机质、性能改善材料（添加剂）、植物种子等按比例组成的混合干料加水拌和后喷射到坡面上，形成一定厚度的具有连续空隙的硬化体，在坡面上营造一个既能让植物生长发育又不被冲蚀的相对永久的多孔稳定结构，为植被恢复提供可持续自我调节的生境条件。采用植被混凝土技术可以对一定范围内的高陡硬质边坡以及受水流冲刷较为严重的坡体生境进行保护性重建及植被恢复。

1. 适用条件

植被混凝土生态护坡技术主要适用于各类无潜在地质隐患，坡度为 $45°\sim80°$ 的各种硬质、高陡边坡，以及受水流冲刷较为严重坡体的浅层防护与植被恢复重建。植被混凝土生态护坡技术可应用于因开挖、堆砌形成坡体的植被修复，采取工程护坡措施之后的坡体的植被重建，矿山与采石场的生态恢复，裸露山体和堆积体的快速复绿以及湖泊、河流、沟渠及水库消落带的植被建植等。

2. 技术设计

（1）技术要点。

1）植被混凝土与锚杆挂网构成加筋植被基材型混凝土，在太阳暴晒及温度变化情况下基材稳定性好，不产生龟裂，与重建植被组合有效地防御暴雨与径流冲刷，在达到边坡生态复绿的同时具备显著的边坡浅层防护作用。

2）植被混凝土技术的核心组分是混凝土绿化添加剂，它能有效调节基材的 pH 值，降低水化热，增加基材孔隙率，改变基材变形特性，建立土壤微生物和有机菌繁殖环境，调节基材的活化速率，使植被混凝土具备保水、保肥及水、肥缓释功能。

3）植被混凝土技术表征由符合自然特点及生态、景观要求的植物形态反映。重建的植被群落与周边自然环境构成连续的生物廊道，且不对生态环境造成侵害与变异。

（2）技术指标。

1）植被混凝土配合比通过对边坡坡体性质、坡度、高度及应用材料（水泥、砂壤土，水，腐殖质等）分析确定。

2）植被混凝土无限侧抗压强度。7d 0.15～0.3MPa，28d 0.4～0.45MPa。

3）植被混凝土容重要求为 14～15kN/m³，孔隙率为 30%～45%。

4）植被混凝土肥力综合指数不大于 3.5。

5）植物生长指标。多年生先锋植物发芽率不小于 90%、覆盖率不小于 95%，植物持续本土化。

（3）材料选取。

1）铁丝网。一般可选择 14 号镀锌（对于完整岩体边坡、混凝土边坡应采用包塑）活络铁丝网，网孔 5cm×5cm。

2）锚钉（杆）。采用直径 12～20mm 螺纹钢，其具体型号及长度可根据边坡地形、地貌及地质条件确定。

3）砂壤土。就近选用工程所在地原有地表土经干燥粉碎过筛而成，要求土壤中砂粒含量不大于 5%，最大粒径小于 8mm，含水量不大于 20%。

4）水泥。采用 P42.5 普通硅酸盐水泥。

5）有机质。一般采用酒糟、醋渣或新鲜有机质（稻壳、秸秆、树枝）的粉碎物，其中新鲜有机质的粉碎物在基材配置前应进行发酵处理。

6）植被混凝土绿化添加剂。由保水剂、速效肥、缓释肥、微生物、水泥特性改良物质等配比组成。

7）混合植物种子。应综合考虑地质、地形、植被环境、气候等自然条件，以及水土保持与景观等工程要求，选择搭配冷、暖季型多年生耐受性强的混合种子（对于完整岩体边坡、混凝土边坡应选用匍匐根系发达的种子），并可以考虑适当配置本地可喷植草种。

3.5.3.3 植生毯绿化护坡

植生毯坡面植被恢复绿化技术是利用工业化生产的防护毯结合灌草种子进行坡面防护和植被恢复的技术方式。坡面覆盖植生毯能固定坡面表层土壤，增加地面糙率，减缓径流速度，分散坡面径流，减轻雨水对坡面表土的溅蚀冲刷。该技术施工简单易行，保墒效果好，后期植被恢复效果也好，水土流失防治效果明显。

1. 适用条件

工程应用中植生毯坡面植被恢复技术既能单独使用，也常与其他技术措施结合使用，是其他坡面植被恢复技术措施良好的覆盖材料。

（1）适用于土质、土石质挖填边坡。

（2）适用的边坡坡比为 1∶4～1∶1.5。坡长大于 20m 时需进行分级处理。

（3）尤其适用于养护管理困难的区域。

2. 技术设计

（1）材料与结构。植生毯是利用稻草、麦秸、椰丝等为原料，在载体层添加灌草种子、保水剂、营养土等生产而成。根据使用需要可以采用两种结构形式：一种为带种子的植生毯结构，分上网、植物纤维层、种子层、木浆纸层、下网五层；另一种为不带种子的植生毯结构，分上网、植物纤维层、下网三层。植生毯结构如图 3.7所示。

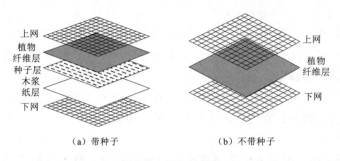

（a）带种子　　　　　　　　（b）不带种子

图 3.7　植生毯结构

（2）技术要点。

1）与主体工程的截排水系统协同布设。

2）植生毯规格可根据坡面尺寸、形状及使用目的选定，一般选用长 10m 或 50m，宽 1m 或 2.4m，厚 0.6～5cm。

3）对于施工地点相对集中、立地条件相仿，且能够提前设计、定量加工的项目，可以直接采用五层结构的植生毯；对于施工地点分散且立地条件差异大、运输保存条件不好的项目，可以直接播种后再覆盖三层结构的植生毯。

4）植生毯种子层中的或植生毯下撒播的植物种一般选用乔灌草植物种混合配方，植物种子的选配根据工程所在项目区气候、土壤及周边植物等情况确定，优先选择抗旱、耐瘠薄的植物种。

5）与种子层（含种子表土）结合利用。

3.5.3.4　生态袋绿化护坡

生态袋具有退水不透土的过滤功能，既能防止填充物（土壤与营养成分混合物）流失，又能实现水分在土壤中的正常交流，植物生长必需的水分得到有效保持和及时补充。同时，植物可以通过生态袋体自由生长。三维排水联结扣使单个的生态袋体联结成为一个整体的受力系统，有利于结构的稳定和抵抗破坏。生态袋及其组件具备在土壤中不降解、抗老化、抗紫外线、无毒、抗酸碱盐及微生物侵蚀的特点。

通过在坡面或坡脚以不同方式码放生态袋，起到拦挡防护、防止土壤侵蚀，同时恢复植被的作用。该技术对坡面质地无限制性要求，尤其适宜于坡度较大的坡面，是一种见效快且效果稳定的坡面植被恢复方式。

1. 适用条件

（1）适用于立地条件差，坡比为 1:0.75～1:2 的石质坡面，也常用于坡脚拦挡和植被恢复。

（2）对于较陡的坡面，坡长大于 10m 时，应进行分级处理。

（3）适用于需要快速绿化以防止水土流失的坡面。

在实际应用中，生态袋可直接码放进行护脚、护坡；也常结合加筋格栅、钢筋笼等加筋措施，应用到更大范围上。从目前广泛应用的各类工程来看，效果稳定，防护作用明显。但要合理选择施工季节，合理搭配灌草种，注意乡土植物的使用，以利于目标群落的形成。

2. 技术设计

（1）技术特点。可在 $0°\sim90°$ 之间建造一定高度任何坡角的边坡；与土木工程有良好的匹配性和组合性，使结构稳定和生态植被同步实现；对外界冲击力有吸能缓冲作用，从而保证边坡稳定；不产生温度应力，无须设置温度缝；植被的发达根系与坡体结合成一个同质整体，使其形成自然的、有生命力的永久生态工程；不对边坡结构产生反渗水压力；因地制宜选择适生物种；施工简便。

（2）材料选取。

1）生态袋是由聚丙烯或聚酯纤维为原料制成的双面熨烫针刺无纺布加工而成的袋子，具有抗紫外线，耐腐蚀、不易降解、易于植物生长等优点。

2）生态袋附件包括工程扣、联结扣、扎口线或者扎口带，常结合格栅、铁丝网使用。

3）生态袋中主要填充种植土，并按一定比例加入草种、肥料、保水剂等材料，搅拌混合均匀。也可采用表面预先植入种子的生态袋。

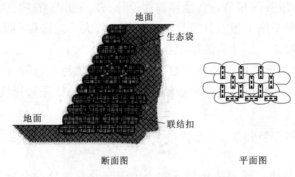

图 3.8　生态袋护坡典型设计

4）植物配置采取灌、草结合方式，优先选用乡土物种。

生态袋护坡典型设计如图 3.8 所示。

3.5.4　园林式绿化

园林式绿化工程设计，主要适用于主体工程管理范围所涉及的有园林景观要求的土地。包括：主体工程周边可绿化区域及工程永久办公生活区；线性工程沿线的管理场站所周边环境；线性工程的交叉建筑物、构筑物，如桥涵、道路联通匝道、道路枢纽、水利枢纽、闸（泵）站等周边或沿线；为展示工程建设风貌，面向公众的相关工程重要节点；工程移民集中迁建的区域，以及与周边景观协调需采取园林式绿化等区域。对于有生态绿色廊道建设要求的工程，永久占地范围内的园林式绿化应与生态绿色廊道建设规划相协调。

1. 工程对园林式绿化布置的要求

（1）点型工程。

1）点型工程主体工程区和生产管理区园林式绿化布置要符合行业设计的要求。如水利上土坝下游为防止植物死亡后根系造成坝坡松动和便于检查渗漏情况，坡面不能选用乔灌木和株型高大的花草；核电厂出于对空气质量和防火要求，植物必须采用耐火性常绿树种，并且不得使用散布花絮和油脂含量高的树种；有防火、隔尘要求的厂矿企业应结合防火林带或卫生林带布设开展相应园林绿化布局。

2）水利工程要与水景观结合。水库枢纽工程一般建成后为水利风景区，则主体工程区的园林式绿化要依据水库枢纽整体布局、突出主体工程特点、满足游览观光的要求，植物品种选择应突出观赏特征和季相的特点，在坝后开阔地带的可选择高大乔木和花灌木建设坝后公园，泄洪洞进出口等高陡边坡宜选用攀缘植物覆盖。

3）园林式绿化设计要结合工程特色并突出工程的特点。如烈士陵园、会堂等场馆种植雪松、侧柏等常绿乔木突出庄严肃穆的特点；高速公路服务区要种植高大乔木形成绿荫、增加坐凳等休憩服务设施。

4）水利枢纽、闸站工程规划布置应充分结合周边景观及后期运行管理要求，并为园林绿化创造条件。

5）工业区和生活区立地条件和环境较差，土壤瘠薄，辐射热高，尘埃和有害气体危害大，人为损伤频繁。宜选择耐瘠薄土壤、耐修剪、抗污染、吸尘、防噪作用大，并具有美化环境的树种。

（2）线型工程。

1）渠道、堤防、输水等线型工程穿越城镇、重要景区、城镇的绿化设计，要满足相关区域总体规划的要求，如绿地系统规划、生态廊道的规划要求，以不降低所穿区域绿化设计标准为前提。

2）线型工程的园林式绿化布置也要符合行业设计的要求。如在高速公路上，对安全驾驶视野范围内的植被高度的布置，要突出节奏感和层次感，用以避免司机视觉疲劳。绿化带从高速公路向两侧采用近花草、中灌木、远乔木的布局，也可以采用两种或多种树木交叉种植的方式。饮用水输水明渠两侧的绿化树种，应尽量选择常绿、少落花落叶、不结果树种，避免枯落物、农药进入水体影响水质。

3）道路绿化树种应选择形态美观、树冠高大、枝叶繁茂、耐修剪，适应性和抗污染能力强，病虫害少，没有或较少产生污染环境的种毛、飞絮或散发异味的树种。

4）公路绿化树种要求：抗污染（尾气）、耐修剪、抗病虫害，与周边环境较为协调且形态美观。树种选择应注重常绿与落叶、阔叶与针叶、速生与慢生、乔木与灌木、绿化与美化相结合，特别是长里程公路，每隔适当距离可变换主栽树种，增加生物多样性和绿化景观。

（3）生活区、厂区道路绿化设计要求。

1）工业区和生活区道路绿化具有组织交通、联系分隔生产系统或生活小区，防尘隔噪、净化空气、降低辐射、缓和日温的作用。

2）工业区和生活区绿化，应与交通运输、架空管线、地下管道及电缆等设施统一布置。综合协调植物生长与生产运行及居民生活之间的关系，避免相互干扰。

2. 不同园林绿化形式的设计要求

（1）风景林设计。生产建设项目结合游览休憩活动的风景林设计，其疏密配合应恰当，疏林下或林中空地，可结合布置草地或园林小品；宜适当配置林间小路，使其构成幽美环境；风景林树种的组成及其色彩、形态的搭配，以及如何应对周围环境和地形变化等应在园林绿化布局中综合考虑。

（2）花境设计。生产建设项目的广场中心、道路交叉口、建筑物入口处及其四周，可设花坛或花台；在墙基、斜坡、台阶两旁、建筑物空间和道路两侧，可设置花境；对需装饰的构筑物或墙壁可采用以观赏为主的攀缘植物覆盖，可建成花墙。

（3）水生植物种植设计。开发建设项目涉水河道、湖泊、水库等工程，为丰富视觉色彩、净化水质、弱化水体与周围环境生硬的分界线，使水体景观自然地融入整体环境中，在河道两侧、湖库浅水区种植挺水植物，在水底种植沉水植物，构建生态平衡系统。

（4）草坪设计。生产建设项目较大面积的草坪设计应与周围园林环境有机结合，形成旷达疏朗的园林景观，同时还应利用地形的起伏变化，创造出不同的竖向空间环境。

草坪的地面坡度应小于土壤的自然稳定角（小于30°）。如超过则应采取护坡工程。运动场草坪排水坡度宜为0.01左右，游憩草坪排水坡度宜为0.02～0.05。最大不超过0.15。

铺设草坪的草种，应具有耐践踏、耐修剪、抗旱力较强等特性。北方地区还应重视草种的耐寒性。

（5）攀缘植物种植设计。在开发建设项目高陡边坡及需要垂直绿化的驳岸、墙壁等部位，可布设攀缘植物，且攀缘植物可以和建筑墙面、棚架、绿廊、凉亭、篱垣、阳台、屋顶等构筑物结合，形成绿色空间景观效果。

（6）绿篱设计。开发建设项目园林式绿化中，根据不同的高度和功能，绿篱可以起到分隔不同功能的空间、屏障视线及组织游人的游览路线的作用。高绿篱主要用于分隔隔离空间、屏蔽山墙、厕所等不宜暴露之处；中绿篱高度不超过1.8m，常用于街头绿地、小路交叉口，或种植于公园、林荫道、分车带、街道和建筑物旁；矮绿篱主要用于围护草地、花坛等。

任务 3.6 土 地 整 治 工 程

3.6.1 概述

3.6.1.1 定义与作用

土地整治是指对低效利用、不合理利用和未利用的土地进行整治，对生产建设破坏和自然灾害毁损的土地进行恢复利用，提高土地利用效率的活动。

生产建设项目中的土地整治工程主要是指在项目建设和运营过程中，对扰动破坏的土地、建设裸地进行平整、改造和修复，使之达到可利用状态的水土保持措施。

在生产建设项目建设和运营过程中，因开挖、填筑、取料、弃渣、施工等活动破坏的土地，以及工程永久征地内的裸露土地，在植被建设、复耕之前应采取土地整治措施。土地整治措施包括土地平整和改造（挖填、推平、削坡、土层松实处置等）、田面平整和翻耕、土壤改良，以及水利配套设施恢复。土地整治措施的主要作用：①控制水土流失；②充分利用土地资源；③恢复和改善土地生产力。

表土资源保护与利用主要是针对腐殖质含量丰富的表层土；在土壤匮乏地区心土层、底土层亦应是保护与利用对象；在青藏高原等地区，草皮的保护与利用亦属于表土资源保护与利用的范畴。

3.6.1.2 土地整治的适用范围

土地整治的适用范围应为工程征占地范围内需要复垦（复耕、植被恢复）或采取地面防护的扰动及裸露土地。

3.6.2 表土资源保护与利用

3.6.2.1 表土资源分析与评价

表土资源分析与评价的主要指标包括土壤厚度、质地、pH 值、有机质含量、土壤污染情况等。依据表土资源的调查结果，开展剥离区和回覆区的表土质量分析与评价；当上述指标不符合下列规定时，应进行剥离利用方案的经济性分析，并提出应对措施。

（1）土壤剥离厚度不宜小于 10cm。

（2）土壤质地以壤土为主，土壤中物理性砂粒含量不应大于 60%，物理性黏粒含量不应大于 30%。

（3）土壤 pH 值宜为 5.0～9.0。

（4）土壤中有机质含量应不低于当地耕地土壤的最低限值。

（5）土壤环境指标主要包括铅、镉、汞、砷、铬、铜、六六六、滴滴涕等物质含量，各项指标值应满足土壤环境质量规定值。

在表土资源匮乏区域还应调查分析心土层和底土层土壤资源，必要时可将心土层和底土层土壤改良后作为覆土土料来源。

3.6.2.2 表土剥离

根据建设项目施工时序和工程占地区表土调查分析结果，选择剥离范围，确定剥离面积和厚度。原地类为耕地的，表土剥离厚度一般为 50～80cm；原地类为林草地的，剥离厚度一般为 20～30cm；黄土覆盖地区可不剥离表土；高寒草原草甸地区，应对表层草甸土进行剥离。表土资源匮乏区可剥离至心土层，必要时可剥离至底土层。

3.6.2.3 表土资源利用

根据土地利用方向，确定表土回覆区范围、面积和厚度。

对于不能做到"即剥即用"的表土，应暂时堆存保护。表土堆存保护区应综合考虑堆放安全、回填便利与运输成本低等因素，并远离村庄、集镇等人群密集区。

3.6.2.4 表土平衡分析

表土回覆原则上要与表土剥离平衡。针对某个生产建设项目，应做好各个防治区表土剥离与利用平衡分析，本区的表土余量应调配到其他防治区利用，尽量做到工程之内剥离和利用平衡；确有剩余的表土量，应与当地土地等部门协同规划利用；若本工程剥离的表土不能满足复垦需求时，需要采取合法合理的方式获取，并明确相应的水土流失防治责任。

覆土厚度应根据当地土质情况、气候条件、植物种类以及土源情况综合确定。一般种植农作物时覆土 50cm 以上，耕作层不小于 20cm。用于林业时，在覆盖厚度 1m 以上的岩土混合物后，覆土 30cm 以上，可以是大面积覆土，土源不够时也只在种植穴内覆土。植草时覆土厚度为 20～50cm。

3.6.3 土地整治设计

在土地整治前应先确定土地的用途，根据土地用途采用适宜的土地整治措施。土地整治设计即根据土地用途，确定土地整治原则和标准，进行相应的土地整治措施设计。

3.6.3.1　设计原则

（1）土地整治应符合土地利用总体规划。土地利用总体规划一般确定了项目所在区的土地利用方向，土地整治应与土地利用总体规划一致。若在城市规划区内，还应符合城市总体规划。

（2）土地整治应与蓄水保土相结合。土地整治工程应根据施工迹地、坑凹与弃渣场等的地形、土壤、降水等立地条件，按"坡度越小、地块越大"的原则划分土地整治单元。按照立地条件差异，将坑凹地与弃渣场分别整治成地块大小不等的平地、缓坡地、水平梯田、窄条梯田或台田。对土地整治形成的田面应采取覆土、田块平整、打畦围堰等蓄水保土工作，把两者紧密结合起来，达到保持水土、恢复和提高土地生产力的目的。

（3）土地整治与生态环境改善、景观美化相结合。土地整治应明确目的，以林草措施为主，改善和美化生态环境，也可改造成农业用地、生态用地、公共用地、居民生活用地等，并与周边景观相协调。整治后的土地利用应注意生态环境改善，合理划分农林牧用地比例，尽力扩大林草面积。在有条件的地方宜布置农林草各种生态景观点，改善并美化生态环境，使迹地恢复与周边生态环境有机融合。

（4）土地整治应与防洪排导工程相结合。坑凹回填物和弃渣都是人工开挖、堆置形成的松散堆积体，易产生凹陷，加大产流、汇流。必须把土地整治与坑凹、渣场本身及其周边的防洪排导工程结合起来，才能保障土地的安全。

（5）土地整治应与主体工程设计相协调。主体工程设计中有弃土和剥离表土等，土地整治应首先考虑利用主体工程的弃土和剥离表土。

（6）土地整治与水土污染防治相结合。应按照国家有关排污标准，对项目排放的流体污染物和固体污染物采取净化处理，然后采取土地整治工程，防止有毒有害物质污染土壤、地表水和地下水，影响农作物生长。

3.6.3.2　土地利用方向确定

土地利用方向在符合法律法规及区域总体规划的基础上，根据征占地性质、原土地类型、立地条件和使用者要求综合确定，并与区域自然条件、社会经济发展和生态环境建设相协调，宜农则农，宜林则林，宜牧则牧，宜渔则渔，宜建设则建设。

工程永久征地范围内的裸露土地和未扰动土地一般恢复为林草地；工程临时占地范围内原土地类型原为耕地的，一般恢复为耕地，其他一般恢复为林草地，也可根据土地利用总体规划改造为水面养殖用地或其他用地。

3.6.3.3　土地整治标准

（1）恢复为耕地的土地整治标准。经整治形成的平地或缓坡地（坡度一般在15°以下），土质较好，覆土厚度0.5m以上（自然沉实），覆土pH值一般为5.5～8.5，含盐量不大于0.3％，有一定水利条件的，可整治恢复为耕地。用作水田时，地面坡度一般不超过3°；地面坡度超过5°时，按水平梯田整治。

（2）恢复为林草地的土地整治标准。受占地限制，整治后地面坡度大于15°或土质较差的，可作为林业和牧业用地。对于恢复为林地的，坡度不宜大于 35°，裸岩面积比例在 30% 以下，覆土厚度不宜小于 0.3m，土壤 pH 值 5.5～8.5；对于恢复为草地的，坡度不宜大于 25°，覆土厚度不小于 0.3m，土壤 pH 值 5.0～9.0。

（3）恢复为水面的土地整治标准。有适宜水源补给且水质符合要求的坑田地可修成鱼塘、蓄水池等，进行水面利用和蓄水灌溉。塘（池）面积一般为 0.3～0.7hm²，深度以 2.5～3.0m 为宜；有良好的排水设施，防洪标准与当地标准一致。

（4）其他利用的土地整治标准。根据项目区的实际需要，土地经过专门处理后可进行其他利用，如建筑用地、旅游景点等，整治标准应符合相关要求。

3.6.3.4　土地整治内容及要求

根据工程扰动破坏土地的具体情况，以及土地恢复利用方向确定相应的土地整治内容。主要包括表土剥离、扰动占压土地的平整及翻松、表土回覆、田面平整和犁耕、土壤改良，以及水利配套设施恢复。

1. 表土剥离设计

（1）表土剥离设计要点。

1）表土剥离前需清除石块、杂物、地表附属物等，并规划好堆存区域，一般就近剥离、就近堆存，需要跨区域堆存时，剥离前还需设计好运输道路和车辆。

2）表土剥离时应避开雨季或大风季节。

3）表土剥离厚度需根据表层熟化土厚度确定，应优先选择土层厚度不小于 30cm 的扰动区域。一般对自然土壤可采集到灰化层，农业土壤可采集到犁底层。

（2）草皮剥离设计要点。

1）放样量测出草皮切割的范围和地块大小，草皮地块规格一般为 0.4m×0.4m（以人工能搬运、能回铺为准），以便保证草皮切割的规则性和完整性。

2）切割草皮时，应根据根系深入地下的深度，确定所取草皮的厚度，需保证根系的完好性；草皮剥离厚度一般为 20～30cm。

3）要求将草皮下土壤一并剥离，利于草皮养护、移植及回铺。

2. 扰动占压土地平整及翻松

设计扰动后凸凹不平的地面要采用机械削凸填凹进行平整，平整时应采取就近原则，对局部高差较大处由铲运机铲运土方回填，开挖及回填时应保证表土回填前田块有足够的保水层。扰动后地面相对平整或经过粗平整、压实度较高的土地应采用推土机的松土器进行耙松。

（1）适用条件。平整包括粗平整和细平整，弃渣场、土（块石、沙砾石）料场区粗平整和细平整工作均有涉及，主体工程区、施工生产生活区、工程管理区等一般只有细平整一项工作，这里的平整主要指粗平整。

（2）设计要点。粗平整包括全面成片平整、局部平整和阶地式平整 3 种形式，有以下适用范围。

1）全面成片平整是对弃渣场区、料场区等全貌加以整治，多适用于种植大田作物，整平坡度一般小于 1°（个别为 2°～3°）；用于种植林木时，整平坡度一般小于 5°。

2）局部平整主要是小范围削平堆脊，整成许多沟垄相间的平台，宽度一般为

8～10m（个别为 4m）。

3）阶地式平整一般是形成分层平台（地块），平台面上成倒坡，坡度为 1°～2°。

3. 表土回覆

土地平整结束之后，开展表土回覆工作，把剥离的表土填铺到需要绿化、复耕的地块表层；覆土厚度需依据土地利用方向确定，复耕土地回覆表土厚度 50～80cm，林草地回覆表土厚度 20～30cm，园林标准的绿化区可根据需要确定回覆表土厚度。

覆土要有顺序地倾倒，形成"堆状地面"。若作为农作物用地，必须进一步整平，进行表土层松实度处理；若为林业、牧业用地，可直接采用"堆状地面"种植。

表土回覆应考虑以下因素。

（1）充分利用预先剥离收集的表土回填形成种植层，若表土不足，在经济运距之内寻求适宜土源，可借土、购土覆盖。

（2）在土料缺乏的地区，可覆盖易风化物如页岩、泥岩、泥页岩、污泥等；用于造林时，只需在植树的坑内填入土壤或其他含肥物料（生活垃圾、污泥、矿渣、粉煤灰等）。

（3）对剥离的心土层、底土层土料以及未达到相应标准的表土，应进行土壤改良，使土料理化指标达到相应利用方向的要求。

4. 土壤改良

（1）适用条件。土壤改良适用于土壤贫瘠、无覆土条件或表土覆盖层较薄、覆土土料瘠薄但又需要恢复为耕地的临时占地区域。

（2）改良措施。土壤改良措施主要包括增肥改土、种植改土和粗骨土改良 3 种。

1）增肥改土。增肥改土主要是通过增加有机肥如厩肥、沤肥、土杂肥、人畜粪尿等实现土壤培肥。

增施有机肥有助于改良土壤结构及其理化性质，提升土壤保肥保水能力。

2）种植改土。种植改土主要是指种植绿肥牧草和作物以达到改良土地的目的。在最初几年先种植绿肥作物改良土壤、增肥养地，然后再种植大田作物。

种植绿肥牧草品种如苜蓿、草木樨、沙打旺、箭舌豌豆、毛叶苕子、胡枝子等，作物如大豆、绿豆等。也可实行草田轮作、草田带状间作、套种等改良土壤。

3）粗骨土改良。对覆盖土含有大量粗砂物质和岩石碎屑及风沙土的区域，土壤结构松散、干旱、贫瘠、透水性强、保水保肥能力差，有效养分含量低，要通过掺黏土、淤泥物质和一些特殊的土壤改良剂，如泥炭胶、树胶、木质等以达到土壤改良的目的。粗骨土改良还要结合施用有机肥，翻耕时注意适宜的深度，避免将下部大粗砂石砾翻入表土；同时利用种植牧草和选择耐干旱、耐贫瘠的作物合理种植，以达到综合改良目的。

任务 3.7　临 时 防 护 工 程

临时防护工程主要针对施工中临时堆料、堆土（石、渣，含表土）、临时施工迹地等，为防止降雨、风等外营力在其临时堆存、裸露期间冲刷、吹蚀，而采取相应的临时拦挡、临时排水、临时覆盖、临时植物、草皮移植保护等措施。

3.7.1 临时拦挡措施

3.7.1.1 定义与作用

施工建设中，在施工边坡下侧、临时堆料、临时堆土（石、渣）及剥离表土临时堆放场等周边，为防止施工期间边坡、松散堆体对周围造成水土流失危害，采取填土草袋（编织袋）、土埂、干砌石挡墙、钢（竹栅）围栏等材料将堆置松散堆体限制在一定的区域内，防止外流并在施工完毕后拆除的措施统称为临时拦挡措施。

3.7.1.2 分类与适用范围

临时拦挡措施根据使用材料不同有填土草袋（编织袋）、土埂、干砌石挡墙、钢（竹栅）围栏等。结合具体情况，遵循就地取材、经济合理、施工方便、实用有效等原则选定防护形式。不同的临时拦挡措施有如下适用范围。

（1）填土草袋（编织袋）适用于生产建设项目施工期间临时堆土（石、渣、料）、施工边坡坡脚的临时拦挡防护，多用于土方的临时拦挡。

（2）土埂适用于生产建设项目施工期管沟和沉淀池等开挖的土体、流塑状体等临时拦挡防护，施工简易方便，具有拦水、挡土作用。

（3）干砌石挡墙适用于生产建设项目施工期施工边坡、临时堆土（石、渣、料）的临时拦挡防护，多用于石方的临时拦挡。

（4）钢（竹栅）围栏适用于生产建设项目施工期施工边坡、临时堆土（石、渣、料）的临时拦挡防护，多用于城区附近的产业园区类项目及线型工程，具有节约占地、施工方便、可重复利用和减少项目建设对周边景观影响等优点。

3.7.1.3 工程设计

1. 填土草袋（编织袋）

（1）材料选择。就近取用工程防护的土（石、渣、料）或工程自身开挖的土石料，施工后期拆除草袋（编织袋）。

（2）断面设计。填土草袋（编织袋）布设于堆场周围、施工边坡的下侧，其断面形式和堆高在满足自身稳定的基础上，根据堆体形态及地面坡度确定。一般采用梯形断面，高度宜控制在 2m 以下。填土草袋（编织袋）临时拦挡典型设计如图 3.9 所示。

2. 土埂

（1）材料选择。一般就地取材，利用防护对象自身开挖的土体。

（2）断面设计。考虑土体的稳定性并满足拦挡要求，土埂一般采用梯形断面，埂高宜控制在 1m 以下，一般采用 40～50cm，顶宽 30～40m。土埂临时拦挡典型设计如图 3.10 所示。

3. 干砌石挡墙

（1）材料选择。宜采用防护石料

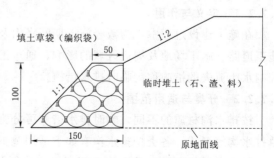

图 3.9 填土草袋（编织袋）临时
拦挡设计（单位：cm）

图 3.10 土埂临时拦挡典型设计（单位：cm）

或工程本身开挖石料进行修筑。

（2）断面设计。干砌石挡墙宜采用梯形断面，坡比和墙高在满足自身稳定的基础上，根据防护堆体形态及地面坡度确定。干砌石挡墙（含基础）典型设计如图 3.11 所示。

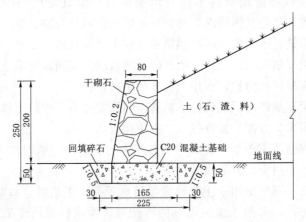

图 3.11 干砌石挡墙典型设计（单位：cm）

4. 钢（竹栅）围栏

（1）材料选择。根据拦挡和施工要求，可选择彩钢板、竹栅等形式。

（2）布置形式。在平原地区，围栏沿堆场周边布设。为保证其拦挡效果，在堆体的坡脚预留约 1m 距离，围栏高控制在 1.5～2.0m 范围内；在山地区，围栏布设于施工边坡下侧，高度根据堆体的坡度及高度确定。围栏底部基础根据堆场周边地质条件及环境要求，选择混凝土底座、砖砌底座或脚手架钢管作为支撑。竹栅围栏典型设计如图 3.12 所示。

3.7.2 临时排水措施

3.7.2.1 定义与作用

在施工建设过程中，为减轻施工期间降雨及地表径流对临时堆土（石、渣、料）、施工道路、施工场地及周边区域的影响，通过汇集地表径流并导引至安全地点排放以控制水土流失的措施称为临时排水措施。

3.7.2.2 分类与适用范围

按排水沟材质的不同，临时排水措施可分为土质排水沟、砌石（砖）排水沟、种草排水沟等形式，各类型排水沟有如下适用范围。

（1）土质排水沟。具有施工简便、造价低的优点，但其抗冲、抗渗、耐久性差，易坍塌，运行中应及时维护，适用于使用期短、设计流速较小的排水沟。

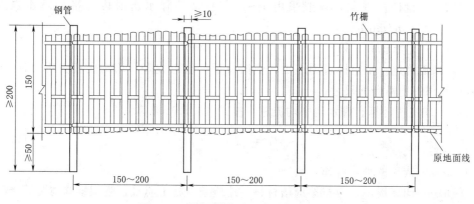

图 3.12 竹栅栏典型设计（单位：cm）

（2）砌石（砖）排水沟。施工相对复杂，造价高，但其抗冲、抗渗、耐久性好，不易坍塌，适用于石料（砖）来源丰富、排水沟设计流速偏大且建设工期较长的生产建设项目。

（3）种草排水沟。施工相对复杂，造价较高，其抗冲、抗渗、耐久性较好，不易坍塌，适用于施工期长且对景观要求较高的生产建设项目。

3.7.2.3 工程设计

1. 土质排水沟

（1）布置及设计要求。

1）排水沟应布置在低洼地带，并尽量利用天然河沟。

2）排水沟出口采用自排方式，并与周边天然沟道或洼地顺接。

3）根据《灌溉与排水工程设计标准》（GB 50288—2018）中相关规定，排水沟设计水位应低于地面（或堤顶）不少于 0.2m。

4）排水沟设计应满足占地少、工程量小、施工和管理方便等要求；与道路等交会处，应设置涵管或盖板以利施工机具通行。

5）平缓地形条件下设置的排水沟，其断面尺寸可根据当地经验确定；必要时，在排水沟末端设置沉沙池。

6）排水沟沟道比降应根据沿线地形、地质条件、上下级沟道水位衔接条件、不冲不淤要求以及承泄区的水位变化等情况确定，并应与沟道沿线地面坡度接近。

（2）断面设计。

1）断面形式。土质排水沟多采用梯形断面，其边坡系数应根据开挖深度、沟槽土质及地下水情况等条件经稳定性分析后确定。

2）流量估算。排水沟的设计流量按式（3.19）计算：

$$Q_{设} = 16.67\varphi q F \qquad (3.19)$$

式中　$Q_{设}$——设计径流量，m^3/s；

φ——径流系数，查表求得，若汇水面积内有两种或两种以上不同地表种类时，应按不同地表种类面积加权求得平均径流系数；

q——设计重现期（一般采用 1～3 年）某一降水历时内的平均降水强度，mm/min；

F——汇水面积，km^2。

3）断面确定。拟定排水沟纵坡，依据流量、水力坡降（用沟底坡度近似代替），通过计算求得所需断面尺寸。

a. 平均流速计算。排水沟平均流速可按式（3.20）计算：

$$v = \frac{1}{n}R^{\frac{2}{3}}i^{\frac{1}{2}} \tag{3.20}$$

式中　v——沟道的平均流速，m/s；

　　　n——沟床糙率，应根据沟槽材料、地质条件施工质量、管理维修情况等确定，也可根据《灌溉与排水工程设计标准》（GB 50288—2018），通过沟内流量大小查表确定；

　　　R——沟道的水力半径，m；

　　　i——水力坡降，用沟底比降近似代替。

b. 平均流速校核。平均流速 v 为不冲不淤流速，保证正常运行期间不发生冲刷、淤积和边坡坍塌等情况，排水沟最小流速不应小于可能发生淤积的流速 0.3m/s。黏性土质排水沟、非黏性土质排水沟的允许不冲流速根据《灌溉与排水工程设计标准》（GB 50288—2018）查得。

c. 流量校核。排水沟可通过流量 $Q_{校}$ 按式（3.21）计算：

$$Q_{校} = Av \tag{3.21}$$

式中　$Q_{校}$——校核流量，m^3/s；

　　　A——断面面积，m^2；

　　　v——平均流速，m/s。

经计算：若排水沟可通过的校核流量 $Q_{校}$ 与设计流量 $Q_{设}$ 相等或稍大，则为适宜的设计；若校核流量 $Q_{校}$ 小于设计流量 $Q_{设}$，则排水沟断面过小，应改用较大断面重新计算，至排水沟足以通过 $Q_{设}$；若排水沟 $Q_{校}$ 过大，则为不经济的断面设计，应减小断面后重新计算，至适当为止。

2. 砌石（砖）排水沟设计

（1）布置及设计要求。

1）排水沟应布置在低洼地带，并尽量利用天然沟。

2）排水沟出口采用自排方式，并与周边天然沟道或洼地顺接。

3）按照《灌溉与排水工程设计标准》（GB 50288—2018）的规定，排水沟设计水位应低于地面（或堤顶）不少于 0.20m。

4）排水沟设计应满足占地少、工程量小、施工和管理方便等要求；与道路等交会处，应设置涵管或盖板以利施工机具通行。

5）平缓地形条件下设置的排水沟，其断面尺寸可根据当地经验确定；必要时，需在排水沟末端设置沉沙池。

6）排水沟沟道比降应根据沿线地形、地质条件、上下级沟道水位衔接条件、不冲不淤要求以及承泄区的水位变化等情况确定,并应与沟道沿线地面坡度接近。

7) 上、下级排水沟应按分段流量设计断面;排水沟分段处水面应平顺衔接。因地形坡度较陡及流速较大等原因,沿排水沟长度方向每隔适当长度及最下游,视需要设置跌水等消能设施。

(2) 断面设计。

1) 沟面材料及断面形状确定。沟面衬砌材料及断面形状根据现场状况、作业需要及流量等因素确定。沟面护砌材料包括砖、石等,砌石排水沟可采用梯形、抛物线形或矩形断面,砌砖排水沟一般采用矩形断面。

砌石沟材料应符合以下要求:使用的块石应大小均匀、质坚耐用、表面清洁无污染且无风化剥落、裂纹等结构缺陷;宜选用具有一定长度、宽度及厚度不小于 15cm 的片状石料。

2) 径流量估算。排水沟的设计径流量按式 (3.19) 计算。

3) 断面确定。拟定排水沟纵坡,依据径流量大小、水力坡降(用沟底比降近似代替),通过计算求得所需断面大小。

计算方法及公式同土质排水沟设计相关内容。由于材质不同,糙率和不冲流速等参数会有所变化。砌石(砖)排水沟糙率 n 参考《灌溉与排水工程设计标准》(GB 50288—2018)取值。

3. 植草排水沟

(1) 布置及设计要求。

1) 在复式草沟设计中,一般沟底石材或植草砖宽度取 0.6~1.0m,混凝土厚度取 0.1~0.2m,块石厚度不小于 0.15m,糙率 n 以植草部分和构造物部分所占长度比例折算。

2) 排水沟应布置在低洼地带,并尽量利用天然河沟。

3) 排水沟出口宜采用自排方式,与周边天然沟道或洼地顺接。

4) 每隔适当长度,应视需要设置跌水消能设施。

(2) 断面设计。

1) 断面形式。断面形式根据现场状况、作业需要及流量等条件确定。草沟断面宜采用宽浅的抛物线梯形断面,一般沟宽大于 2m 时,超高 0.1~0.2m。

2) 径流量估算。排水沟的设计径流量按式 (3.19) 计算。

3) 断面确定。拟定排水沟纵坡,依据径流量大小、水力坡降(用沟底比降近似代替),通过计算求得所需断面大小。

a. 平均流速计算。排水沟平均流速按式 (3.20) 计算。

常用草类参考糙率 n:百喜草 0.067、假俭草 0.055、类地毯草 0.05。

b. 流量校核。流量校核同土质排水沟流量校核。

4) 沟面材料。沟面防护以植草为主,当为复式植草沟时,沟底应采用硬式防护材料进行护砌。

a. 草种。匍匐性草类,如百喜草、假俭草、类地毯草等。

b. 复式沟沟底铺设材料。沟底的铺设材料以当地出产的天然石材为主,须质地坚硬，无明显风化、裂缝、页岩夹层及其他结构缺点。若当地材料不足时，可用其他硬式材料（如植草砖）代替。一般而言，主要石材的粒径应不小于 7.5cm；填缝所使用的石子粒径应为 0.5～3cm。

3.7.3　临时覆盖措施

3.7.3.1　定义与作用

临时覆盖措施指采用覆盖材料防止水土流失，减少粉尘、风沙、土壤水分蒸发，增加土壤养分和植物防晒的防护措施。覆盖材料包括土工布、塑料布、防尘网、沙砾石、秸秆、青草、草袋、草帘等。

3.7.3.2　分类与适用范围

根据覆盖材料不同，临时覆盖措施可分为草袋覆盖、砾石覆盖、棕垫覆盖、块石覆盖、苫布覆盖、防尘网覆盖、塑料布覆盖等。临时覆盖措施适用于风蚀严重地区或周边有明确保护要求的生产建设项目的扰动裸露地、堆土、弃渣、沙砾料等的临时防护；也用于暴雨集中地区建设项目控制和减少雨水溅蚀冲刷临时堆土（料）和施工边坡；还可以用在生态脆弱、植被恢复困难的高山草原区、高原草甸区的建设工程中，来隔离施工扰动对地表草场和草皮的破坏。

3.7.3.3　工程设计

（1）对临时堆放的渣土采用土工布、塑料布、抑尘网等覆盖，避免水土流失。

（2）风沙区部分场地可采用草、树枝或砾石等临时覆盖。

3.7.4　临时植物措施

3.7.4.1　定义与作用

在建设过程中，对堆存时间较长的土方可采取临时撒播绿肥草籽的方式，既防治水土流失、美化区域环境，又可有效保存土壤中的有机养分，以达到后期利用的目的。对于施工期扰动后裸露时间较长的区域，可通过植树、种草等方式进行临时绿化，通过增加地表植被盖度控制水土流失，涵养土壤地力，并改善环境。临时种草和临时绿化统称为临时植物措施。

3.7.4.2　分类与适用范围

临时植物措施分为临时种草和临时绿化两类。其中，临时种草适用于施工过程中临时堆存的表土，也可用于临时弃渣堆存场；临时绿化主要适用于工期较长的施工生产生活区。

3.7.4.3　工程设计

1. 临时种草工程设计要点

（1）草籽采用撒播方式，播种前将表土耙松、平整，清除有害物质等。

（2）植物种类的选取，以适地适草为原则，主要选择具有绿肥作用的豆科草本植物，如红三叶、苜蓿、草木樨等。

2. 临时绿化工程设计要点

由于临时绿化区域在施工结束后将会重新进行整治，临时绿化树草种一般选择常见、价格低的品种；对于施工区环境有特殊要求的，也可适当结合景观要求选择树草种，但需要注意经济合理性。

水 土 保 持 监 测

　　"人的命脉在田，田的命脉在水，水的命脉在山，山的命脉在土，土的命脉在树。"水土保持是江河保护治理的根本措施，是生态文明建设的必然要求。

　　做好水土保持监测，需深入了解水土保持监测的原则、内容及监测方法。

任务 4.1　水土保持监测的概述

4.1.1　水土保持监测的概念

　　依据《中华人民共和国水土保持法》的规定，水土保持是指对自然因素和人为活动造成水土流失所采取的预防和治理措施。《中国水利百科全书·水土保持分册》（第二版）则将水土保持定义为"防治水土流失，保护、改良与合理利用水、土资源，维护和提高土地生产力，以利于充分发挥水土资源的生态效益、经济效益和社会效益，建立良好生态环境的事业"。

4.1　水土保
持监测的
概念

　　监测是指对某种现象（监测对象）变化过程进行长期、持续地观测和分析的过程。因此，水土保持监测就是对"水土保持"这一人类活动及其对象、效果的监测。"水土保持"的对象是水土流失，效果是通过布设水土流失防治措施防止或减轻水土流失及由此产生的生态效益、经济效益和社会效益。综合起来，水土保持监测就是运用多种技术手段和方法，对水土流失的成因、数量、强度影响范围及其发生、发展和危害，以及水土保持措施及其防治效果和效益，所开展的长期、持续的调查、观测和分析工作。

　　水土保持监测的概念，可以从广义和狭义两个层面来理解。广义的水土保持监测，是指对自然因素和人为活动造成的水土流失及所采取的预防和治理措施的调查、实验研究、实时监视和长期观测，包括水土保持调查、水土保持动态监测和水土保持实验研究。狭义的水土保持监测，仅指水土保持动态监测，即对自然因素和人为活动造成的水土流失及所采取的预防和治理措施的实时监视和长期观测。

4.1.1.1　水土保持调查

　　水土保持调查是指通过某种或某些手段与方式，充分掌握和占有第一手资料，全面接触、广泛了解和深度熟悉水土流失及其防治情况以及相关的影响因素的状况，在去粗取精、去伪存真的基础上，客观反映水土流失及其预防、治理的历史，现状及发展规律的一种科学工作方法。

　　水土保持调查技术体系包括调查的内容、技术与方法、标准、统计，制图和调查报告编制等。从工作角度看，水土保持调查包括水土流失及水土保持的普查、综合调查、专项调查、典型调查和重点调查等多个类型。从调查区域大小看，水土保持调查可分为小流域调查、区域调查和全国调查等层次。

　　调查是掌握第一手资料的基本方法，也是动态监测方案设计的基础；没有扎实的调查资料及科学的分析方法，就不可能做好动态监测方案，也就不可能做好动态监测。通过定期和不定期的调查，可以获得区域社会经济状况、土壤侵蚀类型及危害、水土流失影响因素、土地利用类型、水土流失预防和治理等动态变化情况，也能够获取水土保持政策落实、执法监督、公众认识等多方面的资料。因此，水土保持调查是其他方法不能取代的基本方法。

　　水土保持调查方法包括资料收集、全面调查、典型调查、抽样调查、巡查等。在水土保持调查的过程中，应充分地查询和收集资料、详尽地观察和监测、综合地查勘和考察、深刻地统计和分析，形成详尽的文字、图件、音频和视频等资料以及分析结果，力求客观、科学地反映水土保持状况，为水土保持规划、综合治理、监督管理和动态监测等服务。

4.1.1.2　水土保持实验研究

　　水土保持实验研究是运用科学实验的原理和方法，以水土保持理论及假设为指导，有目的地设计、控制某个或某些因素或条件，观察水土流失影响因素、水土保持措施与流失量，防治效果之间的因果关系，从中探索、了解和掌握水土流失规律、水土保持规律及其预测预报技术、方法的活动和实践。

　　水土保持实验研究是为了发现、解释或校正水土流失及其防治的现象、事实和事件、理论和规律，或把水土流失及其防治的现象、事实和事件、理论或规律给出实际应用。

4.1.1.3　水土保持动态监测

　　水土保持动态监测是指对水土流失及其防治情况或者其中的一部分，进行实时监视、实时测试，长期观测；或者针对水土流失及其防治情况或者其中的一部分，设计确定对应的技术手段、途径和频率，进行高频率、周期性、长期性的监视与测试观测。相对于水土保持调查和水土保持实验研究，水土保持动态监测更加强调“动态”二字，也就是较高的监测频率或者较短的监测周期，即在一段较长时间内的持续性监测。

　　由于水土保持监测对象的多样性和区域的广泛性，尤其是监测范围的广阔性以及不同区域之间的差异性，水土保持动态监测是一个复杂的系统工程，正在随着水土流失地面自动观测技术、高分遥感技术、无人机技术、区域抽样技术、信息技术等现代先进技术的发展而不断加速发展。水土保持动态监测适应了水土保持科学的多维度结构、多时相状态、多尺度规模的特点，能够更好地掌握不同空间规模和不同时间尺度的水土流失及其防治的状况，可为各个层次的水土保持调查、规划、综合治理提供基础数据。

水土保持调查、水土保持实验研究和水土保持动态监测具有相互支撑、相互促进的关系。水土保持调查是发现水土流失及其防治的事实、事件和现象及掌握第一手资料的直接手段，是设计和确定水土保持动态监测和实验研究的基础；水土保持实验研究是运用科学实验的原理和方法，对调查和动态监测中发现的水土流失及其防治的事实、事件和现象进行控制性的实验和分析研究，是对调查、动态监测的发展；水土保持动态监测是长期、持续、稳定地监视、测验水土流失及其防治的发生、发展和演变过程的方式，为水土保持调查和实验研究提供基础数据。

4.1.2 水土保持监测的目的与作用

4.1.2.1 监测目的

水土保持监测是一项重要的基础性工作，其主要目的可以概括为如下 4 个方面。

1. 查清水土流失状况

4.2 水土保持监测的目的和作用

水土保持监测的最直接目的就是查清水土流失状况。通过水土保持监测，可以查清水土流失基本状况，包括：

（1）查清监测区域内的主要水土流失类型。

（2）查清监测区域内的主要水土流失形式。

（3）查清监测区域内的水土流失强度、面积和空间分布。

（4）查清监测区域内的水土流失程度。

（5）查清监测区域内的水土流失潜在危险程度。

（6）查清监测区域内的水土流失危害情况。

（7）通过长期、持续的水土保持动态监测，查清监测区域的水土流失动态变化及消长情况。

2. 认识水土流失规律，预报土壤流失量

水土保持监测的另外一个重要目的就是认识水土流失规律，通过长期监测和大量监测数据资料的积累，从中分析水土流失与各种影响因素之间的关系，可以发现水土流失量与各因素之间的定量关系，从而可以构建土壤侵蚀定量预报模型，用于预报土壤流失量。

3. 评价水土流失防治成效

水土流失综合防治是水土保持生态建设的主要任务，通过水土保持监测，能够准确获得水土保持治理工程实施进度、质量状况，成为项目验收的基础；评价不同措施配置对水土流失的防治效果，回答水土保持综合治理的措施配置和施工顺序等问题，对同类地区科学开展规划、设计和治理等具有指导意义；分析宏观水土保持效益，还为水土保持规划或可行性研究提供依据，具体包括：

（1）水土保持生态建设实施状况。

（2）水土保持防治效果。

（3）宏观水土保持生态环境效益。

4. 跟踪生产建设项目水土保持动态

通过开展生产建设项目水土保持监测，可以跟踪掌握生产建设项目水土保持动态，达到以下目的。

（1）及时掌握项目区水土流失发生的时段、强度和空间分布等情况，了解水土保持措施的防护效果，及时发现问题以便采取相应的补救措施，确保各项水土保持措施能够正常发挥作用，最大限度地减少水土流失。

（2）为同类生产建设项目水土流失预测和制定防治措施体系提供借鉴。

（3）为水土保持监督管理提供数据。

（4）促进水土保持方案的实施。

（5）获得项目建设过程中水土流失治理度、土壤流失控制比、渣土防护率、表土保护率、林草植被恢复率、林草覆盖率等水土流失防治效果指标值，并基于这些指标判别是否达到国家规定的防治标准和方案确定的防治目标，为项目的水土保持设施专项验收提供依据。

4.1.2.2 水土保持监测的作用

1. 水土保持监测可以在政府决策中发挥重要作用

水土流失状况是衡量水土资源、生态环境优劣程度、经济社会可持续发展能力的重要指标，扎实开展水土保持监测，及时、准确地掌握水土流失动态变化，分析和评价重大生态工程治理成效，定量分析和评价水土流失与各项社会因素的关系，有利于各级政府科学制定战略发展规划、国家生态文明建设宏观战略和相关政策法规，协调推进经济社会健康持续发展；有利于深入实施水土保持政府目标责任制，全面加强政府绩效管理与考核；有利于全面提高水土流失防灾减灾等国家应急管理能力，切实保障人民群众生命财产安全。

2. 水土保持监测可以在经济社会发展中发挥重要作用

为提高经济增长的质量和效益，推进生态文明建设水平，主要途径就是要积极探索走出一条生态环境代价小、经济效益好、可持续发展的道路。实践证明，水土保持是保护水土资源持续利用、维护生态协调发展的最有效手段，是衡量资源环境和经济社会可持续发展的重要指标，是全面建设小康社会的重要基础，在国民经济和社会发展中占有重要的地位。通过开展水土保持监测，不断掌握水土资源状况及其消长变化，科学测算绿色 GDP（国内生产总值），科学分析评估各项经济社会建设对水土流失及水土保持生态建设、环境保护的影响，可以为国家制定经济社会发展规划、调整经济发展格局与产业布局、保障经济社会的可持续发展提供重要技术支撑，有助于处理好经济增长与生态环境保护之间的关系，促进经济结构调整和增长方式转变，增加经济增长方式本身的可持续性，推动资源节约型、环境友好型社会建设，实现人与自然的和谐发展。

3. 水土保持监测可以在社会公众服务中发挥重要作用

水土保持监测作为一项政府公益事业，为社会公众了解、参与水土保持生态建设提供了一条重要途径，是社会公众了解、参与水土保持的重要基础。通过水土保持监测，定期获取国家、省、地、县等不同层次的水土流失动态变化及其治理情况信息，建立信息发布服务体系，并予以定期公告，可以使公众及时了解水土流失、水土保持对生活环境的影响，可以极大地满足社会公众对水土保持生态建设状况的知情权，有效增强社会公众的水土保持生态建设与环境保护意识；可以极大地深化社会公众对水土保持生态建设的参与权，有效加强水土保持工作和发展机制的创新；可以极大地提高社会公众对水土流失预防保护和综合治理的监督权，不断健全水土保持监督机制，有效推动水土保持事业健康、持续发展。

4.1.3 水土保持监测的原则

水土保持监测是为政府决策、经济社会发展和社会公众服务的，有很强的针对性。因此，水土保持监测应遵循以下原则。

4.3 水土保持监测的原则和内容

4.1.3.1 宏观监测与微观监测相结合

水土保持监测的范围可以大到一个国家乃至全球，小至一个地块或者径流小区。根据监测区域的范围大小，结合我国行政区域与流域管理实际，可以将监测的范围划分为 7 个不同层次，由小到大分别为地块、自然坡面、小流域、县（区、市）、省（自治区、直辖市）、大江大河流域和全国。也可以将水土保持监测尺度简单归纳为坡面、小流域和区域 3 个层次，还可以分为宏观、中观和微观 3 个监测尺度。

水土保持监测应遵循宏观监测与微观监测相结合的原则，根据服务对象的实际需要，科学合理地确定监测的范围、尺度、重点内容和详细程度。宏观监测往往需要通过大量微观监测成果推算来完成，而微观监测也往往需要在掌握宏观监测成果资料的基础上有针对性地开展，两者是相辅相成、既有区别又有联系的对立面和有机体。

4.1.3.2 系统性与专题性相结合

水土保持监测是一项复杂的系统工程，监测内容包括水土流失影响因素、水土流失状况、水土流失灾害、水土保持措施及效益 4 个方面，无论对某一侵蚀类型和侵蚀方式，或是对坡面、小流域和区域等不同尺度，或是对水土保持重点治理工程和生产建设项目的监测，均应包含这 4 个方面并有机地组成完整的水土保持监测系统，才能回答诸如侵蚀类型、侵蚀强度、减沙机理、效益大小等问题。

水土保持监测也需要根据特定目的，对水土保持某个专题进行专项监测。例如黄土高原淤地坝专项监测、东北黑土区侵蚀沟监测、西南地区岩溶石漠化监测、南方红壤丘陵区崩岗侵蚀监测、水土保持措施专题调查、生产建设项目水土保持监测等。

系统性监测往往可以由多个专题性监测组合完成，而专题性监测也需要在系统性监测的总体架构和指导下开展，两者相辅相成、相互支持。因此，水土保持监测应遵循系统性与专题性相结合的原则。

4.1.3.3 完整性与代表性相结合

监测范围一旦确定，水土保持监测就必须遵循完整性原则，即必须完整地监测整个监测范围内的水土流失及其防治情况。例如，开展某流域的水土保持监测时，必须对该流域界线范围内的所有地块或者图斑的水土流失影响因素（降雨、土壤、坡度、坡长、土地利用、植被覆盖、工程和耕作措施等）、水土流失类型和强度、面积、水土保持防治措施类型和数量及其防治效益等进行全面、完整的监测，不能遗漏某些地块或者图斑。同理，如果开展某个省或者市、县的水土保持监测，也必须对整个行政区划范围开展监测，不能遗漏某些地块或者图斑，更不能遗漏某个乡镇或者村。

在开展水土保持监测工作时，往往是通过选取足够有代表性的对象或者地块进行监测，然后通过这些样本数据推算整个区域的水土流失及其水土流失防治总体情况，即由样本推算总体。因此，水土保持监测既要遵循完整性原则，也要遵循代表性原则。

4.1.3.4　持续性与时效性相结合

水土保持监测的对象随时、随地都在变化，变化复杂且幅度大。只有通过长时期的持续观测，积累资料，取得大样本，才能统计出基本规律，实现科学研究的重复性。持续性原则不仅强调了时间上的持续性，应用同一监测方法、手段开展长期监测，取得长序列资料，还强调了空间上的持续性，应用规范的统一方法，取得可以互相对比的观测资料。统计分析这些资料，可以掌握时空变化规律，满足社会不同层次的需要。

在开展长期、持续监测的同时，要注意监测的时效性或者及时性，必须及时而准确地实施监测，并将监测成果及时报告和提供给用户使用，才能有效发挥水土保持监测在政府决策、经济社会发展和社会公众服务中的重要作用。因此，水土保持监测应遵循持续性与时效性相结合的原则，长期、持续监测是总的要求，但每次监测都必须是及时的。

4.1.3.5　连续定位观测、周期性普查和即时性监测相结合

水土保持监测对象和内容多种多样，面对复杂的水土流失类型、形式和不同类型的水土保持措施，需要采取不同的监测方式。对于小流域、坡面、径流小区以及生产建设项目等范围小的监测对象，其降雨、径流、泥沙或者侵蚀量、风蚀强度等的时效性要求高，一般采用连续定位观测方式。对于全国、大流域、省级行政区等范围很大的监测对象，其水土流失及防治情况变化缓慢，年际变化不明显，一般采用周期性普查方式。对于一些突发性的水土流失灾害事件，如滑坡、泥石流、地震引发的严重水土流失灾害等，以及建设周期短的生产建设项目，其水土流失状况一般采用即时性监测方式。

连续定位观测、即时性监测和周期性普查是相互联系、相互补充、相辅相成的。连续定位观测和即时性监测可以为周期性普查提供基础资料和相关参数；周期性普查可以弥补连续定位观测和即时性监测范围小、只反映局部水土流失和水土保持状况的缺陷，是对连续定位观测和即时性监测的全局性补充。因此，水土保持监测应遵循连续定位观测、周期性普查和即时性监测相结合的原则。

4.1.3.6　常规方法和先进技术相结合

水土保持监测要求监测方法成熟和实用、监测结果真实和可靠。对于特别是需要向全社会公布公告的监测成果，应该采用成熟的、可操作性强、简捷实用的常规方法，如径流小区、控制站、土壤侵蚀野外调查单元等的连续定位观测方法以及典型调查、抽样调查等方法。在模型方面，应该选用运算灵活方便、指标容易获得的简单、成熟、实用模型。

随着现代科学技术的进步，水土保持监测方法也在不断发展和进步，除了传统的常规监测方法，应鼓励积极采用先进技术和新方法。目前，计算机和信息技术、遥感（remote sensing，RS）、地理信息系统（geographic information system，GIS）和全球定位系统（global positioning system，GPS）、三维激光扫描技术、无人机技术、

移动终端、物联网技术、云计算和大数据技术等已经正在水土保持监测领域得到应用。

常规方法与先进技术可以相互融合和促进。常规方法在融入先进技术之后，就可以转化为先进技术。相反，先进技术也可以通过在水土保持监测实践中不断成熟化、实用化并大力推广使用。例如，区域监测目前已经由原来的人工地面调查为主转变为遥感调查为主，遥感监测方法已经基本成熟和实用化，已成为一种常用的监测方法。

4.1.4 水土保持监测内容

4.1.4.1 基本监测内容

（1）水土流失影响因素监测。水土流失影响因素是发生水土流失的动力和环境条件，包括自然因素和人为活动因素两类。自然因素包括气候（降水、风）、地质地貌、土壤与地面物质组成、植被（类型与覆盖度）、水文（径流、泥沙）等，人为活动因素有土地利用方式、生产建设活动经济社会发展水平等。通过了解和掌握水土流失影响因素，能够阐明水土流失发生发展的肌理、变化和规律，明确水土保持的治理方向。

（2）水土流失状况监测。水土流失状况是指水土流失类型、形式、分布、面积、强度，以及水土流失发生、运移堆积的数量（流失量）和趋势。通过全面分析水土流失状况，能够判断水土流失发育阶段及时空分布，为水土保持措施布置与设计提供基本依据。

（3）水土流失危害监测。水土流失危害主要包括水土资源破坏、泥沙（风沙、滑坡等）淤积危害、洪水（风沙）危害、水土资源污染植被与生态环境变化以及社会经济危害等。

（4）水土保持措施及效益监测。水土保持措施包括实施治理措施的类型、名称、规模分布数量和质量状况等；水土保持效益监测包括蓄水保土效益、生态效益和经济效益、社会效益等方面。水土保持措施和效益监测，既有利于对以往工作的检验和评价，也有利于对未来工作开展及部署的重要提示和指导。

4.1.4.2 专题监测内容

在全面考虑上述基本监测内容的基础上，区域监测、中小流域监测和生产建设项目水土保持监测应注重如下专题内容及其指标的监测。

（1）区域监测。其内容主要包括：不同侵蚀类型的面积和强度；重力侵蚀易发区，对崩塌、滑坡、泥石流等进行典型监测；典型区水土流失危害监测；典型区水土流失防治效果监测。

（2）中小流域监测。其内容主要包括：不同侵蚀类型的面积、强度流失量和潜在危险度；水土流失危害监测；水土保持措施数量、质量及效果监测；小流域监测还应考虑小流域特征值、气象要素、土地利用、主要灾害、水土流失及其防治、社会经济要素、土壤改良情况。

（3）生产建设项目监测。其内容主要包括：项目建设区水土流失影响因素；水土流失状况；水土流失防治效果。

任务4.2 水土流失指标监测

4.4 水土流失影响因素监测

4.2.1 水土流失影响因素监测

4.2.1.1 自然因素

影响土壤侵蚀的自然因素有地质、地貌、气象、土壤及植被因子等。

1. 地质

地质因素监测指标主要有地质构造特征、地层岩性特征、物理地质现象、水文地质现象等。

（1）地质构造特征是指地壳运动发展变化形成的各种地质构造现象。地质构造与沟系统形成、沟沿线、滑坡、崩塌、泥石流的产生关系密切。由专业人员调查或者找有关资料取得。

（2）地层是区域岩层的时代和出露顺序。岩性是岩石的基本特性。地层岩性特征由专业人员判别。

（3）物理地质现象是指在水流、冰川、重力、风化（温度）等营力作用下形成的各种地质现象，如滑坡、崩塌、泥石流、喀斯特、冻土等。物理地质现象一般由调查采集，也可查阅资料取得。

（4）水文地质现象主要指区域地下水类型及有关地质现象，包括渗漏、地下水位，流速、流向、隔水层、古河道、喀斯特通道等状况。水文地质现象一般由调查和测验得出，也可参考水文地质资料（图）分析归纳得出。

2. 地貌

地貌因素主要包括地貌类型、坡地特征等，这些因子都对侵蚀产生一定作用。

（1）地貌类型。在一定的范围内，各种地貌形态彼此在成因上相互联系，有规律地组合，称为地貌类型。地貌形态依据海拔和相对高差划分为6类，划分指标见表4.1。

表4.1　　　　　　　　　　地貌形态类型划分指标

地貌类型	绝对高程/m	切割强度	相对高度/m
极高山	≥5000	切割明显	>1000
高山	3500～5000	深切割高山	>1000
		中切割高山	500～1000
		浅切割高山	100～500
中山	1000～3500	深切割中山	>1000
		中切割中山	500～1000
		浅切割中山	100～500
低山	500～1000	中切割低山	100～200
		浅切割低山	50～100

续表

地貌类型	绝对高程/m	切割强度	相对高度/m
丘陵	<500	高丘	100~200
		中丘	50~100
		低（浅）丘	<50
平原		平坦开阔	相对高差很小

（2）坡地特征。坡地特征包括坡度、坡长、坡向等，划分见表 4.2～表 4.4。

表 4.2   坡 度 分 级 表

名称	部门	平坡	缓坡	斜坡	陡坡	急坡	险坡
坡度/(°)	水保	<5	5~8	8~15	15~25	25~35	>35
	林业	<5	5~15	15~25	25~35	35~45	>45

表 4.3   坡 长 分 级 表

坡名	短坡	中长坡	长坡	超长坡
坡长/m	<20	20~50	50~100	>100

表 4.4   坡 向 划 分 表

四分法	阴坡	半阴坡	阳坡	半阳坡
方位角/(°)	337.5~22.5	22.5~157.5	157.5~202.5	202.5~337.5
三分法	阴坡	半阴半阳		阳坡
方位角/(°)	337.5~22.5	22.5~157.5，202.5~337.5		157.5~202.5
二分法	阳坡		阴坡	
方位角/(°)	67.5~247.5		247.5~67.5	

坡度是地貌形态特征的主要因素，又是影响坡面侵蚀的重要因素。有坡度的地面，就有地势高差，地势高差是产生水流能量的根源。坡度大小直接决定了径流冲刷能力，并对土壤侵蚀有重要影响。除此之外，坡度大小还影响渗透量与径流量。测坡度有经纬仪、测斜仪和手持水准仪、GPR 等。

坡向为坡面的倾斜方向。坡向有阳坡、阴坡之分。

坡面的形态称为坡形。坡形不同会导致坡面降雨径流的再分配，改变径流方向、流速和深度，直接影响侵蚀方式和侵蚀强度。坡形一般分为直线坡、凹形坡、形坡和复合坡 4 种。坡形对土壤的侵蚀，实际上是坡度、坡长两因素综合影响的结果。

此外，还有流域形状系数、沟谷长度、沟谷密度、沟谷割裂强度、主沟道纵比降、地理位置等。

3. 气象

气候因素是影响土壤侵蚀的主要外营力。主要影响土壤侵蚀的因素包括气候类型与分布、气温与地温、不小于 10℃积温、降水量、蒸发量、无霜期、干燥指数、太阳辐射与日照等。风蚀区还包括风速与风向、大风日等。重点说明以下几个指标的监测。

（1）降水测定。

1）降雨量。降水是陆地水分的主要来源。降至林冠上空或空旷地上的水量称为总降水量，一般以单位面积上水层的深度（mm）来表示。降雨观测多采用雨量筒、自记雨量计，常用的自记雨量计有虹吸式、翻斗式，浮子式和综合记录仪等数种。其原理是用一定口径面积的承雨器收集大气降水，并集中于储水器中，或通过一定传感装置记录数量过程，最后利用特制的量雨杯测出降雨量。量雨筒记录次降雨，虹吸式记录降雨变化过程。

2）降雨强度。单位时间内的降雨量，称为降雨强度。监测降雨强度，对阐明土壤侵蚀极为重要。水土保持中常用的降雨强度指标有平均降雨强度、瞬时降雨强度等。平均降雨强度是指次降雨平均强度，单位为 mm/min 或 m/h，它是降雨量与降雨历时的比值，反映侵蚀的平均状况。瞬时降雨强度指降雨过程中影响侵蚀最明显的某一时段的平均降雨强度，常用的瞬时降雨强度有 I_{10}、I_{30}、I_{60} 等，它是在次降雨过程中降雨强度最大的 10min、30min、60min 中的平均强度。

3）降雨侵蚀力。降雨侵蚀力是表达雨滴溅蚀、扰动薄层水流，增加径流冲刷和挟带搬运泥沙的能力，它并非物理学中"力"的概念，而是降雨侵蚀作用强弱大小的一个表达式，通常用 R 表示。雨滴动能和雨强两个特征值的乘积，可计算降雨侵蚀力。雨滴动能可由经验公式求得：

$$E = 23.49 I^{0.27} \tag{4.1}$$

式中　E——降雨雨滴动能，$J/(m^2 \cdot mm)$；

　　　I——降雨强度，mm/min。

在水土保持监测过程中，对降水因素的监测主要使用雨量计、量雨筒等设备。

（2）风速风向。风是造成风力侵蚀的营力，对风的观测是风蚀监测中的主要内容，风速是指单位时间内空气移动的水平距离，以 m/s 为单位。风向是指风的来向。风速风向的监测有人工观测和自动观测两种方法。风向、风速观测可以用电接式风向风速仪和手持轻便三杯风向风速仪。在观测时，同时计算风向和风速频率。

（3）蒸发量。蒸发量是指地面、水面等在自然状态下蒸发损失水分的平均深度。水面蒸发是用一定口径的蒸发器测定的水因蒸发而降低的深度。地面蒸发也称土壤蒸发，是在不同处理下测定土壤含水率，利用蒸发期前后两次测值之差，再转换成水深而得出。目前应用最多的是蒸发器。

4．土壤

土壤是侵蚀的对象，对土壤特性的监测是水土保持监测中的重要内容。土壤因素指标主要包括土壤类型及其土壤质地与组成、有效土层厚度等指标，或者地面物质的组分及其构成比例。

（1）土壤类型。我国的土壤分类主要依据土壤的发生学原则，即把成土因素、成土过程和土壤属性（较稳定的形态特征）三者结合起来考虑；同时，把耕作土与自然土作为统一的整体来考虑，注意了生产上的实用性，形成我国土壤分类系统。土壤分类采用土纲、土类、亚类、土属、土种、变种六级的等级分类制，我国土壤共 12 个土纲、27 个亚纲、61 个土类（具体分类可见《中国土壤分类暂行草案》）。土壤类型一般采用现场调查的方法，结合相关资料研究成果确定。

（2）土壤质地。土壤质地是指颗粒的相对含量，也称机械组成。将颗粒组成相近而土壤性质相似的土壤划分为一类并给予一定名称，称为土壤质地类型。我国分为砂土、壤土和黏土三类。砂土类以砂粒含量划分为粗砂土、细砂土、面砂土和砂粉土；黏土类以黏粒含量划分为砂黏土、粉黏土、壤黏土和黏土；壤土类划分为粉土、粉壤土、黏壤土（具体分类标准可参见中国科学院南京土壤研究所《中国土壤分类暂行草案》）。

（3）土壤容重与比重、孔隙度。土壤容重指单位容积的原状土壤的干重，单位为 g/cm^2，采用环刀法测定；土壤比重固体土粒的密度与水的密度之比，无量纲，采用比重瓶法测定；土壤孔隙度是指单位土壤总容积中的孔隙容积，一般以百分数表示。在测定了容重和比重这两项指标后，可通过公式计算出孔隙度。

（4）土壤厚度。土壤厚度也称有效土层厚度，是指能够为植物根系发育生长提供和调节水、养分的土壤厚度。通过开挖土壤剖面判别土壤发生层次后测得。根据土层厚度，土壤厚度可分为薄土、中土、厚土 3 类，见表 4.5。

表 4.5　　　　　　　　　　土壤厚度的划分

北方	薄 土		中 土		厚 土	
土层厚度/cm	<30		30~60		>60	
南方	1 级	2 级	3 级	4 级	5 级	6 级
土层厚度/cm	<5	5~15	15~30	30~70	70~100	>100

（5）土壤水分。土壤含水量是表示土壤干湿状况的指标。土壤含水量有质量含水量与体积含水量之分。质量含水量指土壤中水分的重量占土壤重量的百分比。体积含水量是土壤中水分的体积占土壤体积的百分比。测定方法有烘干法、中子仪法、FDR法、TDR 法等。在条件有限的情况下，也可采用土钻取样，然后使用酒精燃烧法快速测定土壤水分含量。

（6）土壤入渗。土壤渗透速率是描述水分在土壤中运移速率的指标，是决定地表径流形成的关键因素，也是反映植被改良土壤效果的主要指标。土壤渗透速率测定采用双环法。双环法测定土壤的渗透性能时，测定点的微地形应该为水平状态。除双环法外，还可以用张力入渗仪测定。

稳渗速率计算公式为

$$i_s = \frac{0.42\Delta h}{\Delta t(0.7+0.03T)} \tag{4.2}$$

式中　i_s——10℃标准水温下的土壤入渗速率，mm/min；

　　Δh——某时段 Δt 供水桶供水的水位差，mm；

　　Δt——入渗时段，min；

　　T——该时段的平均水温，℃。

5. 植被因子

植被因子监测选取有代表性的地块作为标准地或样地，按照乔木林、灌木林、草地不同规格的投影面积标准大小，调查标准地或样地内的植物多样性、生物量、成活率、冠幅、地径、盖度与密度、生长率、树龄、持水量和其他群落状况。

（1）样地的选择。一般乔木林地中设置的标准地为 10m×10m 或者 30m×30m，灌木林地多为 2m×2m 或者 3m×3m，草地、作物植被为 1m×1m 或者 2m×2m。植被物种组成及数量用设样实测法。

（2）植被覆盖指标及测定。覆盖度是指低矮植被冠层覆盖地表的程度，简称盖度。草地盖度测定有针刺法和方格法。针刺法是在测定范围内选取 1m² 小样方内，借助钢尺均匀划出 100 个测点，用粗约 2mm 的细针，在测点上方垂直插下，针与草相接触即算"有"，如不接触则算"无"，最后计算"有"的出现率即为盖度。方格法是利用预先制成面积为 1 的正方形木架，内用经纬绳线分为 100 个的小方格，将方格木放置在样方内的草地上，数出草的茎叶所占方格数，即可算出草地盖度。植被覆盖率是指植被（林、灌、草）冠层的枝叶覆盖遮蔽地面面积与区域（或流域）总土地面积的百分比。

$$覆盖率 = \frac{\sum C_i A_i}{A} \times 100\% \qquad (4.3)$$

式中　　C_i——林地、草地郁闭度或盖度，%；

　　　　A_i——相应郁闭度、盖度的面积，km²；

　　　　A——流域总面积，km²。

植被郁闭度是指树木冠层、枝、叶的垂直投影占调查样方面积的百分数，它反映了植被生长的旺盛、浓密或稀疏程度。常用的方法为树冠投影法即实测立木投影范围勾绘到图上，再量算面积，计算出郁闭度。对于灌木和草枝叶覆盖地面程度的监测方法还有照相法。照相法要求把相机固定在一定的高度，并使镜头保持水平状态。为此相机配备装置有：一根可伸缩的套杆安装在三脚支架顶部，套杆顶端垂掉下一个长方形铝盒，盒中放置照相机，相机镜头垂直朝下；在铝盒的底部开口，让相机镜头露出铝盒并垂直向下。测定植被冠层也可用多光谱相机。通过这款仪器，可方便得到高分辨率的灰度或红、绿的近红外波段的图像，进一步通过软件处理得到其他参数。

（3）生物量。生物量调查测算方法较多，一般草地生物量用样地全部收割法称重；对灌木亦可采用收割法或标准株法。标准株法是选取样地中的标准株（地径、高度、冠幅均为平均值），伐倒称重，或分秆、枝、叶等称重计算出全株重，再算出样区生物量。

（4）植株持水量。挖取草本植物称重后，用剪刀剪取地上部分称重后浸入水中，6h 后称重；剪取灌木地上部分称重后，取一些样品称重后浸入水中，6h 后称重。

4.2.1.2　社会经济因子

1. 社会因子

（1）人口劳力调查。人口调查着重调查人口总数、人口密度、城镇人口、农村人口、农村人口中从事农业和非农业生产的人口；各类人口的自然增长率；人口素质、文化水平等。调查方法主要是从乡、村行政部门收集有关资料，按小流域进行统计计算。劳力调查着重调查研究现在劳力总数，其中城镇劳力与农村劳力，农村劳力中男、女、全、半劳力，从事农业与非农业生产的劳力；各类劳力的自然增长率。

（2）农村各业生产调查。农村农业生产调查着重调查农、林、牧、副、渔各业在土地利用面积、使用劳力数量、年均产值和年均收入等各占农村总生产的比重。

（3）农村群众生活调查。

2. 经济因子

经济因子有国民生产总值、农业产值、粮食总产量、粮食单产量、农民年均产值。

4.2.2 水土流失状况监测

4.2.2.1 水蚀

1. 径流小区

降雨或融雪时形成的沿坡面向下流动的水流为坡面径流，这些流动的水流携带的泥沙量为侵蚀量。坡面径流量、侵蚀量多采用径流小区进行观测。径流小区法是对坡地和小流域水土流失规律进行定量研究的一种重要方法。标准小区的定义是选取垂直投影长20m、宽5m、坡度为5°或15°的坡面，经耕耙整理后，纵横向平整，至少撂荒1年，无植被覆盖的小区。径流小区一般由边墙、边墙围成的小区、集流槽、集蓄径流和泥沙物设施、保护带以及排水系统组成。

4.5 水土流失状况监测（一）

径流观测是坡面小区测验中基本的测验项目，目的是通过径流观测与计算，定量说明其产生径流的多少、径流深、系数和径流模数等。

用径流设备量测浑水径流总量，有了此值，就可以计算清水径流总量（W）及径流深（h）和径流系数（∂）、径流模数（M_ω）：

$$W = W_浑 - V_泥 \tag{4.4}$$

$$h = \frac{W}{A} \times 1000 \tag{4.5}$$

$$\partial = \frac{h}{P} \tag{4.6}$$

$$M_\omega = 10^6 \frac{W}{A} \tag{4.7}$$

式中　W——清水径流总量，m^3；

　　　h——径流深，mm；

　　　∂——径流系数（小数）；

　　　M_ω——径流模数，m^3/km；

　　　$W_浑$——含泥沙的浑水径流总量，m^3；

　　　$V_泥$——浑水中的泥沙体积，m^3，由泥沙测验与计算得出；

　　　A——小区面积，m^2；

　　　P——该次降雨量，mm；

1000，10^6——计算换算常数。

泥沙观测是坡面小区测验的又一基本项目，目的通过测验与计算，定量说明坡面侵蚀产生泥沙的数量特征，并依此计算侵蚀深、侵蚀模数等。量测浑水体积（V_i）及烘干称重的泥沙重（G_i），有了这两值即可按下式计算出含沙量（ρ_i）：

$$\rho_i = \frac{G_i}{V_i} \tag{4.8}$$

将取得的两个重复样 ρ_1、ρ_2 相加，求得平均含沙量 $\bar{\rho}$。

再与相应的浑水体积相乘，得含沙总重，并将泥沙重换算成体积：

$$G_{泥} = V_{浑}\,\bar{\rho} \tag{4.9}$$

$$V_{泥} = \frac{G_{泥}}{\gamma} \tag{4.10}$$

式中　$G_{泥}$——水中泥沙重量，g 或 kg；

　　　$V_{浑}$——浑水体积，L 或 m^3；

　　　$\bar{\rho}$——浑水样中平均含沙量，g/L 或 kg/m^3；

　　　$V_{泥}$——浑水中泥沙的体积，L 或 m^3；

　　　γ——泥沙容重，g/cm^3。

将收集系统中同一次降水测得的泥沙量相加。得到该次降雨侵蚀的泥沙总重量 $G_{泥总}$ 和总体积 $V_{泥总}$。据此可计算侵蚀模数（M_s）和侵蚀深（H_s）：

$$M_s = 10^3 \frac{G_{泥总}}{A} \tag{4.11}$$

$$H_s = \frac{V_{泥总}}{A} \times 100 \tag{4.12}$$

式中　M_s——侵蚀模数，t/km^2；

　　　$G_{泥总}$——测得的侵蚀泥沙总重，kg；

　　　$V_{泥总}$——测得的侵蚀泥沙体积，m^3；

　　　A——小区面积，m^2；

　　　H_s——该小区本次降雨侵蚀深，cm。

泥沙观测通过测验与计算，定量说明坡面侵蚀产生泥沙的数量特征，并依此计算侵蚀深、侵蚀模数。

2. 简易观测场（测钎法）

简易土壤流失观测场是利用一组测钎观测坡面水土流失的设施，常采用 9 根测钎并按"田"字形设置。当坡面大而较完整时，可从坡顶到坡脚全面设置测钎，并增大测钎密度。测钎间距一般为 3m×3m 或 5m×5m。

它的基本原理是在选定的具有代表性的监测坡面上，按照一定的间距将直径为 5mm 的不锈钢钎子布设在整个坡面上，钎子上刻有刻度，一般以 0 为中心上下标出 5cm 的刻度，最小刻度为 1mm。监测时将测钎垂直插入地表，保持 0 刻度与地面齐平，在监测期内监测测钎的读数，将本次读数与上次读数相减，差值为负则表明在监测期内发生了侵蚀，侵蚀强度可以用平均差值计算得到。当差值为正值时，说明监测坡面发生了泥沙沉积，沉积量的大小也可以通过平均差异计算得到。

此法误差大，但简单易行、操作方便，在侵蚀比较强烈的工程建设项目的快速监测中应用广泛。

观测流失前后测钎露出高度差，求算流失厚度。

土壤流失量计算公式为

$$S_T = \frac{\gamma_s SL}{1000\alpha}$$ (4.13)

式中　S_T——土壤流失总量，kg；

　　　γ_s——侵蚀泥沙容重，kg/m³；

　　　S——简易水土流失观测场水平投影面积，m²；

　　　L——平均土壤流失厚度，mm；

　　　α——简易土壤流失观测场坡度。

3. 坡面细沟侵蚀

野外监测细沟水土流失，一般选择有代表性的区段作为样地进行观测。细沟土壤流失量常采用断面量测法和填土置换法来观测。

(1) 断面量测法。断面量测法是用量测侵蚀细沟的断面（宽、深）及断面距来计算其侵蚀量的方法。在小区内从坡上到坡下，布设若干断面，量测每一断面细沟的深度和宽度（精确到毫米），并累加求出该断面总深度和总宽度，直至测完每一个断面。计算侵蚀量如下：

等距布设断面

$$V_{总} = \sum (\overline{\omega}_i h_i) L$$ (4.14)

不等距布设断面

$$V_{总} = \sum (\overline{\omega}_i h_i l_i)$$ (4.15)

式中　$V_{总}$——细沟侵蚀总体积，m³；

　　　$\overline{\omega}_i$、h_i——某断面细沟的总宽度和总深度，m；

　　　L、l_i——等距布设断面细沟长和不等距布设断面代表区的细沟长度，m。

(2) 填土置换法。填土置换法是用一定的备用细土（V_0）回填到细沟中，稍压密实，并刮去多余细土，与细沟两缘齐平，直至填完细沟，量出剩余备用细土体积（V_t），两者之差即为细沟侵蚀体积（$V = V_0 - V_t$）。

4. 泥沙收集

在坡面下方设置蓄水池，在坡脚周边设置集沙池（沉沙池），在排水渠上建沉沙池等，这些收集径流和泥沙的设施就是泥沙收集器。

测出水流中悬移质与推移质重量比之后，利用量测沉沙池泥沙厚度（在沉沙池的四个角分别量测）和侵蚀泥沙的容重，可以计算沉沙池以上区域的土壤侵蚀量。

悬移质泥沙：一般在断面中心垂直测线上用三点法（$0.2H$、$0.6H$、$0.8H$）或二点法（$0.2H$、$0.8H$）取样（H 为水深），取样 2～3 次，并与测速同时进行。

取得水样后倒入样筒，并立即量积，然后静置足够时间，吸去上部清水，放入烘箱烘干，取出称重得到水样中干泥沙量。将重复样相加（浑水体积与泥沙干重）求平均值、得该次该点泥沙样值，则单位含沙量 ρ 为

$$\rho = \frac{W_s}{V}$$ (4.16)

式中　ρ——含沙量，kg/m^3；

$\qquad W_s$——水样泥沙干重，kg；

$\qquad V$——浑水体积，m^3。

推移质计算：采样器采集沙样后·经烘干得泥沙干重，就可用图解法或分析法计算推移输沙率。需先计算各垂线上单位预算宽度推移质基本输沙率，公式为

$$q_b = \frac{W_b}{tb_k} \qquad (4.17)$$

式中　q_b——垂线基本输沙率，$g/(s \cdot m)$；

$\qquad W_b$——采样器取得的干沙重，g；

$\qquad t$——取样历时，s；

$\qquad b_k$——采样器进口宽度，m。

沉沙池以上区域的土壤侵蚀量，计算式为

$$S_T = \left(\frac{h_1 + h_2 + h_3 + h_4}{4} \right) S\gamma_s \left(1 + \frac{X}{T} \right) \qquad (4.18)$$

式中　S_T——排水渠控制的汇水区域侵蚀总量，kg；

$\qquad h$——沉沙池四角的泥沙厚度，m；

$\qquad S$——沉沙池底面面积，m^2；

$\qquad \gamma_s$——侵蚀土壤容重，kg/m^3；

$\qquad \dfrac{X}{T}$——侵蚀径流泥沙中悬移质与推移质重量之比。

5. 控制站法

控制站法适用于边界明确、有集中出口的集水区内生产建设活动产生土壤流失量监测。每次降雨产流时应观测泥沙量、计算土壤流失量。控制站的选址与布设应依据《水土保持监测技术规程》（SL 277—2002）和《水土保持试验规程》（SL 419—2008）规定执行。建设时，应根据沟道基流情况确定监测基准面。水尺应坚固耐用，便于观测和养护；所设最高、最低水尺应确保最高、最低水位的观测；应根据水尺断面测量结果，率定水位流量关系。断面设计时，应注意测流槽尾端堆积；结构设计和建筑材料选择应保证测流断坚固耐用。

若需与未扰动原地貌的流失状况对比时，可选择全国水土保持监测网络中邻近的小流域控制站作参照。

4.2.2.2　风蚀

风蚀的主要监测内容包括风蚀影响因素的监测、风蚀量的监测及风蚀危害与防治（降水和温度的变化、地表植被覆盖度和土壤水分的变化、土地利用变化和大气降尘）的监测。下面介绍几种常用的监测方法。

1. 简易风蚀观测场

简易风蚀观测场，应选择具有代表性、无较大干扰的地面作为监测点，一般为长方形或正方形，面积不应小于 $10m \times 10m \sim 20m \times 20m$。每块样地设置标桩不少于 9 根，下垫面均匀一致，周围设围栏保护，避免强烈干扰。标桩设置采用方格形、梅花

4.6　水土流失状况监测（二）

状、带状，尽量避免线状，标桩间距不应小于 2m。如果标桩按照长方形设置，常常将长方形的长边顺着主风向，短边与主风向垂直；如果标柱按照"田"字形设置，则可以不考虑风向。一般地，风蚀标桩的长度应该在 1～1.5m 甚至更长，宜埋入地面下 0.6～0.8m，宜露出地面 0.4～0.9m。

若需与未扰动原地貌的风力侵蚀状况对比，可选择全国水土保持监测网络中邻近的风力侵蚀观测场作参照。

2. 风蚀强度监测设备

风蚀强度监测设备主要包括以下三种。

(1) 测钎。测钎法是在风蚀区，选择有代表性的典型地段，沿主风方向，每隔一定距离（1m 或 2m）布设一测钎，每次吹风前后，观测一次测钎出露高度，直到一个完整的风季结束。配合风速观测，可以算出每次风或一年的风蚀模数。风蚀模数是对风蚀过程结果的度量指标，它能明确指出某地某时段的风蚀强度。适用于测量土壤风蚀及沉积动态变化。插钎为不易变形、热胀冷缩系数小、不易风化腐蚀的 5mm 粗、50cm 长的钢钎。观测起沙风前和起沙风后测钎出露的高度，用高度差来表示风蚀强度。在测点上垂直于主风向等距离插钎，在钎子上标刻度。在观测试验开始前布置一列标有刻度的钎子。在观测期内，固定的时间读数。然后平均，用前一次余量减去后一次余量，如果结果为负数表吹蚀，正数表堆积，最后换算成单位面积的土壤风蚀量。

(2) 风蚀桥。风蚀桥是用不易变形的金属制成的 Ⅱ 形框架，由两根桥腿和一根横梁组成。腿长 50cm，梁长 110cm，梁上每隔 10cm 刻画出测量用标记，并按一定顺序进行编号。风蚀桥观测法是测钎测深的改进方法。风蚀桥观测是用风蚀桥插入风蚀区地面，观测起沙风前和起沙风后风蚀桥面至地表高度的变化，用两者的高度差来表示风蚀强度。桥面上刻有测量用控相距离（10cm），在每个控相距离线上测定风蚀前后两次桥面到地面点的高度差，就能得出平均风蚀深，若再测出桥腿打入该地面物质的容重，就能算出当地风蚀模数。计算出的地面高程变化量就是风蚀厚度。风蚀桥下地面高程的变化量（风蚀量）ΔH_j 为

$$\Delta H_j = \sum_{i=1}^{n} \frac{\Delta H_i}{n} \tag{4.19}$$

式中　n——每个风蚀桥上观测的次数；

　　ΔH_j——大风前后（一定时段后）每个测量标记到地面距离的变化量。

(3) 集沙仪。风沙输移量是指在风的作用下单位时间段内从某一观测断面通过的沙量。风沙输移量是风蚀监测的重要指标之一，常用集沙仪进行监测。集沙仪分固定式和自动旋转式。除了上述仪器外，生产中也常用风蚀自动观测采集系统。将集沙仪收集口正对着来风方向，一般要求下缘与地表紧密吻贴，收集地面以上某一高度处面积（一般为宽度 3.0cm、高度 4～5cm 的矩形）的风沙量，并记录起沙风起止时间。野外风带风向多变，集沙时间不宜太长，对于大于 9m/s 的风，一般集沙 0.5～2min，对于小于 9m/s 的风，一般集沙 2～5min。一场起沙风结束后，将集沙仪收集袋内沙粒全部取出称重，即可得到风吹蚀物质的重量。将建设区垂直风向的长度乘以集沙仪

收集高（如 50cm），即为通过该区的风沙流断面面积，再乘以上述单位面积吹蚀物，或与单位面积单位时间风蚀物与起沙风的历时相乘，得该次起沙风的风蚀量。观测一年中（或监测期）的多次风蚀量，可得年（或监测期）总风蚀量。

单次起沙风的风蚀量：

$$G_i = 10G\frac{HL}{A} \tag{4.20}$$

单位面积风蚀量：

$$g_{it} = \frac{G}{A} \tag{4.21}$$

单位面积单位时间风蚀量：

$$g_i = \frac{G}{At} \tag{4.22}$$

监测期的风蚀量：

$$G_T = \sum_{i=1}^{n} G_i \tag{4.23}$$

式中　G_i——单次起沙风的风蚀量，kg；

　　　G——集沙仪收集的全部沙粒的重量，g；

　　　H——集沙仪收集高，m；

　　　L——建设区垂直风向的长度，m；

　　　A——集沙仪收集断面面积，cm^2；

　　　g_{it}——单次起沙风单位面积风蚀量，g/cm^2；

　　　g_i——单次起沙风单位面积单位时间风蚀量，$g/(cm^2 \cdot min)$；

　　　t——单次起沙风的历时，min；

　　　n——监测期内的起沙风次数；

　　　G_T——监测期的风蚀量，kg。

4.2.2.3　重力混合侵蚀

重力侵蚀系指坡面岩体、土体在重力作用下，失去平衡而发生位移的过程。我国重力侵蚀形式，有滑坡、泻溜、崩塌以及以重力为主兼有水力侵蚀作用的崩岗、泥石流等。对重力侵蚀的监测主要包括侵蚀形式及数量。

1. 滑坡监测

滑坡监测的内容有变形监测、相关因素监测、变形破坏宏观前兆监测。

（1）变形监测。变形监测包括位移监测、倾斜监测与滑坡变形有关的物理量监测。位移监测分为地表和地下的绝对位移和相对位移。其中，绝对位移指监测滑坡、崩塌的三维形成和变形相关因素监测 X、Y、Z 位移量、位移方向和位移速率。相对位移指监测滑坡、崩塌重点变形部位裂缝、崩滑面（带）等两侧点与点之间的相对位移量，包括张开、闭合、错动、抬升、下沉等。倾斜监测分为地面倾斜监测和地下倾斜监测，监测滑坡、崩塌的角变位与倾倒、倾摆变形及切层蠕滑。与滑坡变形有关的物理量监测有地应力、推力监测和地声、地温监测。

（2）相关因素监测。形成和变形相关因素监测包括地表水动态、地下水动态、气象变化、地震活动和人类活动。地表水动态包括与滑坡、崩塌形成和活动有关的地表水的水位、流量、含沙量等动态变化，以及地表水冲蚀情况和冲蚀作用对滑坡、崩塌的影响，分析地表水动态变化与滑坡、崩塌内地下水补给、径流、排泄的关系，进行地表水与滑坡、崩塌形成与稳定性的相关分析。地下水动态包括滑坡、崩塌范围内钻孔、井、洞、坑、盲沟等地下水的水位、水压、水量、水温、水质等动态变化，泉水的流量、水温、水质等动态变化，土体含水量等的动态变化。分析地下水补给、径流、排泄及其与地表水、大气降水的关系，进行地下水与滑坡、崩塌形成与稳定性的相关分析。气象变化包括降雨量、降雪量、融雪量、气温等，进行降水等与滑坡、崩塌形成与稳定性的相关分析。地震活动是指监测或收集附近及外围地震活动情况，分析地震对滑坡、崩塌形成与稳定性的影响。人类活动主要是与滑坡、崩塌的形成、活动有关的人类工程活动，包括洞掘、削坡、加载、爆破、振动，以及高山湖、水库或渠道渗漏、溃决等，并据以分析其对滑坡、崩塌形成与稳定性的影响。

（3）变形破坏宏观前兆监测。变形破坏宏观前兆监测包括宏观形变、宏观地声、动物异常观察、地表水和地下水宏观异常。宏观形变包括滑坡、崩塌变形破坏前常常出现的地表裂缝和前缘岩土体局部坍塌、鼓胀、剪出，以及建筑物或地面的破坏等。测量其产出部位、变形量及其变形速率。宏观地声是指监听在滑坡变形破坏前常常发出的宏观地声，及其发声地段。动物异常观察为观察滑坡变形破坏前其上动物（鸡、狗、牛、羊等）常常出现的异常活动现象。地表水和地下水宏观异常是监测滑坡、崩塌地段地表水、地下水水位突变（上升或下降）或水量突变（增大或减小），泉水突然消失、增大、变混或突然出现新泉等。

2. 泥石流监测

泥石流监测内容分为形成条件（固体物质来源、气象水文条件）监测、运动特征（流动动态要素动力要素和输移冲淤）监测、流体特征（物质组成及其物理化学性质）监测。

（1）形成条件监测。形成条件监测包括固体物质来源监测和气象水文条件监测。固体物质来源是泥石流形成的物质基础，应进行稳定状态监测、气象水文条件监测，重点监测降雨量和降雨历时。

（2）运动特征监测。运动特征监测包括流动动态监测、动力要素监测、输移冲淤监测等。动态要素监测包括爆发时间、历时、过程、类型、流态和流速、泥位、流面宽度、爬高、阵流次数、沟床纵横坡度变化、输移冲淤变化和堆积情况等，并取样分析，测定输砂率、输砂量或泥石流流量、总径流量、固体总径流量等。动力要素监测包括流体动压力、龙头冲击力、石块冲击力和泥石流地声频谱、振幅等。

（3）流体特征监测。流体特征监测包括固体物质组成（岩性或矿物成分）、块度、颗粒组成和流体稠度、重度（重力密度）、可溶盐等物理化学特性。

泥石流观测的基本方法是断面法。断面法是在泥石流频繁活动的沟谷，选择适于建设的观测断面和辅助断面、建立各种测流设施，如缆索、支架、探索泥沙设施、浮标投放设施等，来观测泥石流过程变化、历时、泥位、流量特征的方法。泥石流发生时，泥石流通过两断面（主断面和辅断面），由投放浮标可测得流速；主断面悬杆或继电器测泥石流泥位，并计时；并采集泥沙样品一个或多个。泥石流结束后，观测一次断面变化（主断面），并计算出过流面积。有了上述泥石流过流面积 W、流速 V、历时 t、取样测到的含沙量 ρ，不难算出以下泥石流特征值：

峰值流量：

$$Q_{max} = W_{max}V_{max} \qquad (4.24)$$

浆体径流量：

$$W = \overline{Q}t \qquad (4.25)$$

固体径流量：

$$W_s = W\overline{\rho} \qquad (4.26)$$

式中　W_{max}——泥石流最大时的过流断面积，m^2；

　　　V_{max}——最大流速，m/s；

　　　W——泥石流浆体的流出总量，m^3；

　　　$\overline{Q}$——泥石流全过程平均流量，m^3/s；

　　　t——泥石流全过程历时，s；

　　　W_s——泥石流夹带固体物质干质量，kg；

　　　$\overline{\rho}$——泥石流过程平均砂石含量，kg/m^3。

3. 泻溜监测

泻溜也称撒落，是指斜坡上的土（岩）体经风化作用，产生碎块或岩屑，在自身重力作用下沿坡面向下坠落或滚动的现象。泻溜物顺坡下落进入收集槽，可于每月、每季或每年清理收集槽中泻溜物称重（风干重），然后加总得年侵蚀量，用收集坡面面积去除得到单位面积侵蚀量，最后将坡面侵蚀量换算为平面侵蚀量即可：

$$M = M_b\cos\partial \qquad (4.27)$$

式中　M——投影面上单位面积侵蚀量，t；

　　　M_b——坡面上单位面积侵蚀量，t；

　　　∂——坡度，（°）。

泻溜观测有两种基本方法：集泥槽法和测针法。集泥槽法是在要观测的典型坡面底部，紧贴坡面用青砖砌筑收集槽，收集泻溜物，算出泻溜剥蚀量的方法。测针法是将细针（通常用细钉代替）按等距布设在要观测的裸露坡面上，从上到下形成观测带（若性一致也可以从左到右），带宽1m；若要设置重复，可邻布设两条观测带，通过定期观测测针坡面到两测针顶面连线距离的大小变化，计算出泻溜剥蚀的平均厚度。

$$B = \frac{L}{\cos\partial} \qquad (4.28)$$

$$S = AB = \frac{AL}{\cos\partial} \qquad (4.29)$$

式中　B——观测坡面的水平长度，m；

　　　A——观测坡面的水平宽度，m；

L——观测坡面的倾斜长度，m；

S——观测坡面面积，m^2；

∂——观测坡面的坡度，(°)。

应用泥槽法直接称重（风干），除以 S 得每平方米剥蚀量；应用测针法，在算出平均剥蚀厚度后乘以 $1m^2$ 得体积，再乘以（岩体）容重即得 $1m^2$ 斜面剥蚀重量，除以 $\cos\partial$ 即得每平方米侵蚀量。

4. 崩岗监测

崩岗通常指的是发育于红土丘陵地区冲沟沟头因不断的崩塌和陷落作用而形成的一种转椅状侵蚀。崩岗的监测一般均采用排桩法，即在崩岗区设置基准桩和测桩。

4.2.2.4 冻融侵蚀

1. 寒冻剥蚀观测

由于昼夜温差大，岩石节理中水分白天消融下渗，晚间冻结膨胀，反复作用破坏岩体。在高山上，长期处于低温状态，表层岩石的冻缩产生裂隙形成寒冻崩解，使岩体破坏，相当于水蚀中面状剥蚀。本项观测使用收集法或测钎法。收集法需要在观测的裸岩坡面坡脚设一收集容器，定期称重该容器内的剥蚀坠积物并量测坡面面积和坡度，即可获得剥蚀强度。当坡面岩石变化大，剥蚀差异明显可采用测钎法。测钎布设时，尽量利用岩层裂缝或层间裂缝，使测钎呈排状，间距可控制在 1.5～2.0m，量测钎顶连线到坡面的距离，并比较两期的测量值，即可知剥蚀厚度。

2. 热融侵蚀观测

热融侵蚀从形式上看是地表的变形与位移，可应用排桩法结合典型调查来进行。在要观测的坡面布设若干排桩及几个固定基准桩，由基准桩对测柱逐个做定位和高程测量并绘制平面图，然后定期观测。当热融侵蚀开始发生或发生后，通过再次观测，并量测侵蚀厚度，由图量算面积，即可算出侵蚀体积。

4.2.3 水土流失危害监测

水土流失危害调查的方法主要是向水利部等部门收集有关对当地和下游河道的危害资料，并进行局部现场调查验证，着重调查降低土壤肥力、破坏地面完整及由于其危害造成当地人民生活贫困、社会经济落后，对农业、工业、商业、交通、教育等各业带来的不利影响。

4.2.3.1 对当地的危害

减少土地资源数量、土地质量下降（有效土层变薄、土壤肥力下降、土壤质量恶化和土壤污染）、可利用土地资源经济损失。

对侵蚀活跃的沟头，现场调查其近几十年来的前进速度（m/a），年均吞噬土地的面积（hm^2/a）。用若干年前的航片、卫片，与近年的航片、卫片对照，调查由于沟壑发展使沟壑密度（km/km^2）和沟壑面积（km^2）增加，相应地使可利用的土地减少。

4.2.3.2 对下游的危害

对下游的危害着重调查加剧洪涝灾害，泥沙淤塞水库、塘坝、农田及河道、湖泊和港口等。

4.2.3.3　泥沙淤积危害

泥沙淤积危害包括危害主体工程、危害设施利用、洪涝灾害等。

4.2.3.4　水资源污染

水资源污染包括水体富营养物质、非营养物质、病菌等。

任务 4.3　水土保持措施监测

水土保持综合治理措施主要分为水土保持工程措施、水土保持林草措施、水土保持农业耕作措施等类型。我国根据兴修目的及其应用条件，水土保持工程措施可分为山坡防护工程、山沟治理工程、山洪排导工程、小型蓄水用水工程。

水土保持措施监测，主要采用定期实地勘测与不定期全面巡查相结合的方法，同时记录和分析措施的实施进度、数量与质量、规格，及时为水土流失防治提供信息。

不同水土保持措施的监测指标见表 4.6。

表 4.6　　　　　　　　　　　　不同水土保持措施的监测指标

措施类型	措施名称	监　测　指　标
工程措施	梯田	梯田面积、工程量
	沟头防护工程	工程数量、工程量
	谷坊	谷坊数量、工程量、拦蓄泥沙量、淤地面积
	淤地坝	数量、工程量、坝控面积、库容、淤地面积
	小型排引水工程	截水沟数量、截水沟容积、排水沟数量、沉沙池数量、沉沙池容积、蓄水池数量、蓄水池容积、节水灌溉面积
植物措施	林草	乔木林面积、灌木林面积、林木密度、树高、胸径、树龄、生物量、草地面积
耕作措施	耕作措施	等高耕作种植面积、水平沟种植面积、间作套种面积、草田轮作面积、种植绿肥面积

4.7　水土保持工程措施监测

4.3.1　工程措施

4.3.1.1　梯田

梯田是对原坡耕地经人工或机械修筑，且具有一定水土保持功能的阶梯状农田。梯田有水平梯田、坡式梯田、隔坡梯田 3 类。

梯田面积一般由实地测量其平均宽度和长度相乘算出，也可由航片或土地利用勾绘，再用求积仪量测。

水平梯田面积计算，应扣除埂坎占地面积。

埂坎占地面积计算式为

$$S = LH \cot \partial \tag{4.30}$$

$$H = B_m \tan \theta \tag{4.31}$$

式中　L——埂坎长度，m；

　　　H——埂坎高度，m；

B_m——梯田毛宽，即梯田宽与埂坎宽之和；

∂，θ——埂坎坡角与原坡面坡度，(°)。

坡式梯田需将图面水平宽度换成斜坡宽，并扣除地埂占地。

斜坡宽 B 的计算式为

$$B = B/\cos\theta \tag{4.32}$$

梯田工程量是指修筑单位面积水平梯田的平均动土量与面积的乘积、平均土方移动量与面积的乘积。

单位面积土方量：

$$v = \frac{1}{8}BHL \tag{4.33}$$

每公顷面积土方量：

$$V = 1250H \tag{4.34}$$

单位面积土方运移量：

$$\overline{\omega} = \frac{1}{12}B^2HL \tag{4.35}$$

每公顷面积土方运移量：

$$W = 104.1BH \tag{4.36}$$

式中　v，V——土方量，m³；

$\qquad$ H——梯埂高度，m；

$\qquad$ L——单位面积梯埂长，m；

$\qquad$ $\overline{\omega}$，W——土方运移量，m³·m。

应该说明，上述土方量及运移量均未包括拦蓄埂的方量的工作量。

4.3.1.2　沟头防护工程

沟头防护是为了防治坡面径流下泄，引发沟头溯源侵蚀的小型治沟工程。沟头防护数量指已修建，并发挥蓄水或护沟功能的数量，单位为座（处）或 m。

沟头防护工程量是指修建该工程动用的土石方量，单位为 m³。

蓄水式沟头防护工程可在实地量测围埂长度、宽度（底宽和顶宽）和高度后计算出工程量；排水式沟头防护工程也可实地量测或由设计算出。

4.3.1.3　谷坊

在沟底下切侵蚀剧烈的沟道中，为巩固和抬高沟床、稳定沟坡而修建的小型治沟工程，称为谷坊。

修建完成并已发挥功能的谷坊数量，即谷坊数量，单位为座。

修建谷坊所动用土石方的数量，即谷坊工程量，单位为 m³。

一般可通过实际量测谷坊的底宽、顶宽、谷坊高和长度几个基本要素计算出来。

谷坊拦沙量和淤地面积是指已拦蓄泥沙量和已淤出可利用的土地面积。

拦蓄泥沙量、淤地面积在未淤满全部容量前是一个变数，实地测量。淤积宽、长，最大深度，谷坊上下游坡比、溢洪口高，以及沟谷断面变化、沟谷纵坡降等要素，计算出拦泥体积、淤地面积。

全部容积淤满，在无损情况下保持不变。若工程毁损，还应减去拦沙量、淤地面积或实际损失部分。

4.3.1.4　淤地坝

淤地坝是我国北方黄土区在沟谷修建的规格较大，以拦泥淤地为主要目的的治沟工程。淤地坝数量是指已建成，并正在发挥拦泥作用或正常种植生产的坝数量，单位为座。

测量淤积面高程，就能从水位（高程）-库容关系曲线和水位（高程）-淤积面积关系曲线上查出淤积泥沙体积和淤积面积。

淤地坝工程量是指修建淤地坝动用的土方和石方的总体积，单位为 m^3。本指标采集多由设计图上计算得出。

4.3.1.5　小型排引水工程

用于减少坡长和截留坡面径流的沟槽，称为截水沟，单位为 m。

排水沟是在南方多雨区的坡面上，为防治坡面冲刷而设置的集流排泄沟槽，单位为 m。

沉沙池设在坡面径流汇集的浅沟，用以沉积泥沙，单位为座。

蓄水池设于坡面径流汇集的沟槽中，用于拦蓄和利用径流。

上述数量由现场调查统计得出。

截水沟容积由测量取得、沉沙池和蓄水池需由实地典型调查取得。

4.3.2　植物措施

4.3.2.1　水土保持林面积

水土保持林是指干旱、风沙、水土流失等危害严重地区，以改善生态环境、涵养水源、保持水土等为目的而营造和经营的森林。

水土保持林面积的采集一般通过实地调查，现场勾绘图斑，然后量算得出；若有近期航片或卫片，也可以通过建立判别标志，用遥感资料提取。

4.8　水土保持植物措施和耕作措施监测

4.3.2.2　林木密度

林木密度是指单位面积上栽植和生长林木的株数，单位为株/hm^2。

林木密度指标采集由样地调查取得。每块样地大小分别是乔木林为 10m×10m 或 30m×30m，灌木林为 5m×5m，经济林一般为 5m×5m～30m×30m。样地多少由抽样比例决定，抽样比例见表 4.7。

表 4.7　　　　　　　　林地调查抽样比例

造林面积/hm^2	<10	10～50	>50
抽样比例/%	3～5	2～3	1～2

林草面积核查，可以用 GPS 等测量工具现场量测林草地面积，并调绘在地形图上进行面积核查。

4.3.2.3　生物生产量

测定生物量的基本方法是在选设有代表性样地内，采用如下方法。

1. 实测法

对乔木、灌木全部伐倒，分别测茎干、枝、叶、果等器官的重量；对草本则全部刈割，风干称重。

2. 平均木法

在样地内选取具有林分平均胸径和树高的样株伐倒，分别称重不同器官，再与总株数相乘而得到。

3. 相关曲线法

对已实测到的生物量与胸径、树高建立相关曲线；然后，利用该曲线在测得的胸径、树高后代入，求出生物量。

4. 水土保持草地

水土保持草地面积是指天然草地及各种荒地上人工种植、更新、退耕还草、封禁育草、过牧退化草场补种等方式，形成具有水土保持作用，促进牧副业发展，增加经济收益的草地面积，单位为 hm^2。草地面积采集方法同水土保持林面积采集方法。

更新草地是指放牧或刈割，兼有水土保持作用，并依据多年生草类的生理特点，生长多年后需进行更新或换种的草地。本指标由调查或统计得出。

4.3.3 耕作措施

耕作措施是指通过农事耕作以改变微地形、增加地表覆盖、增加土壤入渗等提高土壤抗蚀性能、保水保土，防治土壤侵蚀的方式。

4.3.3.1 改变微地形措施

等高耕作是一种沿等高线耕作种植的方式，能够减轻水土流失、提高作物产量。种植面积多用现场量测方法，也可用调绘填图法，然后在室内量图统计取得。

水平沟种植也称沟垄种植，在坡地上沿等高线用套二犁的方法耕作，形成沟垄相间的地面，蓄水减蚀作用较好，单位为 hm^2。采集方法同等高耕作。

4.3.3.2 增加地面覆盖措施

间作与套种指在同一坡面上同期种植两种（或两种以上）作物，或先后（不同期）种植两种作物，以增加地面覆盖度和延长覆盖时间，减轻水土流失。采用该法种植的面积为间作套种面积，单位为 hm^2。采集方法同水平种植。

在一些地多人少的农区或半农半牧区，实行草田（粮）轮作种植以代替轮歇撂荒，改良土壤，保持水土，采用该法种植的面积，即为轮作面积，单位为 hm^2。采集方法同水平种植。

为了培肥地力而短期种植毛苕子、草木樨等豆科牧草，待要种植下茬作物前，将其刈割或直接翻压于土壤中，增加土壤有机质，称为种植绿肥，种植面积为 hm^2，一般通过现场调查或访问得出。

4.3.3.3 增加土壤入渗措施

利用物理和化学的方法，改变土壤性状，增加入渗，削弱侵蚀力，提高抗蚀能力。采用该法的面积即增渗保土面积，单位为 hm^2。采集方法同水平种植。

留茬播种亦称免耕，残茬覆盖也称覆盖种植，单位为 hm^2。采集方法同水平种植。

任务 4.4　生产建设项目水土保持监测

4.9　生产建设项目水土保持监测的主要任务、程序和依据

4.4.1　监测的主要任务和程序

4.4.1.1　监测的目的和任务

1. 目的

生产建设项目水土保持监测是《中华人民共和国水土保持法》的法定职责。生产建设项目水土保持监测为生产建设项目的实施和监管服务。通过全程监测监控，实现全过程、全方位的监督管理，提高监督管理工作的针对性、时效性和有效性。

生产建设项目水土保持监测可掌握人为水土流失规律。通过分析总结变化规律及其对环境的影响，不断丰富水土保持监测的基础理论和应用技术，推动整个水土保持科学技术迈上新台阶。

2. 任务

生产建设项目水土保持监测是为了落实好水土保持方案，加强水土保持设计和施工管理，优化水土流失防治措施，协调水土保持工程与主体工程建设进度；及时、准确掌握生产建设项目水土流失状况和防治效果，提出水土保持改进措施，减少人为水土流失；及时发现重大水土流失危害隐患，提出水土流失防治对策建议；提供水土保持监督管理技术依据和公众监督基础信息，促进项目区生态环境的有效保护和及时恢复。

4.4.1.2　监测程序

生产建设项目水土保持监测一般划分为监测准备、现场监测、监测总结 3 个阶段。监测准备阶段主要工作为编制监测实施方案，组建监测项目部，监测人员进场。现场监测阶段主要工作包括全面开展监测，加强对重点区域如扰动土地、取土（石、料）、弃土（石、渣）等情况监测；监测单位每次现场监测后，应向建设单位及时提出水土保持监测意见；编制与报送水土保持监测季度报告。监测总结阶段主要工作为汇总、分析各阶段监测数据成果，分析评价防治效果，编制与报送水土保持监测总结报告。

4.4.2　监测的依据和类别

4.4.2.1　依据

监测主要依据如下：

（1）《中华人民共和国水土保持法》（中华人民共和国主席令第 39 号，1991 年 6 月 29 日通过，2010 年 12 月 25 日修订）。

（2）《浙江省水土保持条例》（2014 年 9 月 26 日浙江省第十二届人民代表大会常务委员会第十三次会议通过，2017 年 9 月 30 日修正，2020 年 11 月 27 日修正）。

（3）《浙江省水利厅关于印发浙江省生产建设项目水土保持管理办法的通知》（浙水保〔2019〕3 号）。

（4）《水利部办公厅关于进一步加强生产建设项目水土保持监测工作的通知》（办水保〔2020〕161 号）。

(5)《生产建设项目水土保持监测与评价标准》（GB/T 51240—2018）。

4.4.2.2　监测实施类别

根据《浙江省水土保持条例》第二十七条的规定：依照本条例第十九条规定需要编制水土保持方案报告书的生产建设项目，生产建设单位应当自行对生产建设活动造成的水土流失进行监测。占地面积五十公顷以上或者挖填土石方总量五十万立方米以上的生产建设项目，生产建设单位不具备相应监测能力的，应当委托具备水土保持监测技术条件的机构进行监测。

承担生产建设项目水土保持监测任务的单位，应当按照水土保持有关技术标准和水土保持方案的要求，根据不同生产建设项目的特点，明确监测内容、方法和频次，调查获取项目区水土流失背景值，定量分析评价自项目动土至投产使用过程中的水土流失状况和防治效果，及时向生产建设单位提出控制施工过程中水土流失的意见建议，并按规定向水行政主管部门定期报送监测情况。

4.4.3　监测范围和时段

4.4.3.1　监测的范围和分区

1. 范围

4.10　生产建设项目水土保持监测的范围、时段、方法和频次

生产建设项目水土保持监测范围应包括水土保持方案确定的水土流失防治责任范围，以及项目建设与生产过程中扰动与危害的其他区域。

2. 分区

生产建设项目水土保持监测分区应以水土保持方案确定的水土流失防治分区为基础，结合项目工程布局进行划分。

3. 重点区域

水土保持监测重点区域应为易发生水土流失、潜在流失量较大或发生水土流失后易造成严重影响的区域。不同类型生产建设项目水土保持监测重点区域应按下列规定选取。

（1）点型项目的监测重点区域主要应为主体工程施工区、施工生产生活区、大型开挖（填筑）面、取土（石、料）场、弃土（石、渣）场、临时堆土（石、渣）场、施工道路和集中排水区周边。

（2）线型项目的监测重点区域主要应为大型开挖（填筑）面、施工道路、取土（石、料）场、弃土（石、渣）场、穿（跨）越工程、土石料临时转运场和集中排水区周边。

监测的重点包括水土保持方案落实情况，取土（石、料）场、弃土（石、渣）场使用情况及安全要求落实情况，扰动土地及植被占压情况，水土保持措施（含临时防护措施）实施状况，水土保持责任制落实情况等。监测内容包括水土流失影响因素、水土流失状况、水土流失危害和水土保持措施实施情况及效果等。

4.4.3.2　监测时段

1. 时段划分

建设类项目水土保持监测应从施工准备期开始至设计水平年结束。监测时段可分为施工准备期、施工期和试运行期。

建设生产类项目水土保持监测应从施工准备期开始至运行期结束。监测时段可分为建设期和生产运行期两个阶段，其中建设期可分为施工准备期、施工期和试运行期。

2. 不同时段重点内容

（1）施工准备期和施工期应重点监测扰动地表面积、土壤流失量和水土保持措施实施情况。

（2）试运行期应重点监测植被措施恢复、工程措施运行及其防治效果。

（3）建设生产类项目的生产运行期应重点监测水土流失及其危害、水土保持措施运行情况及其防治效果。

4.4.4　监测内容、监测方法和频次

4.4.4.1　监测内容

水土保持监测的主要内容包括项目施工全过程各阶段扰动土地情况、水土流失状况、防治成效及水土流失危害等。

1. 水土流失影响因素监测

水土流失影响因素监测主要包括降雨、地形、地貌、土壤、植被类型及覆盖率等自然影响因素、项目建设对原地表、水保设施等占压损毁情况、扰动土地情况、取土（石、料）、弃土（石、渣）情况、表土剥离及堆放情况。

2. 扰动土地情况监测

扰动土地情况监测重点监测实际发生的永久和临时占地、扰动地表植被面积、永久和临时弃渣量及变化情况等。

3. 水土流失状况监测

水土流失状况监测主要包括水土流失的类型、形式、面积、分布及强度；各监测分区及其重点对象的土壤流失量。

重点监测实际造成的水土流失面积、分布、土壤流失量及变化情况等。

4. 水土流失危害监测

水土流失危害监测主要为水力侵蚀引起的面蚀、沟蚀、坍塌等及其对周边水域、农田、村庄等敏感点造成的危害的方式、数量、程度。还包括对水源地、江河湖泊等的危害以及有可能直接进入江河湖泊或产生行洪安全影响的弃土（石、渣）情况。

重点监测水土流失对主体工程、周边重要设施等造成的影响及危害等。

5. 水土保持措施监测

水土保持措施监测主要包括下列内容。

（1）植物措施的种类、面积、分布、生长状况、成活率、保存率和林草覆盖率。

（2）工程措施的类型、数量、分布和完好程度。

（3）临时措施的类型、数量和分布。

（4）主体工程和各项水土保持措施的实施进度情况。

（5）水土保持措施对主体工程安全建设和运行发挥的作用。

（6）水土保持措施对周边生态环境发挥的作用。

重点监测实际采取水土保持工程、植物和临时措施的位置、数量，以及实施水土保持措施前后的防治效果对比情况等。

4.4.4.2 监测方法和频次

1. 监测方法

常规水土保持监测方法包括调查观测、地面监测和遥感监测三种。一般生产建设项目多选用地面观测法和调查监测法进行监测，遥感监测多用于区域的水土流失及其防治情况监测，在大型生产建设项目中应用较多。

（1）调查监测。调查监测应用最广，对水土保持监测各项内容均可采用此方法，主要包括收集资料、询问公众、典型调查、抽样调查、巡查、普查等。

（2）地面观测。地面观测通常适用于水土流失状况监测。通常采用设置地面观测设施或设备的方法，来获取某一区域的土壤侵蚀强度。其主要以短期、临时性设施为主，设施建设尽量简便易行，或者利用实地相关设施，或者采用量测设备现场直接观测。常用的设施包括控制站、径流小区、集沙池、测钎、侵蚀沟等，其中集沙池、测钎、侵蚀沟日常应用较广泛。

（3）遥感监测。遥感影像及无人机航拍影像应用于生产建设项目水土保持监测中的目的主要是调查扰动地表（含水土流失影响区域）情况，以及林草植被覆盖等的动态变化情况。

收集工程沿线的遥感影像资料（TM、SPOT 或者谷歌地球高清影像），必要时采用无人机航拍的高清影像，以及地形控制信息资料、项目相关设计资料等。

2. 监测频次

水土保持监测频次根据监测内容的不同而有所不同，具体详见表4.8。

表4.8   水土保持监测频次

监测内容		方法	频次
水土流失影响因素	气象资料	气象站、雨量站收集	每月统计1次
	地形地貌	实地调查结合资料查阅	整个监测期1次
	地表组成物质	实地调查	施工准备期前和试运行期各监测1次
	植被状况	实地调查、遥感	施工前期测定1次
	地表扰动情况	实地调查结合资料查阅	全线巡查每月1次
	水土流失防治责任范围	实地调查结合资料查阅	全线巡查每月1次
	弃土弃渣场	实地量测、遥感监测	正在使用渣场应每2周监测一次，3级以上弃渣场应当采取视频监控方式，全过程记录弃渣和防护措施实施情况。其他时段应每季度监测不少于1次
	取土（石、料）场	实地调查、量测	施工期正在使用的料场每10天监测1次。其他时段应每季度监测于1次

续表

监测内容		方法	频次
水土流失状况	水土流失类型及形式	侵蚀沟量测法、巡查、资料分析、遥感	每年不应少于 1 次
	水土流失面积	现场调查法、巡查、资料分析、无人机	每月 1 次
	土壤侵蚀强度	实地调查集合资料查阅	施工前期和监测期末各 1 次，施工期每年不应少于 1 次
	土壤流失量	测钎法、侵蚀沟量测法、集沙池法	每月统计 1 次
水土流失危害	水土流失危害面积	实测法、遥感监测法	危害事件发生后 1 周内
	危害的其他指标或危害程度	实地调查、量测和询问等	危害事件发生后 1 周内
水土保持措施	植物措施	植物措施类型及面积	综合分析、实地调查	每季度调查 1 次
		成活率、存活率及生长状况	抽样调查，乔木采用样地或样线调查法，灌木采用样地调查法	栽植 6 个月后调查成活率，每年调查 1 次保存率及生长状况
		郁闭度及盖度	样地调查法	植被生长最茂盛的季节监测 1 次
		林草覆盖率	统计分析	在统计林草地面积的基础上计算获得
	工程措施	措施的数量、分布和运行状况	查阅资料、实地勘测和全面巡查	结合实地勘测与全面巡查确定
		重点区域	查阅资料、实地勘测和全面巡查	每月监测 1 次，整体状况每季度 1 次
	临时措施		查阅资料、实地勘测和全面巡查、无人机	根据施工及监理资料，实地调查
	措施实施情况		查阅资料、调查询问和实地调查	每季度统计 1 次
	措施对主体工程安全建设和运行发挥的作用		巡查	每年汛期前后及大风、暴雨后调查
	措施对周边生态环境发挥的作用		巡查	每年汛期前后及大风、暴雨后调查

4.4.5　监测点布局及重点对象监测

4.4.5.1　监测点布局

1.布局要求

（1）监测点应按监测分区，根据监测重点布设，兼顾项目所涉及的行政区。

（2）监测点布设应统筹考虑监测内容，尽量布设综合监测点。

（3）监测点应相对稳定，满足持续监测要求。

2.点位数量要求

（1）植物措施监测点数量可根据抽样设计确定，每个有植物措施的监测分区和县

4.11　生产建设项目水土保持监测的布局和水土流失防治评价

级行政区应至少布设 1 个监测点。

（2）工程措施监测点数量应综合分析工程特点合理确定，并应符合下列规定。

1）对点型项目，弃土（石、渣）场、取土（石、料）场、大型开挖（填筑）区、储灰场等重点对象应至少各布设 1 个工程措施监测点。

2）对线型项目，应选取不低于 30％的弃土（石、渣）场、取土（石、料）场、穿（跨）越大中河流两岸、隧道进出口布设工程措施监测点，施工道路应选取不低于 30％的工程措施布设监测点。

（3）土壤流失量监测点数量应按项目类型确定，并应符合下列规定。

1）对点型项目，每个监测分区应至少布设 1 个监测点。

2）对线型项目，每个监测分区应至少布设 1 个监测点。当一个监测分区中的项目长度超过 100km 时，每 100km 应增加 2 个监测点。

4.4.5.2 重点监测对象

1. 弃土（石、渣）场

（1）监测重点。弃渣期间重点监测扰动面积、弃渣量、土壤流失量以及拦挡、排水和边坡防护措施等情况。弃渣结束后，应重点监测土地整治、植被恢复或复耕等水土保持措施情况。

（2）监测方法。以调查为主，采用全坡面径流小区、集沙池、控制站等方法，或利用工程建设的沉沙池、排水沟等设施进行监测。

2. 取土（石、料）场

（1）监测重点。取料期间重点监测扰动面积、废弃料处置和土壤流失量。取料结束后，重点监测边坡防护、土地整治、植被恢复或复耕等水土保持措施实施情况。

（2）监测方法。定期进行现场调查、全坡面径流小区和集沙池等方法，或利用工程建设的沉沙池、排水沟等设施进行监测，或量测坡脚的堆积物体积。

3. 大型开挖（填筑）区

（1）监测重点。开挖（填筑）面的面积、坡度，并应监测土壤流失量和水土保持措施实施情况。施工结束后，应重点监测水土保持措施情况。

（2）监测方法。定期现场调查、全坡面径流小区、集沙池、测钎、侵蚀沟等方法，或利用工程建设的排水沟、沉沙池进行监测。

4. 施工道路

（1）监测重点。扰动地表面积、弃土（石、渣）量、水土流失及其危害、拦挡和排水等水土保持措施的情况。施工结束后，应重点监测扰动区域恢复情况及水土保持措施情况。

（2）监测方法。定期现场调查、侵蚀沟、集沙池、测钎等方法，或利用工程建设的排水沟、沉沙池进行监测。

5. 临时堆土（石、渣）场

（1）监测重点。临时堆土（石、渣）场数量、面积及采取的临时防护措施，后期土料去向以及场地恢复情况。

（2）监测方法。定期调查。

4.4.6　水土流失防治评价

4.4.6.1　水土流失情况评价

水土流失情况评价的主要内容应包括水土流失防治责任范围、地表扰动面积、弃土（石、渣）状况以及水土流失的面积、分布与强度等的变化情况。

（1）按监测分区、监测时段统计地表扰动面积、弃土（石、渣）量及有效拦挡量，分析动态变化情况。

（2）根据监测点和实地调查获得的土壤流失量，按监测分区、监测时段评价水土流失的面积、分布与强度的变化情况。

4.4.6.2　水土保持效果评价

水土保持效果评价的主要内容应包括水土保持措施实施情况、防治效果及水土流失防治目标达标情况。

（1）水土保持措施实施情况。应按监测分区、监测时段统计水土保持措施的类型、数量和分布情况，并与水土保持方案确定的措施体系进行对比。发生变化时，应分析原因。

（2）防治效果。分别对施工准备期、施工期及试运行期的防治效果进行评价。防治效果从治理水土流失、林草植被建设、水土保持设施运行状况、保护和改善生态环境等方面进行评价。

（3）水土流失防治目标达标情况。与水土保持方案确定的防治目标进行对比，评价分析水土流失治理度、土壤流失控制比、渣土防护率、表土保护率、林草植被恢复率、林草覆盖率达标情况。

4.4.7　监测成果及报送要求

监测单位在监测工作开展前要制定监测实施方案；在监测期间要做好监测记录和数据整编，按季度编制监测报告，在水土保持设施验收前应编制监测总结报告。

按照《水利部办公厅关于进一步加强生产建设项目水土保持监测工作的通知》（办水保〔2020〕161号）和水土保持方案中的要求，由监测单位编制监测实施方案，并向相关水行政主管部门报送监测实施方案，地方水行政主管部门对监测工作进行监督、指导，以保证监测工作的顺利进行。

1. 水土保持监测实施方案

项目开工（含施工准备期）前应向有关水行政主管部门报送《水土保持监测实施方案》。

2. 水土保持监测季报及重大情况报告

（1）监测季度报告于每季度第一个月向水行政主管部门报送（上一季度）监测成果。

（2）因降雨、大风或人为原因发生严重水土流失及危害事件的，应于事件发生后1周内报告有关情况。

3. 水土保持监测总结报告

水土保持监测任务完成后，应于3个月内报送《生产建设项目水土保持监测总结报告》，总结报告为生产建设项目水土保持设施验收提交的必备报告之一。

4．三色评价要求

根据《水利部关于进一步深化"放管服"改革 全面加强水土保持监管的意见》（水保〔2019〕160 号）的规定，编制水土保持方案报告书的项目，应当依法开展水土保持监测工作。实行水土保持监测"绿黄红"三色评价，水土保持监测单位根据监测情况，在监测季报和总结报告等监测成果中提出"绿黄红"三色评价结论。监测成果应当公开。水行政主管部门要将监测评价结论为"红"色的项目，纳入重点监管对象。

4.4.8 监测案例

4.12 水土保持监测案例

某高速公路工程属于新建工程，路线涉及两个地级市的 5 个县级行政区。其主要结构物有桥梁、隧道、枢纽互通、互通立交、服务区、改移工程等，工程设弃渣场 4 处。工程施工共划分为 10 个土建施工标段。工程建设工期为 2016 年 9 月至 2020 年 8 月。工程开工前委托具备水土保持监测技术条件的单位开展水土保持监测工作。

4.4.8.1 监测范围及分区

该工程的水土保持监测范围包括项目建设区及直接影响区，监测分区同防治分区，包括路基工程区、桥梁工程区、互通枢纽区、改移工程区、弃渣场区。

4.4.8.2 监测时段

水土保持监测工作包括施工准备期、施工期和自然恢复期。施工准备期监测时段为 2016 年 6 月至 2015 年 8 月，施工期现场监测为 2016 年 9 月至 2020 年 8 月；自然恢复期为工程完工后一年（2020 年 9 月至 2021 年 8 月）。

4.4.8.3 监测重点及监测布局

水土保持监测重点内容主要包括项目施工全过程各阶段扰动土地情况、水土流失状况、防治成效及水土流失危害等方面。

按照有关规定要求及工程施工期间的特点和施工标段划分等情况，确定该工程水土保持监测的重点布局范围如下。

（1）路基工程区：在路基占比较大的标段内各选 1～2 处路基开挖填筑边坡区布设监测点，共设 6 处开挖填筑边坡监测点。

（2）桥梁区：选择主要跨河桥梁，共设 5 个监测点。

（3）互通枢纽区：分行政区选择 4 个监测点。

（4）改移工程区：选择规模较大的改溪工程设置 2 个监测点。

（5）弃渣场区：选择实际产生弃渣场做监测点，共设 4 个监测点。

（6）施工临时设施区：各标段选 1 处施工临时设施场地，共设 10 处施工临时设施场地监测点。在各行政区标段内各选 1 处表土临时堆放场，共设 5 处表土临时堆放场监测点。

（7）绿化区：选择互通区设置集中绿化区监测点，其余结合开挖填筑边坡的监测点。

（8）背景区：选择工程区附近未受扰动区域 1 处。

水土保持监测内容、方法及点位布设见表 4.9。

表 4.9　　　　　　　　　　水土保持监测内容、方法及点位布设

监测分区	地段	项目	方法	监测点
路基工程区	路基开挖填筑边坡	扰动土地情况	现场调查法、实地量测、资料分析法	选取典型路基开挖边坡、填筑边坡各 4 个点，共 8 个点
		水土流失状况	现场调查法、巡查法、测钎法、侵蚀沟量测法、集沙池法	
	绿化	水土流失防治成效	样地或样线调查法、现场调查、巡查法	
桥梁工程区	桥梁	水土流失状况	现场调查法	各县选 1 座大桥，共 5 个点
互通枢纽区	开挖、填筑面	水土流失状况	现场调查法、巡查法、遥感、测钎法、侵蚀沟量测法、集沙池法	各县选 1 座互通共 5 个点
		水土流失防治成效	现场调查法、巡查法、资料分析法	
	绿化	植被生长情况	样地或样线调查法、现场调查、巡查法	
改移工程区	开挖、填筑面	水土流失状况	现场调查法、巡查法、测钎法、侵蚀沟量测法、集沙池法	改溪 2 个点 改路 2 个点
		水土流失防治成效	现场调查法、巡查法、资料分析法	
弃渣场区	弃渣场	扰动土地情况	现场调查法、实地量测、资料分析法	弃渣场共 4 个点
		水土流失状况	现场调查法、巡查法、遥感、集沙池法	
		水土流失防治成效	现场调查法、巡查法、资料分析法	
施工临时设施区	施工临时设施场地	扰动土地情况	现场调查法、实地量测、资料分析法	各标段施工场地各选 1 处，共 10 个点
		水土流失状况	现场调查法、巡查法、遥感、集沙池法	
	临时表土堆场	水土流失状况	现场调查法、巡查法、遥感、侵蚀沟量测、集沙池法	各县选 1 处临时表土堆场，共 5 个点
		水土流失防治成效	现场调查法、资料分析法	
	施工便道	水土流失状况	现场调查法、巡查法、遥感、侵蚀沟量测、集沙池法	各县选 1 处施工便道，共 5 个点
		水土流失防治成效	现场调查法、资料分析法	
对照区	背景值	水土流失背景值	标准径流小区法	工程沿线附近未扰动区域

4.4.8.4　监测方法

1. 雨量观测

直接利用附近水文站的降雨量数据。

2. 调查、巡查

调查扰动地表面积和水土保持措施实施情况，对重点区域通过加强巡查，及时发现问题并采取相应的措施，有效地防治可能产生的水土流失。

3. 地面观测法

采用集沙池法、测钎法、侵蚀沟量测法观测水土流失量。

4. 遥感监测

通过遥感信息在工程施工准备期、施工期和试运行期分别对扰动土地面积和整治情况进行监测，并通过实地调查对遥感监测成果进行核实、细化和补充。遥感影像采用航空影像，在卫星影像无法满足要求时，采用无人机遥感进行补充。

4.4.8.5 监测频次

调查监测频率：扰动土地情况至少每月监测 1 次，其中正在使用的取土弃渣场至少每两周监测 1 次；对 3 级以上弃渣场应当采取视频监控方式，全过程记录弃渣和防护措施实施情况。水土流失状况至少每月监测 1 次，发生强降水等情况后应及时加测。水土流失防治成效至少每季度监测 1 次，其中临时措施至少每月监测 1 次。水土流失危害应结合上述监测内容一并开展。

地面监测频次：侵蚀沟量测、集沙池观测等每月各 1 次，遇暴雨时加测 1 次；土壤流失面积监测不少于每季度 1 次。

遥感监测：总监测期内不少于 2 次。

雨量等监测工作常年进行，同时加强对整个建设区的不定期水土保持调查、巡查。

4.4.8.6 监测成果

完成水土保持监测实施方案 1 期，水土保持监测季报 16 期，均已上报了建设单位及相关水行政部门，工程施工结束后完成水土保持监测总结报告 1 份，进行水土流失防治评价总结。根据水土保持监测季报和监测总结报告三色评价结果，本工程水土保持三色评价结论为绿色。

模块 5

生产建设项目水土保持方案编写

党的二十大报告提出，"推动绿色发展，促进人与自然和谐共生"，"必须牢固树立和践行绿水青山就是金山银山的理念，站在人与自然和谐共生的高度谋划发展"。"坚持山水林田湖草沙一体化保护和系统治理"，"生态文明制度体系更加健全"。依法编制生产建设项目水土保持方案，是践行水土保持生态文明的重要环节。

编写生产建设项目水土保持方案，需深入了解生产建设项目水土流失特点、水土保持设计理念和原则、水土保持措施布局、方案的主要内容和编写要点。

任务5.1 生产建设项目

5.1.1 水土保持相关概念

5.1 水土保持相关概念

5.1.1.1 土壤侵蚀模数

土壤侵蚀模数即单位时段内单位水平面积地表土壤及其母质被剥蚀的总量，以 $[t/(km^2 \cdot a)]$、体积 $[m^3/(km^2 \cdot a)]$ 或厚度（mm/a）来表示。

5.1.1.2 容许土壤流失量

容许土壤流失量即根据保持土壤资源及其生产能力而确定的年土壤流失量上限，通常小于或等于成土速率。对于坡耕地，是指维持土壤肥力，保持作物在长时期内能经济、持续、稳定地获得高产所容许的年最大土壤流失量。各侵蚀类型区容许土壤流失量见表5.1。

表 5.1　　　　　　　　　　各侵蚀类型区容许土壤流失量　　　　　　　单位：$t/(km^2 \cdot a)$

类型区	容许土壤流失量	类型区	容许土壤流失量
西北黄土高原区	1000	南方红壤丘陵区	500
东北黑土区	200	西南土石山区	500
北方土石山区	200		

5.1.1.3 土壤侵蚀强度

土壤侵蚀强度是指地壳表层土壤在自然营力（水力、风力、重力及冻融等）和人类活动综合作用下，单位面积和单位时段内被剥蚀并发生位移的土壤侵蚀量。通常用土壤侵蚀模数表示。

水力侵蚀强度分级见表5.2。

表5.2 水力侵蚀强度分级

级别	平均侵蚀模数/[t/(km²·a)]	平均流失厚度/(mm/a)
微度	<200，<500，<1000	<0.15，<0.37，<0.74
轻度	200，500，1000～2500	0.15，0.37，0.74～1.9
中度	2500～5000	1.9～3.7
强烈	5000～8000	3.7～5.9
极强烈	8000～15000	5.9～11.1
剧烈	>15000	>11.1

注 本表流失厚度系按土的干密度1.35g/cm³折算，各地可按当地土壤干密度计算。

5.1.1.4 土壤侵蚀程度

土壤侵蚀程度是指任何一种土壤侵蚀形式在特定外营力作用和一定环境条件影响下，自其发生开始到目前为止的发展状况。土壤遭受侵蚀的过程中所达到的不同阶段，并不直接反映现状侵蚀强度的大小。诊断土壤侵蚀的程度，是根据土壤剖面中A层（表土层）、B层（心土层）及C层（母质层）的丧失情况加以判别，土壤侵蚀程度反映土壤肥力和土地生产力现状，为土地利用改良和防治土壤侵蚀提供科学依据。

5.1.1.5 生产建设项目

根据《中华人民共和国水土保持法》以及相应工作任务要求，对建设项目在建设或生产过程中可能引起水土流失的，要采取措施预防、控制和治理生产建设活动导致的水土流失，减轻对生态环境可能产生的负面影响，防止水土流失危害。对这类可能产生水土流失的建设项目，统称为生产建设项目。

5.1.1.6 建设类项目

工程竣工后，运营期没有开挖、取土（石、砂）、弃土（石、渣、灰、矸石、尾矿）等扰动地表活动的项目。

5.1.1.7 建设生产类项目

工程竣工后，生产期仍存在开挖、取土（石、砂）、弃土（石、渣、灰、矸石、尾矿）等扰动地表活动的项目。

5.1.1.8 水土保持设施

水土保持设施即具有防治水土流失功能的各类人工建筑物、自然和人工植被以及自然地物的总称。

5.1.1.9 生产建设项目水土保持方案

为防止生产建设项目造成新的水土流失，按照《中华人民共和国水土保持法》及有关技术规范要求，编制的水土流失预防保护和综合治理的设计文件，是生产建设项目总体设计的重要组成部分，是设计和实施水土保持措施的技术依据。

5.1.2 生产建设项目分类

5.1.2.1 按平面布局分类

建设项目按平面布局可分为线型建设项目和点型建设项目。

5.2 生产建设项目分类

线型生产建设项目布局跨度较大，呈线状分布。包括公路（高速公路、国道、省道、县际等公路、县乡公路和乡村道路）、铁路、管道（供水、输油、输气和通信光缆等）、输电线路和渠道等。

点型生产建设项目布局相对集中，呈点状分布，如矿山、电厂、水利水电工程、城镇建设工程、农林开发工程和冶金化工厂等。

5.1.2.2　按水土流失发生时段分类

建设项目按水土流失发生的时段可分为建设类项目和建设生产类项目。

建设类项目如公路、铁路、机场、港口、码头、水利工程、管道工程、输变电工程和城镇建设工程等，水土流失主要发生在建设过程中，当生产建设项目通过水土保持专项验收并投产使用后，在运营期基本没有开挖、取土（石、料）、弃土（石、渣）等活动，水土流失呈逐步减少，逐渐趋于稳定的趋势，不再新增水土流失，此类项目为建设类项目。其时段标准划分为施工期和试运行期。

建设生产类项目如露天矿开采、农林开发项目、燃煤电站、冶金建材、石油天然气开采和取土采石场等，不仅在建设过程中产生水土流失，而且在生产运行期间还源源不断地产生水土流失，此类项目均为建设生产类项目。其时段标准可划分为施工期、试运行期和生产运行期。如燃煤电站在通过水土保持专项验收并投产使用后，还将产生粉煤灰、石膏等废弃物，还需要采取各种防护措施。

5.1.2.3　按建设性质分类

建设项目按建设性质可分为新建项目、扩建项目、改扩建项目、迁建项目和恢复项目。

1. 新建项目

新建项目是指根据国民经济和社会发展的近远期规划，按照规定的程序立项，从无到有、"平地起家"建设的工程项目。有的建设项目原有规模很小，经重新进行总体设计扩大建设规模后，其新增加的固定资产价值超过原有全部固定资产价值（原值）3 倍时，才可算新建项目。

2. 扩建项目

扩建项目是指现有企业、事业单位在原有场地内或其他地点，为扩大产品的生产能力或增加经济效益而增建的生产车间、独立的生产线或分厂的项目；事业和行政单位在原有业务系统的基础上扩充规模而进行的新增固定资产投资项目。

3. 改扩建项目

为了提高生产效益，改善产品质量或方向，对原有设备、工艺流程进行技术改造的项目，或为提高生产能力而增加的一些附属项目。改建项目包括挖潜、节能、安全、环境保护等工程项目。

4. 迁建项目

迁建项目是指原有企业、事业单位，根据自身生产经营和事业发展的要求，按照国家调整生产力布局的经济发展战略的需要或出于环境保护等其他特殊要求，搬迁到异地而建设的项目。

5. 恢复项目

恢复项目是指原有企业、事业和行政单位，因在自然灾害或战争中使原有固定资产遭受全部或部分报废，需要进行投资重建来恢复生产能力和业务工作条件、生活福利设施等的工程项目。

5.1.2.4　按投资作用分类

建设项目按投资作用可分为生产性工程项目和非生产性工程项目。

1. 生产性工程项目

生产性工程项目是指直接用于物质资料生产或直接为物质资料生产服务的工程项目。

2. 非生产性工程项目

非生产性工程项目是指用于满足人民物质和文化、社会福利需要的建设和非物质资料生产部门的建设项目。

5.1.2.5　按项目规模分类

为适应对工程建设项目分级管理的需要，国家规定基本建设项目分为大型、中型、小型三类；更新改造项目分为限额以上和限额以下两类。不同等级标准的工程项目，国家规定的审批机关和报建程序也不尽相同。划分项目等级的原则如下。

（1）按批准的可行性研究报告所确定的总设计能力或投资总额的大小，依据国家颁布的《基本建设项目大中小型划分标准》进行分类。

（2）凡生产单一产品的项目，一般以产品的设计生产能力划分；生产多种产品的项目，一般按其主要产品的设计生产能力划分；产品分类较多，不易分清主次、难以按产品的设计能力划分时，可按投资总额划分。

（3）对国民经济和社会发展具有特殊意义的某些项目，虽然设计能力或全部投资不够大、中型项目标准，经国家批准已列入大、中型计划或国家重点建设工程的项目，也按大、中型项目管理。

（4）更新改造项目一般只按投资额分为限额以上和限额以下项目，不再按生产能力或其他标准划分。

（5）基本建设项目的大、中、小型和更新改造项目限额的具体划分标准，根据各个时期经济发展和实际工作中的需要而有所变化。

任务 5.2　生产建设项目水土保持设计理念和原则

5.2.1　生产建设项目水土保持设计理念

生产建设项目水土保持设计理念首先应是工程设计理念的组成部分，贯穿并渗透于整个工程设计中，对优化主体工程设计起到积极作用。在不影响主体运行安全的前提下，水土保持设计应充分利用与保护水土资源，加强弃土弃渣综合利用，应用生态学与美学原理，优化主体工程设计，力争工程设计和生态、地貌、水体、植被等景观相协调与融合。

5.3　生产建设项目水土保持设计理念

5.2.1.1 约束和优化主体工程设计

水土保持方案编制是水土保持"三同时"制度的重要环节，体现水土保持对生产建设项目设计、施工、管理的法律规定和约束性要求，水土保持方案批复也是指导水土保持后续设计的纲领性文件。因此，水土保持设计首先应确立"约束与优化主体工程设计"的理念，即以主体工程设计为基础，本着事前控制原则，从水土保持、生态、景观、地貌、植被等多方面全面评价和论证主体工程设计各个环节的缺陷与不合理性，提出主体工程设计的水土保持约束性因素、相应设计条件及修改和优化意见与要求，重点是主体工程选址选线、方案比选、土石方平衡和调配、取料场和弃渣场设置的意见和要求。

5.2.1.2 优先综合利用弃土弃渣

弃土弃渣是生产建设项目建设生产过程中水土流失最主要的问题，也是水土保持设计的核心内容。特定技术经济条件下，弃土弃渣也可以成为具有某种利用价值的资源，因此，除通过工程总体方案比选和优化施工组织设计减少弃渣量外，在符合循环经济要求的条件下，强化弃土弃渣的综合利用，能够有效减少新增水土流失，且比被动地采取拦挡防护措施更为经济和环保。如煤炭开采过程中的弃渣——煤矸石、中煤、煤泥等低热值燃料，可以通过技术手段用于发电，也可用于制砖、水泥、陶粒或作为混凝土掺合料；水利水电工程及公路铁路工程建设中，弃土弃石可在本工程或其他工程建设中回填利用，或加工成砂石料和混凝土骨料，或回填于荒沟、废弃砖场及采砂坑，甚至还可以通过工程总体规划，充分利用弃渣就势置景，使弃渣场成为景观建设的组成部分。因此，水土保持设计中应优先考虑弃土弃渣综合利用，提出相应意见与建议，并在主体工程设计中加以考虑。

5.2.1.3 节约和利用水土资源

1. 节约和利用土地资源

生产建设项目在建设和生产期间需压占大量土地资源，应树立"节约和利用土地资源"，特别保护耕地资源的理念，充分协调规划、设计、施工组织、移民等专业，通过优化主体工程布局和建（构）筑物布置及施工组织设计，重点是优化弃渣场布设，并通过弃渣综合利用、取料与弃渣场联合应用等手段，尽可能减少占压土地面积。同时，对工程建设临时占用土地应采取整治措施，恢复土地的生产力。如青藏铁路通过设立固定取弃土场、限制取土深度、料场与弃土场的联合运用等措施，大大减少了弃土场数量和占地面积，有效保护了沿线植被和景观。山西潞安矿业（集团）有限责任公司司马矿对排矸场进行覆土后绿化，尽可能恢复土地和植被。

2. 保护和利用土壤

土壤与植被是水土流失及其防治的最关键因素。形成 1cm 厚土壤需要 $200\sim400$ 年，从裸露的岩石地貌到形成具有生物多样性丰富和群落结构稳定的植物群落则需更长的时间，有的甚至需用上万年，因此保护和利用土壤，特别是表土资源，是水土保持设计核心理念之一。在生产建设过程中，根据土壤条件，结合现实需求，将表层土壤剥离、单独堆放并进行防护，为整治恢复扰动和损毁地表提供土源，避免为整治土地而增加建设区外取土量，既可减少土地和植被破坏，控制水土流失，又可节约建设资金。

3. 充分利用降水资源

生产建设过程中土石方挖填不仅改变区内的地形和地表物质组成，而且平整、硬化等人工再塑地貌会导致径流损失加大，破坏了局地正常水循环，加大了降水对周边区域的冲刷。因此，通过拦蓄利用或强化入渗等措施，充分利用降水资源，也是一项重要的水土保持设计理念。在水资源紧缺或降雨较少的地区，采取拦集蓄引设施，充分收集汛期的降水，用于补灌林草，既提高成活率和生长量，又节约水资源，降低运行养护成本。在降雨较多的地区，采用强化入渗的水土保持措施，能够改善局地水循环，减少对工程建设本身及周边的影响；有条件的地区，利用引流入池，建立湿地，净化水质，做到工程建设与水源保护、生态环境改善相结合。

5.2.1.4 优先保护利用与恢复植被

1. 保护和利用植被

工程设计中，要树立"保护和利用植被"的理念。应通过选址选线、总体方案比较、优化主体工程布置等措施保护植被。溪洛渡水电站在建设过程中，将淹没区需要砍伐的树木提前移植出来进行假植，为将来建设区植被恢复准备苗木，既保护了林木，又节约了绿化方面的资金；云南省某公路建设根据当地地形地貌条件，增加桥梁、隧道的比重，大大减少了植被破坏，水土保持效果明显。

2. 保障安全和植被优先

植物是生态系统的主体，林草措施是防治水土流失的治本措施，林草不仅可以自我繁殖和更新，而且可以美化环境，达到人与自然和谐的目的。传统混凝土挡墙、浆砌石拦渣坝、锚杆挂网喷混凝土护坡等硬防护措施既不美观，也不环保，对重建生态和景观更是无从谈起。因此，生产建设项目设计应在确保稳定与安全的前提下，从传统工程设计逐步向生态景观型工程设计发展。从水土保持角度而言，工程设计应在保证工程安全的前提下，依据生态学理论，确立"优先恢复植被"理念，坚持工程措施和植物措施相结合，着力提高林草植被恢复率和林草覆盖率，改善生态和环境。近年来，我国在边坡处理领域已逐步形成了植物与工程有机结合、安全与生态兼顾、类型多样的技术措施体系。如：渝湛高速公路采用三维网植草生态防护碟形边沟代替传统砌石边沟，排水沟与周围的自然环境更协调；大隆水利枢纽电站厂房后侧高陡边坡采用植物护坡措施。当前正在有更多的水利水电枢纽工程高陡边坡采用植物护坡措施代替传统的工程护坡措施。

5.2.1.5 恢复和重塑生态景观

1. 充分利用植被措施重建生态景观

植物措施设计是生态景观型工程设计的灵魂。对工程区各类裸露地进行复绿，与主体工程及周边生态景观相协调是水土保持设计极为重要的理念。生产建设项目水土保持设计应充分利用植物的生态景观效应，在充分把握主体建（构）筑物的造型、色调、外围景观（含水体、土壤、原生植物）等基础上，统筹考虑植物形态、色彩、季相、意境等因素，合理选择和配置植物种及其结构，辅以园林小品，使得植物景观与主体建筑景观相协调，形成符合项目特点、给予工程文化内涵、与周边环境融合的景观特色或主题。景观设计中还可应用"清、露、封、诱、秀"等景观手法，从宏观上优化提升整体景观效果。在植物措施配置上，要求乔、灌、草合理配置，注重乡土植被。植物搭配可营造生物多样且稳定的群落，充分发挥不同植物的水土保持作用，最大限度地防治水土流失，同时也可丰富生态景观。

2. 人与自然和谐相处，实现近自然生态景观恢复

随着经济社会发展，人们对生态文明的要求越来越高，从发展趋势看，应在工程总体规划与设计中，树立人与自然和谐、工程与生态和谐的理念，实现近自然生态景观恢复。要利用原植物景观，使工程与周边自然生态景观相协调，最终达到人与自然和谐相处的目的。传统的工程追求整齐、光滑、美观、壮观，突出人造奇迹。如河道整治等工程，边坡修得三面光，呈直线形，既不利于地表和地下水分交换、动植物繁衍，陡滑的坡面也不利于乔木、灌木生长和人、水、草相近相亲。在确保稳定前提下，开挖面凸凹不平，便于土壤和水分的保持，有利于植物生长，恢复后的景观自然和谐。排水沟模拟自然植物群落结构的植被恢复方式，生态水沟代替浆砌石水沟及坡顶（脚）折线的弧化处理等，更贴近自然。

5.2.2　生产建设项目水土保持设计基本原则

5.4　生产建设项目水土保持设计基本原则

《中华人民共和国水土保持法》第三条规定：水土保持工作实行预防为主、保护优先、全面规划、综合治理、因地制宜、突出重点、科学管理、注重效益的方针。对于生产建设项目水土保持设计应贯彻"以人为本、人与自然和谐共处、可持续发展"的理念，突出"预防为主、重点治理、植物防护优先"，与主体工程设计相衔接和执行"三同时"的制度，使各项水土保持措施更具有可操作性，其基本原则有以下几点。

5.2.2.1　目标明确，责任落实

从法律法规和标准规范来说，生产建设项目水土保持设计的首要原则是目标明确，责任落实。根据《中华人民共和国水土保持法》的规定，开办生产建设项目或者从事其他生产建设活动造成水土流失的，应当进行治理；在山区、丘陵区、风沙区以及水土保持规划确定的容易发生水土流失的其他区域开办可能造成水土流失的生产建设项目，生产建设单位应当编制水土保持方案；水土保持方案应当包括水土流失预防和治理的范围、目标、措施和投资等内容。因此，通过分析项目建设及运行期间扰动地表面积、损坏水土保持设施数量、新增水土流失量及产生的水土流失危害等，结合项目征占地及可能产生的影响情况，合理确定项目的水土流失防治责任范围，在此时间空间范围内造成的水土流失防治责任应由生产建设单位负责。GB/T 50434—2018《生产建设项目水土流失防治标准》对生产建设项目的水土流失防治还提出了明确的目标要求，除需满足基本规定要求外，还应根据项目所处水土流失防治区和区域水土保持生态功能重要性，确定项目的水土流失防治标准执行的等级，并按防治目标的要求落实各项防治措施。

5.2.2.2　预防为主，保护优先

预防为主是水土保持的工作方针之一，也是生产建设项目水土保持设计的基本原则之一，这就要求生产建设项目的水土流失防治由被动治理向事前控制转变，防患于未然。因此，生产建设项目水土保持设计应按照"预防为主，保护优先"的基本要求，突

出水土保持对项目建设的约束作用，优化工程布置和施工组织设计，选用先进的施工和生产工艺，同时，在建设期注重施工期的施工管理和临时防护措施，以减少可能产生的水土流失。这一原则是优化设计的根本原则，应用得好，可起到事半功倍的效果。

5.2.2.3 综合治理，因地制宜

综合治理、因地制宜既是水土保持的工作方针之一，同样也是生产建设项目水土保持设计的基本原则之一。对于生产建设项目水土保持而言，综合防治就是在对主体设计进行分析评价的基础上，在保障运行安全的前提下，做到主体工程设计与水土保持设计相互衔接，工程措施与植物措施、永久措施与临时措施结合，形成有效的水土流失综合防治措施体系，确保水土保持设施发挥作用。因地制宜就是要根据生产建设项目的水土流失特点，结合项目所在地理区位、地形地貌、气象、水文、土壤、植被等情况，开展工程、植物和临时防护措施的布设和设计。对于我国这样一个幅员辽阔，气候类型多样，地域自然条件差异显著，景观生态系统呈现明显的地带性分布特点的国家，植物措施设计尤其要注重"因地制宜"原则，以提高植物措施的适宜性，保证植物成活、生长、稳定和长效。

5.2.2.4 综合利用，经济合理

生产建设项目的产出和投入都必须符合国家有关技术规定与经济政策的要求。因此，工程设计要确立技术可行和经济合理的原则，在满足有关安全、环保、社会稳定要求的前提下，以期实现项目效益的最大化。对于生产建设项目更要关注其工程成本与防治效果，努力做到费少效宏。例如，有选择地保护剥离表层土，留待后期植被恢复时使用；提高主体工程开挖土石方的回填利用率，加强弃土弃渣的综合利用，以减少工程弃渣；临时措施与永久防护措施相结合，做到经济节约；通过水土保持总体方案及主要措施布置比选，选择取料方便、省时省工、费少效宏的工程设计方案。

5.2.2.5 生态优先，景观协调

随着我国经济社会的发展，生产建设项目的工程设计、建设在满足预期功能或效益要求的同时，也逐步向"工程与人和谐相处"方向发展，建设生态友好型和生态景观型的工程已成为今后我国工程设计坚持的重要发展方向。因此，水土保持必须坚持"生态优先、景观协调"的原则，措施配置应与周边的景观相协调，在不影响主体工程安全和运行管理要求的前提下，尽可能采取植物措施，必要时还可对主体工程规划布局及设计提出水土保持建议或要求。水土保持既要达到控制和治理生产建设项目水土流失的目的，同时，要充分用植物措施这一水土流失防治的重要手段，营造具有良好生态景观的工程，达到恢复和改善生态环境与人居环境的目的。

任务5.3 生产建设项目水土保持方案的审批与管理

5.3.1 生产建设项目水土保持方案编制的工作程序

5.3.1.1 水土保持方案类型

水土保持方案的编制一般按照生产建设项目占用土地面积和土石方挖填总量进行分类，以浙江省为例。

5.5 生产建设项目水土保持方案编制的工作程序

根据《浙江省水土保持条例》第十九条的规定，在省水土保持规划划定的山区、丘陵区和容易发生水土流失的其他区域，开办涉及土石方开挖、填筑或者堆放、排弃等生产建设项目，生产建设单位应当按照下列规定编制水土保持方案：

（1）占地面积十公顷以上或者挖填土石方总量五万立方米以上的，应当编制水土保持方案报告书。

（2）占地面积五公顷以上不足十公顷并且挖填土石方总量不足五万立方米，或者挖填土石方总量一万立方米以上不足五万立方米并且占地面积不足十公顷的，应当编制水土保持方案报告表。

（3）占地面积不足五公顷并且挖填土石方总量不足一万立方米的，应当填写水土保持登记表。

生产建设单位没有能力编制水土保持方案的，应当委托具备相应技术条件的机构编制。

5.3.1.2　水土保持方案审批及备案

生产建设单位应当在开工建设前，将水土保持方案报告书、报告表报县（市、区）人民政府水行政主管部门审批，将水土保持登记表报县（市、区）人民政府水行政主管部门备案。

生产建设项目跨行政区域的，应当报共同上一级人民政府水行政主管部门审批。占地面积 $50\,hm^2$ 以上或者挖填土石方总量 50 万 m^3 以上的，应当报设区的市人民政府水行政主管部门审批；其中，涉及国家和省水土流失重点预防区和重点治理区的，报省人民政府水行政主管部门审批。

5.3.1.3　水土保持方案编制步骤

编制水土保持方案首先需判别项目建设的必要性及可行性，确定水土流失目标；其次从水土保持角度分析其布局及施工工艺的合理性，进行水土流失分析及预测，明确水土流失防治的重点部位及主要时段，合理安排水土保持措施体系和平面布置，进行水土保持措施的典型设计，拟定水土保持监测计划，估算水土保持投资；最后提出方案实施的保障措施。

水土保持方案编制步骤如下。

1. 收集项目相关资料

其包括收集项目概况、建设的必要性及立项过程、项目区概况，查阅并确定方案编制的依据，即委托合同、法律法规条文、部门规章和政府规章、规范性文件等。

项目概况主要通过收集主体工程的设计文件进行了解、掌握；施工布置及工艺等也可通过收集类似工程的设计资料等进行了解。项目建设的必要性及立项过程主要向建设单位收集项目前期进展资料。项目区概况根据项目建设范围及其涉及的敏感点，收集项目所在地的水土保持规划及附图、国土空间规划、土壤及植被介绍、生态保护红线范围、水功能区划等；涉及山丘区的还应收集项目所在地的地质灾害防治规划；涉及风景名胜区的还应收集该风景名胜区规划；涉及表土外运及外借利用的收集该行政区是否具有当地人民政府关于耕作层表土剥离与再利用工作实施意见等类似文件；涉及弃渣的项目，收集当地具有利用工程弃渣条件的生产建设项目资料等。

地方收资还需注重与当地水行政主管部门的沟通，不仅可以了解到建设区的水土流失现状，还可以了解到地方水土保持监管等方面的具体要求，进一步提高水土保持方案实施的有效性。

再有，调研周边同类项目的经验、教训也是方案编制前期的重要工作内容之一。调研内容主要包括周边（地理位置相近、地形地貌相似、土壤等类似）类似项目（项目组成及施工组织类似）水土保持方案确定的水土保持防治目标及实现情况、水土保持工程的设计标准及设施运行情况、水土保持措施的防治效果、水土保持植物的主要种类及生长情况、水土保持经验及存在问题等。

2. 分析工程及工程区概况

工程概况主要包括工程规模与特性（项目名称、建设地点、所在流域、建设性质、工程等级、工程规模、开发任务）、工程总体布局、工程占地、土石方量、工程取土弃渣情况（取弃渣场数量、规模、占地情况）、施工组织设计及施工工艺、施工进度与总工期、拆迁（移民）安置与专项设施改（迁）建等内容。项目区概况主要包括地理位置、地形地貌、地质、土壤、气候、水文、植被等内容。

其主要依据《生产建设项目水土保持技术标准》《水利水电工程水土保持技术规范》中有关对项目区概况介绍、主体工程分析评价的要求。

3. 确定方案编制的基本原则

其主要任务为确定方案的水土流失防治标准等级、设计水平年、水土流失防治责任范围、土石方平衡的原则、主体工程水土保持分析评价及水土保持工程的界定、调查和勘测的内容、主要概（估）算指标等。

4. 调查、勘测

依据主体工程设计资料、确定的调查勘测的范围和内容，明确调查和勘测的重点。调查内容包括：主体工程基本情况的收集和调查，项目区周边自然情况调查，项目区及周边类似工程水土流失及其防治现状和效果的调查。勘测内容包括较大的弃渣场的勘测，上方来水区集水面积和产流量测算、工程地质勘察、渣场地形测量、弃土弃渣物质组成和容量分析、拦渣坝或挡渣墙基线勘测、周边截水排水工程布设勘查、覆土来源和储量勘察、施工便道勘测等；还包括临时占地区如取土场、施工场地的位置、面积、覆土来源、运土线路、周边来水等的勘测。

5. 水土流失预测

根据调查勘测的情况进行水土流失分区及预测。预测主要对工程建设过程中可能引起的水土流失环节、因素，定量预测水力和风力侵蚀量，定性分析引发重力侵蚀、泥石流等灾害的可能性，以及定性分析生产建设项目所造成的水土流失危害类型和程度。

6. 水土保持措施设计

鉴于水土保持方案多在工程可行性研究或初步设计阶段编制，按现行规范，水土保持方案设计的主要任务为典型设计，即根据分区选择有代表性的工程进行设计，并以此估算工程量。

措施设计一般按如下步骤进行。

（1）了解主体的建设方案，明确主体工程建设可能要造成的水土流失，分析可能造成水土流失的类型及危害。

（2）拟定可选用的水土保持措施类型，一般多选几个方案进行比选。

（3）获得设计的基础资料，通过收集和实测手段，收集地形图、水文气象资料、相关设计参数（主要是地质资料，如填方或基础的内摩擦角，黏聚力等；土壤种类；地下水位等）；建筑材料来源；其他条件调查（交通运输条件、施工机械、主要材料价格等）。

（4）水土保持工程措施，针对可能选用的措施类型，进行计算、分析，确定构造和施工要求。

（5）根据设计结果绘制典型设计图。

7. 水土保持监测

其主要依据《生产建设项目水土保持监测与评价标准》及《水利部办公厅关于进一步加强生产建设项目水土保持监测工作的通知》（办水保〔2020〕161号），在方案编制阶段主要明确项目水土保持监测需重点监测范围和监测点位、监测内容与方案、监测频次。

8. 投资估算及附件的编制

按水土保持投资估算与主体工程一致的原则，确定价格水平年、收集材料价格、分析工程单价等内容。

对于编制依据，水利水电工程应使用《水土保持工程概（估）算编制规定》《××省水利水电工程设计概（预）算编制规定》及其各自的配套定额。当定额子目缺项借用其他行业定额计价时，其编制方法、计价格式和取费标准应执行以上规定。非水利水电工程生产建设项目水土保持工程可采用其主体工程概（估）算编制办法、标准和定额编制投资文件，但项目划分、独立费用的构成及计算标准应执行《水土保持工程概（估）算编制规定》。编制的概（估）算价格水平应与主体工程价格水平保持一致。

水土保持方案编制程序框图如图5.1所示。

5.3.2　生产建设项目水土保持方案编制的审批管理程序

5.3.2.1　审批程序

（1）生产建设单位可以自行编制或者委托有关机构编制水土保持方案。

（2）建设单位或个人向相应水行政主管部门报送方案送审稿及审查申请。

（3）水行政主管部门批转给水土保持专业机构进行审查或技术评审，按照国家关于水土保持的法律法规及技术规范和要求，现场查勘和技术文件评审，并形成审查意见或专家评审意见。

（4）根据审查意见或专家评审意见，由建设单位自行或组织编制单位进行修改、补充和完善，形成水土保持方案（报批稿），送审查单位或技术评审组织单位进行复核。

（5）审查单位技术评审机构对水土保持方案报告书（报批稿）进行复核，符合有关规定和要求的出具正式《水土保持方案报告书》审查意见或技术评审意见，并报送

5.6　生产建设项目水土保持方案编制的审批管理程序

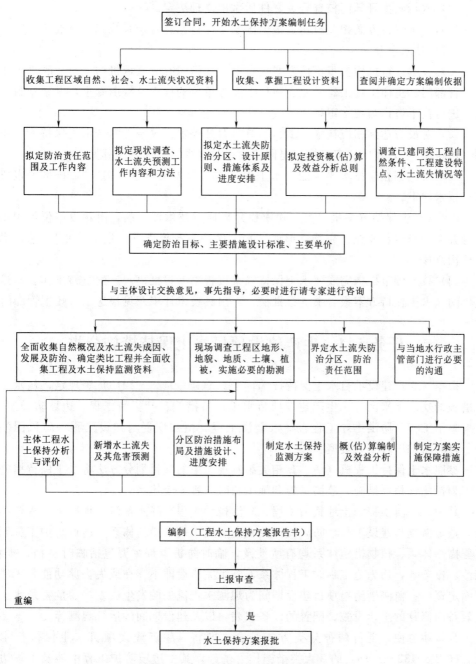

图 5.1 水土保持方案编制程序框图

水行政主管部门。对不符合规定和要求的《水土保持方案报告书（报批稿）》退回建设单位重新修改、补充和完善。

（6）建设单位或个人向水行政主管部门报送《关于报批〈×××水土保持方案报告书（报批稿）〉的请示》以及经技术评审机构审核同意后的《水土保持方案报告书（报批稿）》，申请批复。

（7）水行政主管部门核查有关文件后做出受理决定。

（8）水土保持方案相关材料上报全国水土保持信息管理系统（上报端）。

5.3.2.2 技术审查

（1）技术评审机构初步审核方案报告书后，组织有关流域机构、行业和地方水行政主管部门、主体工程土建专业、项目建设等单位的代表及特邀专家，勘察项目区现场，进行技术咨询与技术审查。

（2）对没有达到相应技术要求、不具备召开评审会议条件的《水土保持方案报告书（送审稿）》，技术评审机构应退回建设单位并提出书面修改意见。

（3）对达到相应技术要求的《水土保持方案报告书（送审稿）》，技术评审机构组织技术评审。

（4）《水土保持方案报告书（送审稿）》通过技术评审后，由建设单位组织水土保持方案的修改、补充、完善，形成《水土保持方案报告书（报批稿）》，送技术评审机构复核。

（5）技术评审机构完成《水土保持方案报告书（报批稿）》的复核工作。对通过复核的《水土保持方案报告书（报批稿）》出具技术评审意见报送水行政主管部门。

任务5.4 生产建设项目水土保持措施分类

5.7 生产建设项目水土保持措施分类

根据《生产建设项目水土保持技术标准》（GB 50433—2018）等规定，从水土保持措施的功能上来区分，生产建设项目水土保持措施包括拦渣工程、边坡防护工程、土地整治工程、防洪排导工程、降水蓄渗工程、植被恢复与建设工程、防风固沙工程、临时防护工程8大类型。

参照水土保持工程概（估）算相关编制规定中的项目划分方法将水土保持措施分为工程措施、植物措施、监测措施和施工临时工程4个体系。

其中，拦渣工程、土地整治工程、防洪排导工程、降水蓄渗工程属于工程措施体系；植被恢复与建设工程、防风固沙工程主要属于植物措施体系；边坡防护工程则是工程措施体系、植物措施体系均有所涉及；临时防护工程主要包括临时拦挡、排水、沉沙、覆盖等，均为施工临时工程体系，施工完毕后即不存在或失去原功能，无法形成固定资产；监测措施指项目建设期间为观测水土流失的发生、发展、危害及水土保持效益而修建的土建设施、配置的设备仪表，以及建设期间的运行观测等。

为叙述方便，现将两种分类方式结合，即将《生产建设项目水土保持技术标准》（GB 50433—2018）的8大类措施作为基础，其中边坡防护工程中涉及工程边坡绿化的，配套工程部分在工程措施体系中设计；涉及植物的部分，在植物措施体系中设计。

除此之外，生产建设项目在施工期和生产运行期产生的大量弃土、弃石、弃渣、尾矿和其他废弃固体物质，需布置专门的堆放场地，将其分类集中堆放，并修建拦渣工程，这种专门的堆放场地通常称为弃渣场，工矿企业也叫尾矿库、尾砂库、赤泥库、储灰场、排土场、排矸场等。弃渣场设计内容主要包括场址选择、安全防护距离和堆置要素确定、防护措施布设等，是生产建设项目水土保持设计的重要内容。

5.4.1　拦渣工程

生产建设项目在施工期和生产运行期造成大量弃渣（土、毛石、矸石、尾矿、尾砂和其他废弃固体物质等），必须布置专门的堆放场地，做必要的分类处理，并修建拦渣工程。

拦渣工程要根据弃土、弃石、弃渣等堆放的位置和堆放方式，结合地形、地质、水文条件等进行布设。拦渣工程根据弃渣堆放的位置，分为拦渣坝（尾矿库）、挡渣墙、拦渣堤、围渣堰4种形式。拦渣坝（尾矿库坝、储灰坝、拦矸坝等）是横拦在沟道中，拦挡堆放在沟道内弃渣的建筑物；挡渣墙是弃渣堆置在坡顶及斜坡面，布设在弃渣坡脚部位的拦挡建筑物；拦渣堤是当弃渣堆置于河（沟）滩岸时，按防洪治导线规划布置的拦渣建筑物；围渣堰是在平地堆渣场周边布设的拦挡弃渣的建筑物。因此，拦渣工程应根据弃渣所处位置及其岩性、数量、堆高，以及场地及其周边的地形地质、水文、施工条件、建筑材料等选择相应拦渣工程类型和设计断面。对于有排水和防洪要求的，应符合国家有关标准规范的规定。

5.4.2　边坡防护工程

对生产建设项目因开挖、回填、弃渣（土、石）形成的坡面，应根据地形、地质、水文条件等因素，采取边坡防护措施。对于开挖、削坡、取土（石）形成的土质坡面或风化严重的岩石坡面坡脚以上一定部位采取挡墙防护措施，目的是防止因降水渗流的渗透、地表径流及沟道洪水冲刷或其他原因导致荷载失衡，而产生边坡湿陷、坍塌、滑坡、岩石风化等；对易风化岩石或泥质岩层坡面、土质坡面等采取锚喷工程支护、砌石护坡等工程护坡措施；对超过一定高度的不稳定边坡也可采取削坡升级进行防护；对于稳定的土质或强风化岩质边坡采取种植林草的植物护坡措施；对于易发生滑坡的坡面，应根据滑坡体的岩层构造、地层岩性、塑性滑动层、地表地下水分布状况，以及人为开挖情况等造成滑坡的主导因素，采取削坡反压、拦排地表水、排除地下水及布置抗滑桩、抗滑墙等滑坡整治工程。从水土保持角度看，斜坡稳定情况下，植物措施应优先布设。

5.4.3　土地整治工程

土地整治工程是将扰动和损坏的土地恢复到可利用状态所采取的措施，即对由于采、挖、排、弃等作业形成的扰动土地、弃渣场（排土场、堆渣场、尾矿库等）、取料场、采矿沉陷区等，应根据立地条件采取相应的措施，将其改造成为可用于耕种、造林种草（包括园林种植）、水面养殖或商服用地或住宅用地等状态。土地整治包括表土剥离与利用，待施工结束后，对需要复垦的土地进行平整和改造、覆土、深耕深松、增施有机肥等土壤改良措施，并配套必要的灌溉设施。

5.4.4　防洪排导工程

防洪排导工程是指生产建设项目在基建施工和生产运行中，当破损的地面、取料场、弃渣场等易遭受洪水和泥石流危害时，布置的排水、排洪和排导泥石流的工程措施。根据建设项目实际情况，可采取拦洪坝、排洪渠、涵洞、防洪堤、护岸护滩、泥石流治理等防洪排导工程。当防护区域的上游有小流域沟道洪水集中危害时，布设拦洪坝；一侧或周边有坡面洪水危害时，在坡面及坡脚布设排洪渠，并与各类场地道路以及其他地面排水衔接；当坡面或沟道洪水与防护区域发生交叉时，布设涵洞或暗管，进行地下排洪；防护区域紧靠沟岸、河岸，易受洪水影响时，布设防洪堤和护岸护滩工程；对泥石流沟道需实施专项治理工程，布设泥石流排导工程及停淤工程。

5.4.5　降水蓄渗工程

降水蓄渗工程是指北方干旱半干旱地区、西南缺水区、海岛区，为利用项目区或周边的降水资源而采取的一种措施，其既有利于解决植被用水，也改善了局地水循环。对干旱缺水和城市地区的项目，宜限制项目区硬化面积，恢复并增加项目区内林草植被覆盖率。因此，对于上述地区应根据地形条件，采取措施拦蓄地表径流，主要措施是坡面径流拦蓄措施（如布设蓄水池等），对地面、人行道路面硬化结构宜采用透水形式，也可将一定区域内的径流通过渗透措施渗入地下，改善局地地下水循环。

5.4.6　植被恢复与建设工程

植被恢复与建设工程是主要针对主体工程开挖回填区、施工营地、附属企业、临时道路、设备及材料堆放场、取料场区、弃渣场区在施工结束后所采取的造林种草或景观绿化等植被恢复措施，包括植物防护、封育管护、恢复自然植被以及高陡裸露岩石边坡绿化。

对于立地条件较好的坡面和平地，采用常规造林种草；坡度较缓且需适时达到防冲要求的，采取草皮护坡、框格植草护坡等；工程管理区、厂区、居住区、办公区进行园林式绿化；在降水量少、难以采取有效措施绿化的地区，则可以采取自然恢复，或配置相应灌溉设施恢复植被。

5.4.7　防风固沙工程

防风固沙工程是对生产建设项目在施工建设和生产运行中开挖扰动地面、损坏植被，引发土地沙化，或生产建设项目可能遭受风沙危害时采取的措施。在北方沙化地区一般采取沙障固沙、营造防风固沙林带、固沙草带措施；黄泛区古河道沙地、东南沿海岸线沙带一般采取造林固沙等措施。

5.4.8　临时防护工程

临时防护工程是在施工准备期和施工期，对施工场地及其周边、取料场、弃渣场和临时堆料（渣、土）场等采取非永久性防护措施，主要包括临时拦挡、覆盖、排水、沉沙、临时种草等措施。

任务5.5　生产建设项目水土保持方案编写

5.5.1　水土保持方案报告书编制内容和章节安排

5.5.1.1　综合说明

综合说明在水土保持方案报告书中起到核心作用，它是方案报告书整体内容的浓缩，应简明扼要，编写主要包括下列内容。

（1）项目简况，包括项目基本情况、项目前期工作进展情况及项目区自然概况。

5.8　生产建设项目水土保持方案编制内容

（2）编制依据，列出编制水土保持方案所依据的主要水土保持法律法规、技术标准以及技术资料。

（3）设计水平年，确定水土保持方案设计水平年。

（4）水土流失防治责任范围，应按县级行政区确定水土流失防治责任范围及面积（对跨县级以上行政区的项目，报告书后应附防治责任范围表）。

（5）水土流失防治目标，确定项目执行水土流失防治标准执行等级，明确水土流失防治目标。

（6）项目水土保持评价结论，简述从水土保持角度对主体工程选址（线）的评价结论，并从水土保持角度对主体工程建设方案与布局进行评价。

（7）水土流失预测结果，包括可能造成土壤流失总量、新增土壤流失量、产生水土流失的重点部位、水土流失主要危害。

（8）水土保持措施布设成果，简述各防治区措施布设情况、明确项目水土保持措施主要工程量。

（9）水土保持监测方案，简述水土保持监测内容、时段、方法和点位布设情况。

（10）水土保持投资及效益分析成果，简述水土保持总投资和工程措施投资、植物措施投资、临时措施投资、独立费用（含水土保持监测费、水土保持监理费）、水土保持补偿费；简述方案实施后防治指标的可能实现情况和可治理水土流失面积、林草植被建设面积、减少水土流失量。

（11）结论，明确项目建设从选址选线、建设方案、水土流失防治等方面是否符合水土保持法律法规、技术标准的规定，实施水土保持措施后是否能达到控制水土流失、保护生态环境的目的，从水土保持角度对工程设计、施工和建设管理提出的要求。

（12）水土保持方案特性表，见表 5.3。

表 5.3　　　　　　　　　　　　　水土保持方案特性表

项目名称				
涉及地市		涉及县市		
项目规模	总投资/万元		土建投资/万元	
开工时间	完工时间		设计水平年	
工程占地/hm²	永久占地/hm²		临时占地/hm²	
土石方量/万 m³	挖方	填方	借方	弃（余）方
重点防治区名称				
地貌类型		土壤类型		
土壤侵蚀类型		土壤侵蚀强度		
植被类型		原地貌土壤侵蚀模数/[t/(km²·a)]		
防治责任范围面积/hm²		容许土壤流失量/[t/(km²·a)]		
土壤流失预测总量/t		新增水土流失量/t		
水土流失防治标准执行等级				

防治指标	水土流失治理度/%		土壤流失控制比	
	渣土防护率/%		表土保护率/%	
	林草植被恢复率/%		林草覆盖率/%	
防治措施	防治分区	工程措施	植物措施	临时措施
	投资/万元			
水土保持总投资/万元		独立费用/万元		
监理费/万元	监测费/万元		补偿费/万元	
方案编制单位		建设单位		
法定代表人及电话		法定代表人及电话		
地址		地址		
邮编		邮编		
联系人及电话		联系人及电话		
传真		传真		
电子信箱		电子信箱		

注　填表说明：①开工时间为施工准备期开始时间；②防治目标应填写设计水平年时的综合目标值；③防治措施指建设期各类防治措施的数量，如工程措施中填写浆砌石挡土墙长 500m；④水土保持投资为建设期投资。

5.5.1.2　项目概况

项目概况应包括下列内容。

（1）项目组成及工程布置，包括项目建设基本内容、单项工程（如名称、建设规模、平面布置、竖向布置等）、供电系统、给排水系统、通信系统、项目内外交通等。

（2）施工组织，包括施工生产区和生活区、施工道路、施工用水、施工用电、取土（石、砂）场、弃土（石、渣）场、施工方法和施工工艺介绍等。

（3）工程占地，包括占地面积、性质及类型。

（4）土石方平衡，包括土石方挖方、填方、借方、余方和调运情况。

（5）拆迁（移民）安置与专项设施改（迁）建，包括拆迁（移民）安置的规模、安置方式、专项设施改（迁）建的内容、规模及方案等。

（6）施工进度，包括工程总工期（含施工准备期）、开工时间、完工时间及分区或分段工程进度安排。

（7）自然概况，包括项目区地形地貌、地质、气象、水文、土壤及植被。

若有与其他项目的依托关系，应予说明。

5.5.1.3　项目水土保持评价

项目水土保持评价应包括下列内容。

（1）主体工程选址（线）水土保持评价，明确主体工程选址（线）是否存在水土保持制约因素，有制约的应提出对主体工程选址（线）或设计方案的调整要求。

（2）建设方案与布局水土保持评价，主要包括建设方案评价、工程占地评价、土石方平衡评价、取土（石、砂）场设置评价、弃土（石、渣、灰、矸石、尾矿）场设置评价、施工方法与工艺评价、主体工程设计中具有水土保持功能措施的评价等。

（3）主体工程设计中水土保持措施界定，包括水土保持措施的种类、数量、工程量及投资。

5.5.1.4 水土流失分析与预测

水土流失分析与预测应该包括下列内容。

（1）水土流失现状，包括项目所在区域水土流失的类型、强度，土壤侵蚀模数和容许土壤流失量。

（2）水土流失影响因素分析，明确建设和生产过程中扰动地表、损毁植被面积，废弃土（石、渣、灰、矸石、尾矿）量。

（3）土壤流失量预测，主要包括预测单元、预测时段、土壤侵蚀模数、预测结果等。应说明预测方法及土壤侵蚀模数背景值、扰动后的模数值的取值依据；应列表说明各预测单元施工期、自然恢复期的土壤流失总量和新增土壤流失量。

（4）水土流失危害分析，包括对当地、周边、下游和对工程本身可能造成的危害形式、程度和范围，以及产生滑坡和泥石流的风险等。

（5）指导性意见，提出水土流失防治和监测的重点区域。

5.5.1.5 水土保持措施

水土保持措施应包括下列内容。

（1）防治区划分，用表、图说明分区结果。

（2）措施总体布局，附防治措施体系框图。

（3）分区措施布设，应按防治分区，分工程措施、植物措施、临时工程列表说明各项防治工程的工程量。

（4）施工要求，主要包括水土保持工程施工组织设计、水土保持措施实施进度安排等。

5.5.1.6 水土保持监测

水土保持监测应包括下列内容。

（1）范围和时段，说明水土保持监测范围及监测时段。

（2）内容和方法，说明水土保持监测内容及监测方法。

（3）点位布设，明确水土保持监测点位布设情况。

（4）实施条件和成果，说明水土保持监测实施条件及监测成果。

5.5.1.7 水土保持投资估算及效益分析

水土保持投资估算及效益分析应包括下列内容。

（1）投资估算，主要包括编制原则及依据、编制说明与估算成果。

（2）效益分析，主要指生态效益分析。分析计算水土流失防治 6 项指标达到情况。

5.5.1.8　水土保持管理

水土保持管理应包括下列内容。

（1）组织管理，应明确建设单位水土保持管理机构与人员、管理制度等。

（2）后续设计，应明确水土保持初步设计、施工图设计要求。

（3）水土保持监测，应明确落实水土保持监测的要求。

（4）水土保持监理，应明确落实水土保持监理的要求。

（5）水土保持施工，应明确落实水土保持施工的要求。

（6）水土保持设施验收，应明确水土保持设施验收的程序及相关要求，提出工程验收后水土保持管理要求。

附表

（1）防治责任范围表（涉及县级行政区较多时）。

（2）防治标准指标计算表（分区段标准较多时）。

（3）单价分析表。

附件

应包括项目立项的有关文件和其他有关文件。

附图

（1）项目地理位置图，应包含行政区划、主要城镇和交通路线。

（2）项目区水系图，应包含主要河流、排灌干渠、水库、湖泊等。

（3）项目区土壤侵蚀强度分布图。

（4）项目总体布置图，应反映项目组成的各项内容，公路、铁路项目尚应有平、纵断面缩图。

（5）分区防治措施总体布局图（含监测点位）。

（6）水土保持典型措施布设图。

5.5.2　水土保持方案报告表编制内容

水土保持方案报告表相比报告书要简单一些，主要包括以下内容：项目概况、项目区概况、项目选址（线）水土保持评价、水土流失预测、防治责任范围、防治标准等级及目标、水土保持措施、水土保持投资估算、编制单位信息、建设单位信息、附图及附件等。

水土保持方案报告表的格式见表 5.4。

5.5.3　水土保持方案报告书的编写要点

水利部、省（自治区、直辖市）、市、县（区）批准的生产建设项目水土保持方案报告书的编制要求及审查要点各有侧重，本书仅以浙江省为例，说明生产建设项目水土保持方案报告书的编写要点。

5.5.3.1　综合说明

综合说明是水土保持方案报告书的第一部分，是整个水土保持方案内容的浓缩，主要目的是通过对综合说明的阅读了解方案编制的大致情况。其编写应简练，且能突出重点。本部分内容应包含项目简况、编制依据、设计水平年、水土流失防治责任范围、水土流失防治目标、项目水土保持评价结论、水土流失预测结果、水土保持措施布设成果、水土保持监测方案、水土保持投资及效益分析成果、结论及方案特性表。

5.9　生产建设项目水土保持方案报告书的编写要点（一）

表 5.4　　　　　　　　　　　　**水土保持方案报告表内容及格式**

　　　　　　　　　　　　项目水土保持方案报告表

项目概况	位置					
	建设内容					
	建设性质			总投资/万元		
	土建投资/万元			占地面积/hm²		永久：
						临时：
	动工时间			完工时间		
	土石方/m³	挖方	填方	借方		余（弃）方
	取土（石、砂）场	（应填写位置、数量、取土量）				
	弃土（石、砂）场	（应填写位置、数量、取土量）				
项目区概况	涉及重点防治区情况			地貌类型		
	原地貌土壤侵蚀模数 /[t/(km²·a)]			容许土壤流失量 /[t/(km²·a)]		
项目选址（线）水土保持评价						
预测水土流失总量						
防治责任范围/hm²						
防治标准等级 及目标	防治标准等级					
	水土流失治理度/%			土壤流失控制比		
	渣土防护率/%			表土保护率/%		
	林草植被恢复率/%			林草覆盖率/%		
水土保持措施	（应填写各项工程措施布设的位置、结构和断面形式、工程量，各项植物措施布设的位置、配置形式，面积和数量，各项临时措施布设的位置、形式和工程量）					
水土保持投资估算 /万元	工程措施			植物措施		
	临时措施			水土保持补偿费		
	独立费用	建设管理费				
		水土保持监理费				
		设计费				
	总投资					
编制单位				建设单位		
法人代表及电话				法人代表及电话		
地址				地址		
邮编				邮编		
联系人及电话				联系人及电话		
电子信箱				电子信箱		
传真				传真		

注　1. 封面后应附责任页。

　　2. 报告表后应附项目支持性文件、地理位置图和总平面布置图。

　　3. 用此表表达不清的事项，可用附件表述。

编写要点：是否高度概括、简明扼要地反映方案的主要内容。

1. 项目简况

简述项目建设必要性、项目位置（点型工程介绍到乡级，线型工程介绍到县级）、建设性质、规模与等级、项目组成及施工临建、拆迁（移民）数量及安置方式、专项设施改（迁）建、开工与完工时间、总工期、总投资与土建投资、项目法人等，明确工程总占地面积及永久和临时占地面积、土石方"挖、填、借、余（弃）"量、取土（石、砂）场和弃土（渣、灰、矸石、尾矿）场数量。矿山工程尚应明确地质储量、首采区位置、服务年限、生产期年排弃渣量等。

明确主体工程设计单位、设计阶段、设计文件审查及审批情况；前期工作相关文件取得情况。简要说明水土保持方案编制过程。已开工项目补报水土保持方案的，应详细介绍项目进展情况，附已实施的水土保持措施工程量及影像资料。

简述项目区地貌类型、气候类型与主要气象要素、水文水系、土壤类型、林草植被类型与覆盖率、水土保持区划及容许土壤流失量、土壤侵蚀类型及强度、现状土壤侵蚀模数、水土流失重点防治区、涉及水土保持敏感区情况。

2. 编制依据

列出编制水土保持方案所依据的主要水土保持法律法规、技术标准以及技术资料。其他所涉及的相关法律法规、规范性文件、技术标准在报告书相应位置说明。

（1）法律法规。法律法规包括《中华人民共和国水土保持法》《中华人民共和国环境保护法》《中华人民共和国固体废物污染环境防治法》、水土保持条例等。根据工程类型，还有《中华人民共和国水法》《中华人民共和国防洪法》和《中华人民共和国河道管理条例》等。

（2）规章。规章主要指国务院组成部门及直属机构，省（自治区、直辖市）人民政府及省（自治区）政府所在地的市和设区市的人民政府，在职权范围内，为执行法律、法规，需要制定的事项或属于本行政区域的具体行政管理事项而制定的规范性文件，如《生产建设项目水土保持方案管理办法》和《产业结构调整指导目录（2024年本）》等。

（3）规范性文件。规范性文件是指编制水土保持方案须遵循的各部门制定的文件。如《生产建设项目水土保持技术文件编写和印制格式规定（试行）》《水利部办公厅关于做好生产建设项目水土保持承诺制管理的通知》《水利部办公厅关于进一步加强生产建设项目水土保持监测工作的通知》和水利部、各省、自治区、直辖市人民政府关于划分水土流失重点防治区的公告及水土保持设施补偿费的文件等。

（4）技术规范与标准。技术性规范、标准是指各部门为水土保持方案编制所制定的文件，如《生产建设项目水土保持技术标准》（GB 50433—2018）、《生产建设项目水土流失防治标准》（GB/T 50434—2018）、《土壤侵蚀分类分级标准》（SL 190—2007）、《水土保持工程设计规范》（GB 51018—2014）、《生产建设项目土壤流失量测算导则》（SL 773—2018）等。此外，应用的项目所属行业的有关规范与标准也应列出。

（5）技术文件及资料。

1）主体工程可行性研究报告或初步设计文件。

2）方案编制委托书。

3）水土保持规划。

4）水功能区水环境功能区划分方案。

3．设计水平年

设计水平年为水土保持方案确定的水土保持措施实施完毕并初步发挥效益的年份。届时方案确定的各项设施均应布设到位，初步发挥效益是指各项水土保持措施实施后，水土保持方案确定的各项水土流失防治标准指标值可以实现。一般建设类项目设计水平年为完工当年或者后一年；建设生产类项目为主体工程完工后投入生产之年或后一年。

4．水土流失防治责任范围

水土流失防治责任范围是生产建设单位依法应承担水土流失防治义务的区域，包括项目永久征地、临时占地（含租赁土地）以及其他使用与管辖区域。应根据县级以上行政区、占地性质、占地类型和占地数量的统计结果、永久占地和临时占地情况，说明项目区水土流失防治责任范围的面积。应明确防治责任范围，列出 2000 国家大地坐标系的防治责任范围主要拐点坐标表。如果项目建设区既有征地也有与其他项目存在共用场地，应另外做出说明。

5．水土流失防治目标

（1）执行标准等级。生产建设项目水土流失防治标准等级应分为一级、二级、三级。建设类项目防治标准应按施工期、设计水平年两个时段分别确定；建设生产类项目防治标准应按施工期、设计水平年和生产期 3 个时段分别确定。

生产建设项目水土流失防治标准等级应根据项目所处地区水土保持敏感程度和水土流失影响程度确定，并应符合下列规定。

1）项目位于各级人民政府和相关机构确定的水土流失重点预防区和重点治理区、饮用水水源保护区、水功能一级区的保护区和保留区、自然保护区、世界文化和自然遗产地、风景名胜区、地质公园、森林公园、重要湿地，且不能避让的，以及位于县级及以上城市区域的，应执行一级标准。

2）项目位于湖泊和已建成水库周边、四级以上河道两岸 3km 汇流范围内，或项目周边 500m 范围内有乡镇、居民点的，且不在一级标准区域的应执行二级标准。

3）项目位于一级、二级标准区域以外的，应执行三级标准。

（2）防治目标。

1）水土流失防治的定性目标。

a. 项目建设范围内的新增水土流失应得到有效控制，原有水土流失得到治理。

b. 水土保持设施应安全有效。

c. 水土资源、林草植被应得到最大限度的保护与恢复。

工程建设项目水土流失防治，不仅要将新增的水土流失进行防治，还需结合水土流失重点防治区的划分和治理规划的要求，对项目区原有的水土流失进行治理。对水土流失的防治，首先要将水土流失控制在水土流失背景值范围内，再将其恢复到土壤流失容许值范围内，促进水土资源的可持续利用和生态系统的良性发展。

2）水土流失防治的量化目标。

a. 水土流失治理度。水土流失治理度指项目水土流失防治责任范围内水土流失治理达标面积占水土流失总面积的百分比。

水土流失面积包括因生产建设活动导致或诱发的水土流失面积，以及防治责任范围内尚未达到容许土壤流失量的未扰动地表面积。水土流失治理达标面积是指对水土流失区域采取水土保持措施，使土壤流失量达到容许土壤流失量或以下的面积，以及建立良好排水体系，并不对周边产生冲刷的地面硬化面积和永久建筑物占用地面积。

b. 土壤流失控制比。土壤流失控制比指项目水土流失防治责任范围内容许土壤流失量与治理后每平方公里年平均土壤流失量之比。

工程建设项目的土壤流失量是指项目验收或某一监测时段，防治责任范围内的平均土壤流失量。水力侵蚀的容许土壤流失量的指标按《土壤侵蚀分类分级标准》（SL 190—2007）执行；风力侵蚀的容许土壤流失量可参考以下值：北方风沙区为 $1000 \sim 2500 t/(km^2 \cdot a)$，具体数量值可根据原地貌风蚀强度确定；风蚀水蚀交错区为 $1000 t/(km^2 \cdot a)$；其他侵蚀类型暂不作定量规定。

c. 渣土防护率。渣土防护率是指项目水土流失防治责任范围内采取措施实际挡护的永久弃渣、临时堆土数量占永久弃渣和临时堆土总量的百分比。

永久弃渣是指项目竣工后和生产过程中，堆存于专门场地的废渣（土、石、灰、矸石、尾矿）；临时堆土是指施工和生产过程中暂时堆存，后期仍要利用的土（石、渣、灰、矸石）。实际挡护是指对永久弃渣和临时堆土下游或周边采取拦挡，表面采取工程和植物防护或临时苫盖防护。

d. 表土保护率。表土保护率是指项目水土流失防治责任范围内保护的表土数量占可剥离表土总量的百分比。保护的表土数量是指对各地表扰动区域的表层腐殖土（耕作土）进行剥离（或铺垫）、临时防护、后期利用的数量总和。可剥离表土总量是指根据地形条件、施工方法、表土层厚度，综合考虑目前技术经济条件下可以剥离表土的总量，包括采取铺垫措施保护的表土量。一般情况下耕地耕作层、林地和园地腐殖层、草地草甸、东北黑土层都应进行剥离和保护。

e. 林草植被恢复率。林草植被恢复率是指项目水土流失防治责任范围内林草类植被面积占可恢复林草植被面积的百分比。可恢复林草植被面积是指在当前技术经济条件下，通过分析论证确定的可以采取植物措施的面积，不含恢复农耕的面积。林草类植被面积是指生产建设项目的防治责任范围内所有人工和天然的林地和草地面积。其中森林的郁闭度应达到 0.2 以上（不含 0.2）；灌木林和草地的盖度应达到 0.4 以上（不含 0.4）。零星植树可根据不同树种的造林密度折合为面积。

f. 林草覆盖率。林草覆盖率是指项目水土流失防治责任范围内林草类植被面积占总面积的百分比。

南方红壤区水土流失防治指标值见表 5.5。

表 5.5 南方红壤区水土流失防治指标值

防治指标	一级标准		二级标准		三级标准	
	施工期	设计水平年	施工期	设计水平年	施工期	设计水平年
水土流失治理度/%	—	98	—	98	—	90
土壤流失控制比	—	0.90	—	0.85	—	0.80
渣土防护率/%	95	97	90	95	85	90
表土保护率/%	92	92	87	87	82	82
林草植被恢复率/%	—	98	—	95	—	90
林草覆盖率/%	—	25	—	22	—	19

6. 项目水土保持分析评价结论

应从水土保持角度明确主体工程选址（线）的评价结论。应明确建设方案、工程占地、土石方平衡、表土保护方案、取土（石、砂）场设置、弃土（渣、灰、矸石、尾矿）场设置、施工方法与工艺、具有水土保持功能工程等评价结论。

7. 水土流失预测结果

应明确可能产生的水土流失总量，新增水土流失量（含施工期、自然恢复期和运行期）及产生水土流失的重点时段和部位，水土流失主要危害。

8. 水土保持措施布设成果

（1）简述各防治区措施布设情况。工程措施应明确措施名称、结构形式、布设位置、实施时段；植物措施应明确植物类型、布设位置、实施时段；临时措施应明确措施名称、布设位置、实施时段。

（2）明确项目水土保持措施主要工程量。工程措施统计表土剥离数量、拦挡设施的体积、排水措施长度、边坡防护面积、土地整治面积等；植物措施统计植被建设面积；临时措施统计临时拦挡、排水数量及苫盖面积等。

9. 水土保持监测方案

应说明水土保持监测内容、时段、方法、频次和监测点位布设情况。

10. 水土保持投资及效益分析成果

（1）水土保持投资成果。简述水土保持总投资，工程措施、植物措施、临时措施、水土保持监测措施投资，独立费用（含建设管理费、勘测设计费、水土保持监理费等）、基本预备费和水土保持补偿费。

建设生产类项目生产期水土保持投资另行计列。

（2）水土保持投效益分析成果。简述方案实施后防治指标的可能实现情况和可治理水土流失面积、林草植被建设面积、减少水土流失量。

11. 结论

明确项目选址选线、建设方案、水土流失防治等方面是否符合水土保持法律法规、技术标准的规定，实施水土保持措施后是否能达到控制水土流失、保护生态环境的目的，从水土保持角度对工程设计、施工和建设管理提出的要求。

综合说明后应附水土保持方案特性表。

5.5.3.2　项目概况

编写要点：

（1）项目组成、各组成部分的建设内容介绍是否清楚。

（2）工程特性、施工方法与工艺是否反映了水土保持有关要求。

（3）工程占地的性质、类型和数量是否明确。

（4）土石方挖、填、借、余（弃）介绍是否清楚。

（5）自然概况介绍是否全面、清楚并针对项目区，数据是否为近期资料、系列年限是否满足要求。

1. 项目基本情况

项目基本情况应包括项目名称、地理位置、建设性质、建设任务、工程等级与规模、总投资及土建投资、建设工期等。

工程投资应包括总投资、土建投资、资本金构成及来源等。

2. 项目组成及工程布置

以主体工程推荐方案为基础，介绍项目建设基本内容，单项工程的名称、建设规模、平面布置、竖向布置等，并应有项目组成及主要技术指标表。存在依托关系的项目，应调查依托工程相关情况。根据主体设计情况，说明项目建设所需的供电系统、给排水系统、通信系统、项目内外交通等。另外，需说明项目生产过程中产生的弃土（石、渣、灰、矸石、尾矿）及处置方案，包括来源、数量、类别和处置方式。

图件应包括项目总体布置图和工程平面布置图，公路、铁路等线型工程尚应有平、纵断面缩图和典型断面图；取土（石、砂）场、弃土（石、渣）场应附位置图。

3. 施工组织

施工组织应包括施工生产区和生活区的布设位置、数量、占地面积及类型、地形条件等；施工道路布设位置、长度、宽度、占地面积等；施工用水水源、供水工程布置、占地面积等，以及施工用电电源、供电工程布置占地面积等；取土（石、砂）场的布设位置（含坐标）、地形地质条件、取土（石、砂）量、占地面积等；弃土（石、砂）场的布设位置（含坐标）、地形地质条件、容量、弃土（石、砂）量、最大堆高、占地面积、汇水面积，以及下游重要设施、居民点等；与水土保持相关的场地平整、基础开挖、路基修筑、管沟挖填等土石方工程施工方法与工艺。

对于本阶段主体设计中尚未涉及施工方法（工艺）相关内容的，应补充说明。

4. 工程占地

工程占地应根据项目组成和施工组织，按县级行政区分别说明占地性质、类型、面积，并列出工程总占地表；占地类型应按现行国家标准《土地利用现状分类》（GB/T 21010—2017）的相关规定和水土保持要求分类统计，并应进行现场复核；水土保持方案对工程占地有调整的应明确调整结果。

5. 土石方平衡

土石方平衡应根据项目组成和施工组织，分区统计并复核挖方、填方、借方（说明来源）、余方（说明去向）量和调运情况，并附土石方平衡表、土石方流向框图；

表土应进行单独平衡，明确表土的开挖数量，并列出平衡表。本项目剩余表土应说明堆存方式、后续利用方案，不能利用的要有明确的处置方案。工程余方应说明优先考虑综合利用情况，不能利用的应说明弃土和弃石（渣）数量和分类堆存方案。水土保持方案对工程土石方平衡有调整的应明确调整结果。

土石方平衡表样式见表 5.6。

表 5.6　　　　　　　　　　　土 石 方 平 衡 表 样 式　　　　　　　单位：m³ 或万 m³

分段或防治分区	挖方	填　　　方					调出		弃方	
		本项利用	调入		借方					
		数量	数量	来源	数量	来源	数量	去向	数量	去向

注　1. 各种土石方均应折算为自然方进行平衡。

2. 表土剥离和回填、建筑垃圾、钻渣泥浆等均应计入土石方平衡。

3. 各行均可按"挖方＋调入＋借方＝填方＋调出＋弃方"进行校核。

6. 拆迁（移民）安置与专项设施改（迁）建

拆迁（移民）安置与专项设施改（迁）建应包括拆迁（移民）安置的规模、安置方式、专项设施改（迁）建的内容、规模及方案等。

7. 施工进度

工期安排应包括工程总工期（含施工准备期）、开工时间、完工时间及分区或分段工程进度安排，并附施工进度表。

已开工项目补报水土保持方案的，应介绍施工进展情况。

8. 自然概况

自然概况应包括项目区地形地貌、地质、气象、水文、土壤及植被，并明确项目区涉及的水土保持敏感区，且符合下列规定。

（1）地形地貌调查内容包括项目所在区域地形特征、地貌类型，说明项目占地范围内的地面坡度、高程和地表物质组成等。

（2）地质调查内容主要应包括项目占地范围内的地下水埋深，软土地基，滑坡、崩塌及泥石流等不良地质情况。

（3）气象调查内容应包括项目所在区域所处的气候类型，多年平均气温、大于或等于 10℃积温、年蒸发量、年降水量、无霜期、平均风速与主导风向、大风日数，雨季时段，风季时段及最大冻土深度等，并说明资料来源和系列长度。

（4）水文调查内容应包括项目所在区域所处的流域，主要河流和湖泊的名称及等级、水功能区划、潮汐情况等，涉及河（沟）道的弃渣场应调查相应河（沟）道的水位、流量及防洪规划等相关情况，并附项目区水系图。

（5）土壤调查内容应包括项目所在区域土壤类型、项目占地范围内表层土壤厚度、可剥离范围及面积等，应附表土剥离范围图及表土厚度量测资料。

（6）植被调查内容应包括项目所在区域植被类型、当地主要乡土树草种及生长情况以及林草覆盖率等。

（7）明确项目区涉及的水土保持敏感区。点型生产建设项目自然概况应以乡（镇）或县（市、区）为单元表述，线型生产建设项目应以县（市、区）或市（地、州）为单元表述；应有水土流失重点预防区和重点治理区划图、土壤侵蚀强度分布图。

5.5.3.3　项目水土保持评价

5.10　生产建设项目水土保持方案报告书的编写要点（二）

> 编写要点：
>
> （1）主体工程选址（线）的制约性因素评价结论是否正确。
>
> （2）项目建设方案与布局，包括建设方案、工程占地、土石方平衡、表土保护方案、取土（石、料）场、弃土（石、渣、灰、矸石、尾矿）场、施工方法和工艺、具有水土保持功能工程等分析与评价是否全面、准确。
>
> （3）主体设计中水土保持措施界定是否合理。

1. 主体工程选址（线）水土保持评价

逐条分析工程选址（线）水土保持限制和约束性规定。对存在制约性因素又无法避让的，应说明与本工程的位置关系，并提出相应要求。重点说明以下几方面。

（1）是否避让了水土流失重点预防区和重点治理区。

（2）是否避让了河流两岸、湖泊和水库周边的植物保护带。

（3）是否避开了生态保护红线、永久基本农田、生态公益林。

（4）是否避开了泥石流易发区、崩塌滑坡危险区。

（5）是否避开了全国水土保持监测网络中的水土保持监测站点、重点试验区，是否占用了国家确定的水土保持长期定位观测站。

（6）是否处于重要江河、湖泊水功能一级区的保护区和保留区（可能严重影响水质的，应避让）以及水功能二级区的饮用水源区（对水质有影响的，应避让）。

对涉及和影响到饮水安全、防洪安全、水资源安全等必须严格避让；对无法避让的重要基础设施建设、重要民生工程、国防工程等项目，应提出提高防治标准、严格控制扰动地表和植被损坏范围、减少工程占地、加强工程管理、优化施工工艺的要求。经过环境敏感区域的，应符合有关规定。

2. 建设方案与布局水土保持评价

应从水土保持角度对工程建设方案、工程占地、土石方平衡、表土保护方案、取土（石、料）场设置、弃土（渣、矸石、尾矿）场设置、施工方法（工艺）和具有水土保持功能工程的分析评价，提出评价结论。已开工项目补报水土保持方案，可简化工程建设方案与布局评价。

（1）建设方案评价。工程建设方案评价从以下方面分析评价后，应明确评价结论，可提出优化建议。

1）公路、铁路工程在高填深挖路段，应采用加大桥隧比例的方案，减少大填大挖；填高大于20m，挖深大于30m的，应进行桥隧替代方案论证；路堤、路堑在保证边坡稳定的基础上，应采用植物防护或工程与植物防护相结合的设计方案。

2）城镇区的建设项目应提高植被建设标准，注重景观效果，配套建设灌溉、排水和雨水利用设施。

3）山丘区输电工程塔基应采用不等高基础，经过林区的应采取加高杆塔跨越方式。

4）对无法避让水土流失重点预防区和重点治理区的项目，应优化工程方案，减少工程占地和土石方量。公路、铁路项目填高大于 8m 宜采用桥梁方案（有多余土石方的除外）；管道工程穿越宜采用隧道、定向钻、顶管等方式；山丘区工业场地宜优先采取阶梯式布置；截排水工程、拦挡工程的工程等级和防洪标准应提高一级；宜布设雨洪集蓄、沉沙设施；提高植物措施标准，林草覆盖率应提高 1～2 个百分点。

5）对改移水系和占用水域的工程，应分析是否满足水域保护规划和防洪、排涝要求，评价方案的合理性和可行性。

6）在满足防洪要求的前提下，分析评价竖向设计的合理性，尽量做到挖填平衡，减少高填深挖、借方量和弃方量。

7）涉及水土保持敏感区的，包括生态保护红线、永久基本农田、生态公益林、饮用水水源保护区、自然保护区、风景名胜区、国家公园、地质公园、森林公园、世界文化和自然遗产地、重要湿地、文物保护单位等，应说明与本工程的位置关系及影响分析评价结论。

（2）工程占地评价。工程占地应符合节约用地和减少扰动的要求；临时占地应在满足施工要求的前提下，尽量少占，占地应符合有关的管理部门的规定，用地结束后应整治恢复。应明确工程占地的评价结论。

（3）土石方平衡评价。土石方挖填数量应符合最优化原则；应根据项目组成和施工组织，分区统计并复核挖方、填方、借方（说明来源）、余方（说明去向）量和调运情况，列出土石方平衡表，绘制流向框图；从节点、时序、运距等方面，分析土石方调配的合理性和可行性；余方应首先考虑综合利用，应分析评价余方外运处置的合理性和可行性，并附证明性材料；外借土石方应优先考虑利用其他工程废弃的土（石、渣），外购土（石、料）应选择合规的料场；工程标段划分应考虑合理调配土石方，减少取土（石）方、弃土（石、渣）方和临时占地数量；应明确土石方平衡的评价结论。

（4）表土保护方案评价。

> 编写要点：表土剥离和堆置防护的合理性。

应对表土剥离的范围、厚度、数量进行评价，并列出平衡表；应对表土堆置及利用方案进行合理性分析；应明确表土保护方案评价结论。

（5）取土（石、砂）场设置评价。

> 编写要点：取土（石、料）场设置的合理性。

严禁在崩塌、滑坡危险区和泥石流易发区设置取土（石、料）场；应符合城镇、景区等规划要求，并与周边景观相互协调，尽量避开交通干道的可视范围；在河道取土（石、料）的应符合河道管理的有关规定；应综合考虑取土（石、料）结束后的土地利用。依托其他项目取土的，应附意向书；应明确取土（石、料）场设置评价结论；若方案不设置取土场，需对取土来源进行评价分析。

（6）弃土（石、渣、灰、矸石、尾矿）场设置评价。

> 编写要点：弃土（石、渣、灰、矸石、尾矿）场设置的合理性。

1）严禁在对公共设施、基础设施、工业企业、居民点等有重大影响的区域设置弃土（石、渣、灰、矸石、尾矿）场。

2）涉及河道的应符合河流防洪规划和治导线的规定，不得设置在河道、湖泊和建成水库管理范围内。

3）宜选择凹地、支毛沟、未利用地等场地，布设在汇水面积大于 $0.5km^2$ 的沟道，应进行防洪论证。

4）应充分利用取土（石、料）场、废弃矿坑、沉陷区等场地。

5）依托其他项目弃渣的，应附意向书，并说明依托工程的水土保持方案报批情况及并附有关文件。

6）确需占用特殊保护范围堆渣的，应附政府相关部门的意见。

7）应综合考虑弃土（石、渣、灰、矸石、尾矿）场结束后的土地利用。

8）应明确弃土（石、渣、灰、矸石、尾矿）场设置评价结论。

9）按照政府或其部门指定的地点消纳，需对余方消纳场地进行评价，明确消纳方量、运输路线、防治责任等，并附有关证明及影像资料。

（7）施工方法与工艺评价。分析评价施工方法与工艺是否满足以下规定，并提出评价结论。

1）控制施工场地占地，避开植被良好的区域和永久基本农田。

2）合理安排施工工期，防止重复开挖和多次倒运，减少裸露时间和范围。

3）在河岸陡坡开挖土石方，以及开挖边坡下方有河渠、公路、铁路、居民点和其他重要基础设施时，宜设计渣石渡槽、溜渣洞等专门设施，将开挖的土石导出。

4）弃土、弃石、弃渣应分类堆放。

5）大型料场宜分台阶开采，控制开挖深度。爆破开挖应控制装药量和爆破范围。

6）工程标段划分应考虑合理调配土石方，减少取土弃渣和临时占地数量。

7）施工方法与工艺应符合减少水土流失的要求。

（8）主体工程设计中具有水土保持功能工程的评价。应从表土保护、拦挡、边坡防护、截（排）水、降水蓄渗、土地整治、植被建设、临时防护等方面，对主体工程设计中具有水土保持功能的措施进行分析评价，并提出补充完善意见。

3．主体工程设计中水土保持措施界定

（1）水土保持措施界定应符合下列规定。

1）应将主体工程设计中以水土保持功能为主且符合水土保持技术标准的工程界定为水土保持措施，并列表明确各项措施的位置、数量和投资。

2）已开工项目补报水土保持方案的，应介绍水土保持措施实施情况。

3）难以区分是否以水土保持功能为主的工程，可按破坏性试验的原则进行界定；即假定没有这些工程，主体设计功能仍然可以发挥作用，但会产生较大的水土流失，此类工程应界定为水土保持措施。

（2）水土保持措施界定。

1）生产建设项目拦挡和排水措施界定见表 5.7。

表 5.7　　　　　　　　　　生产建设项目拦挡和排水措施界定表

项目类型	界定为水土保持的措施		不界定为水土保持的措施	
	拦挡类	排水类	拦挡类	排水类
火电厂	弃土（石、渣）场挡渣墙、拦渣坝、拦渣堤	厂区雨水排水管、排水沟、截水沟、雨水蓄水池，灰场周边截水沟、排水沟	厂区挡土墙、围墙，储煤场防风抑尘网，灰场灰坝、拦洪坝、隔离堤	煤场沉淀池灰场排水竖井管、涵洞、盲沟、坝后蓄水池
水利水电（含航电枢纽）	弃土（石、渣）场挡渣墙、拦渣坝、拦渣堤	厂坝区、办公生活区雨水排水管、截水沟、排水沟，弃土（石、渣）场、取料场截水沟、排水沟	厂坝区、办公生活区挡土墙，围堰修筑和拆除	施工导流工程
输变电、风电	弃（石、渣）场（点）挡渣墙	变电站（所）截水沟、排水沟，塔基和风机周边截水沟、排水沟、挡水堤	变电站（所）、塔基、风机挡土墙	—
冶金、有色、化工	废石场和排土场挡渣墙、拦渣坝、拦渣堤	厂区和工业场地的雨水排水管、排水沟、截水沟、雨水蓄水池，采掘场和废石场截水沟、排水沟	厂区和工业场地挡土墙、围墙，尾矿库（赤泥库）的尾矿坝、拦渣堤、上游挡水坝，冶炼渣场拦渣坝	尾矿库（赤泥库）排水竖井、卧管、涵洞，冶炼渣场和废石场盲沟
井采矿	矸石场的挡矸墙、拦矸坝	工业场地雨水排水管、截水沟、排水沟、雨水蓄水池，排矸场截水沟、排水沟	工业场地挡土墙、围墙	—
露采矿	排土场、废石场挡渣墙、拦渣坝、拦渣堤	工业场地雨水排水管、截水沟、排水沟、雨水蓄水池，排土场、废石场截水沟、排水沟，采掘场截水围堰	工业场地挡土墙、围墙	采坑内集水、提排设施
公路、铁路	弃土（石、渣）场挡渣墙、拦渣坝、拦渣堤	服务区、养护工区等雨水排水管、截水沟、排水沟，路基截水沟、边沟、排水沟、急流槽、蒸发池、桥梁排水管、排水沟，隧道洞口截水沟、排水沟，弃土（石、渣）场、取土（石、砂）场截水沟、排水沟，西北戈壁区路基两侧导流堤	服务区、养护工区、路基挡土墙	路基涵洞、路面排水
机场	弃土（石、渣）场挡土墙	飞行区、航站区、办公区、净空区雨水排水管、排水沟、截水沟、蓄水池，取土（料）场和弃土（石、渣）场截水沟、排水沟	飞行区、航站区、办公区挡土墙	—
港口码头	—	堆场、码头雨水排水管、排水沟	海堤，堆场、码头挡土墙	

项目类型	界定为水土保持的措施		不界定为水土保持的措施	
	拦挡类	排水类	拦挡类	排水类
输气、输油、输水管道	弃（石、渣）场挡土墙、挡渣墙	站场截水沟、排水沟，管道作业带、穿越工程的截水沟、排水沟	站场挡土墙、围墙，稳管镇墩、截水墙，管道穿跨越的土墙	—
油气田开采	弃土（石、渣）场挡渣墙	站场、井场雨水排水管、截水沟、排水沟、弃土（石、渣）场、取土（石、砂）场截水沟、排水沟	站场、井场挡土墙	—
房地产		截排水沟、雨水管网、雨水蓄水池、降雨蓄渗等透水措施	围墙	基坑排水沟、集水井、污水管网

2）生产建设项目边坡防护措施界定：植物护坡应界定为水土保持措施；工程与植物措施相结合的综合护坡应界定为水土保持措施；主体工程设计在稳定边坡上布设的工程护坡应界定为水土保持措施；处理不良地质采取的护坡措施（锚杆护坡、抗滑桩、抗滑墙、挂网喷混等）不应界定为水土保持措施。

3）生产建设项目其他措施界定：表土剥离和保护应界定为水土保持措施；土地整治应界定为水土保持措施；植被建设应界定为水土保持措施；为集蓄降水的蓄水池应界定为水土保持措施；防风固沙措施应界定为水土保持措施；场地和道路硬化一般不界定为水土保持措施，采用透水形式的场地硬化措施可界定为水土保持措施；江、河、湖、海的防洪堤、防浪堤（墙）、抛石护脚不应界定为水土保持措施。

4）界定为水土保持的措施，应分区列表明确各项措施的位置，数量和投资。已开工项目补报水土保持方案的，应介绍水土保持措施实施情况。

5.5.3.4　水土流失分析与预测

水土流失预测是指按照生产建设项目正常设计进行、未采取水土保持措施的条件下，预测其建设和生产过程中可能产生的水土流失及危害。通过科学预测和客观地分析评价工程项目建设造成的因人为破坏而增加的水土流失，为水土流失防治措施的设计、防治措施体系布设、施工进度和水土保持监测提供重要依据。

编写要点：

（1）水土流失预测范围、时段划分是否符合规范要求。

（2）预测单元划分、各单元预测时间确定是否符合实际。

（3）预测内容是否全面，方法是否可行，参数的选取是否合理。

（4）预测结果是否可信，指导性意见是否符合实际。

1. 水土流失现状

简述项目区水土流失现状。土壤侵蚀强度、模数应根据有关资料，结合实地调查确定。容许土壤流失量按照《土壤侵蚀分类分级标准》（SL 190—2007）确定。明确各级水土流失重点预防区和重点治理区划分情况。附水土流失重点预防区和重点治理区区划图、土壤侵蚀强度分布图。

2. 水土流失影响因素分析

根据项目区自然条件、工程施工特点，分析工程建设与生产对水土流失的影响。明确建设和生产过程中扰动地表、损毁植被面积，废弃土（石、渣、灰、矸石、尾矿）量。

3. 土壤流失量预测

其包括预测时段、预测单元、预测方法及侵蚀模数等。明确各预测单元施工期、自然恢复期的土壤流失总量和新增土壤流失量。

（1）预测单元。预测单元确定应按地形地貌、扰动方式、扰动后地表的物质组成、气象特征等相近的原则划分。预测单元面积应根据工程平面布置结合地形图确定；自然恢复期预测面积应扣除建筑物占地、地面硬化和水面面积。

（2）预测时段。预测时段确定应符合下列规定。

1）预测时段应分施工期（含施工准备期）和自然恢复期，施工准备期和施工期可合并为一个时段进行预测，从各预测单元施工扰动地表开始到施工结束。

2）各预测单元施工期和自然恢复期应根据施工进度分别确定；施工期为实际扰动地表时间；自然恢复期为施工扰动结束后，不采取水土保持措施的情况下，土壤侵蚀强度自然恢复到扰动前土壤侵蚀强度所需要的时间，应根据当地自然条件确定，一般情况下湿润区取2年，半湿润区取3年，干旱半干旱区取5年，浙江省自然恢复期取1年。

3）施工期预测时间应按连续12个月为1年计；不足12个月，但达到一个雨（风）季长度的，按1年计；不足一个雨（风）季长度的，按占雨（风）季长度的比例计算。

（3）土壤侵蚀模数。土壤侵蚀模数确定应符合下列规定：预测单元原地貌土壤侵蚀模数，应根据土壤侵蚀模数等值线图等资料，结合实地调查综合分析确定；扰动后土壤侵蚀模数可采用数学模型、试验观测等方法确定。

已开工项目补报水土保持方案的，还应对已造成的水土流失量进行调查。

（4）预测结果。水土流失量预测按下式计算。当预测单元土壤侵蚀强度恢复到原地貌土壤侵蚀模数以下时，不再计算。

$$W = \sum_{j=1}^{2} \sum_{i=1}^{n} F_{ji} M_{ji} T_{ji} \tag{5.1}$$

式中　W——土壤流失量，t；

　　　j——预测时段，$j = 1, 2$，即指施工期（含施工准备期）和自然恢复期两个时段；

　　　i——预测单元，$i = 1, 2, 3, \cdots, n-1, n$；

　　　F_{ji}——第j预测时段、第i预测单元的面积，km^2；

　　　M_{ji}——第j预测时段、第i预测单元的土壤侵蚀模数，$t/(km^2 \cdot a)$；

　　　T_{ji}——第j预测时段、第i预测单元的预测时段长，a。

应列表说明各预测单元施工期、自然恢复期的土壤流失总量和新增土壤流失量；应根据预测结果综合分析提出水土流失防治和监测的指导性意见。

已开工项目补报水土保持方案的，还应对已造成的水土流失量进行调查。

4．水土流失危害分析

水土流失危害分析应包括对当地、周边、下游和对工程本身可能造成的危害形式、程度和范围，以及产生滑坡和泥石流的风险等。

已开工项目补报水土保持方案的，还应对已造成水土流失危害进行调查。

5．指导性意见

应明确水土流失防治和水土保持监测的重点区域和时段，提出防治措施布设的指导性意见。

5.5.3.5　水土保持措施

5.11　生产建设项目水土保持方案报告书的编写要点（三）

> 编写要点：
> （1）防治分区是否合理，层次是否分明。
> （2）防治措施体系是否完整，防治措施选择是否可行，布设位置是否明确。
> （3）分区防治措施是否合理，典型设计是否按防治措施体系分区、分类进行。
> （4）典型选择是否具有代表性，设计是否合理，图件是否规范。
> （5）工程量计算是否规范、准确。

1．防治区划分

（1）分区的目的。工程建设项目水土流失防治分区是为了科学合理地布设防治措施，同一分区内造成水土流失的影响因素应基本相同，水土流失防治措施也基本相同，可以通过典型设计来代表分区内具体各地点的设计，进而用典型设计的工程量推算整个分区的工程量。其次，还可为水土保持监测奠定基础。

（2）分区的原则。

1）各区之间应具有显著差异性。

2）同一区内造成水土流失的主导因子和防治措施应相近或相似。

3）根据项目的繁简程度和项目区自然情况，防治区可划分为一级或多级。

4）一级区应具有控制性、整体性、全局性，线型工程应按土壤侵蚀类型、地形地貌、气候类型等因素划分一级区，二级区及其以下分区应结合工程布局、项目组成、占地性质和扰动特点进行逐级分区。

5）线型工程可按地形地貌划分一级区，按项目组成和工程特点划分二级区。

（3）分区的方法。水土流失防治分区应根据实地调查（勘测）结果，在确定的防治责任范围内，依据工程布局、施工扰动特点、建设时序、地貌等自然属性、水土流失影响等进行分区。

分区结果应采用文字、图、表说明。

2．措施总体布局

应在主体工程水土保持分析评价的基础上，通过现场调查，结合工程实际，借鉴本地区同类工程成功经验，因地制宜、因害设防，形成防治体系，提出水土流失防治措施总体布局（应区分主体设计中界定为水土保持的措施和方案补充、完善的措施），并绘制体系框图。

措施总体布局应符合下列规定：应根据对主体工程设计中具有水土保持功能工程的评价，借鉴当地同类生产建设项目防治经验，布设防治措施；应注重表土资源保护；应注重降水的排导、集蓄利用以及排水与下游的衔接，防止对下游造成危害；应注重弃土（石、渣）场、取土（石、砂）场的防护；应注重地表防护，防止地表裸露，优先布设植物措施，限制硬化面积；应注重施工期的临时防护，对临时堆土、裸露地表应及时防护。

工程建设项目水土流失综合防治措施体系的布设应特别注意以下几点：①掌握生产建设项目水土流失防治措施的类型、形式和应用范围；②了解全国土壤侵蚀各类型区水土流失特点和防治的特殊要求；③考虑不同类型建设项目的防治要求；④注重平原和城市建设项目的特殊要求；⑤处于不同地貌类型区的同一工程，其防治措施的类型和布局应有差异性。如公路的平原和山区地段防治措施应有不同特点。

3. 分区措施布设

在防治措施总体布局基础上，分区布设不同部位水土流失防治措施，并进行典型措施布设。应初步确定分区各项措施的布设位置、类型、结构形式及工程量。

（1）分区措施布设应根据各区实际情况分别布设表土保护、拦渣、边坡防护、截（排）水、降水蓄渗、土地整治、植被建设、临时防护等水土保持措施。各类措施布设要求如下。

1）表土保护措施。地表开挖或回填施工区域，施工前应进行表土剥离。临时占地范围内扰动深度小于 20cm 的表土可不剥离，宜采取铺垫等保护措施。

应初步明确剥离表土的范围、厚度、数量和堆存位置，以及铺垫保护表土的位置及面积。剥离厚度应有相应的测量。堆存的表土应采取防护措施。施工结束后，应将表土回覆到绿化或复耕区域。若有剩余表土，应明确其利用方向。

2）拦渣措施。弃渣（土、石）场下游或周边应布设拦渣措施。弃渣（土、石）场布置在沟道的，应布设拦渣坝或挡渣墙；弃渣（土、石）场布置在斜坡面的，应布设挡渣墙；弃渣（土、石）场布置在河（沟）道岸边的，应按防洪治导线布设拦渣堤。

应初步确定挡渣墙、拦渣坝、拦渣堤等的位置、结构和断面形式、长度。

3）边坡防护措施。对主体设计的稳定边坡，为了防止水蚀，应布设边坡防护措施，主要护坡措施有植物护坡、工程护坡、工程和植物相结合的综合护坡。

对降水条件许可、坡度缓于 1∶1.5 的土质或沙质坡面，应布设植物护坡措施；对降水条件许可的高陡边坡应布设工程和植物相结合的综合护坡措施。

应初步确定工程护坡、植物护坡、工程和植物综合护坡的位置、结构（植物配置）和断面形式。

4）截（排）水措施。对工程建设破坏原地表水系的，应布设截水沟、截水墙、排洪渠（沟）、排水沟、边沟、排水管等措施，将工程区域和周边的地表径流安全排导至下游自然沟道。

应初步确定截（排）水措施的位置、结构和断面形式、长度。

5）降水蓄渗措施。在城市区域以及沿海缺水区域主体应布设蓄水池、渗井、渗沟、透水铺砖、下凹式绿地等雨洪利用设施和调蓄设施。城市区域开发，建设区的外排水总量不应超过开发前水平。

应初步确定蓄水池、渗井、渗沟的容量、位置、结构和断面形式，下凹式绿地、透水铺装的位置、面积。城市区域每万 m² 硬化面积蓄水容积不少于 300m³。

6）土地整治措施。对弃土（石、渣、灰、矸石、尾矿）场、取土（石、料）场、施工生产生活区、施工道路、施工场地、绿化区域及空闲地等，在施工结束后应进行土地整治。土地整治措施的内容包括场地清理、平整、覆土（含表土回覆）。

应明确土地整治后的土地利用方向，包括植树种草、复耕等。应初步确定土地整治的范围、面积。

7）植物措施。项目建设区除建（构）筑物、场地硬化、复耕占地外，适宜植物生长的区域均应布设植物措施，防止土地裸露。

办公生活区应提高植被建设标准，宜采用园林式绿化；高陡岩石边坡可种植攀缘植物。

应初步确定布设乔、灌、草的位置、面积或数量。

8）临时措施。工程施工中，临时堆土（料、渣）应布设拦挡、苫盖措施。施工扰动区域应布设临时排水和沉沙措施；施工裸露场地宜布设砾石压盖措施；裸露时间长的，宜布设临时植草措施。

应初步确定临时拦挡、苫盖、排水、沉沙、临时植草的位置、形式、面积或数量。

（2）各区措施布设后应进行典型设计，典型设计要求如下。

1）应做典型设计水土保持措施包括拦渣措施、边坡防护措施、截（排）水措施（含消能防冲、沉沙、顺接措施）、降水蓄渗措施、植物措施、取土（石、料）场、弃土（石、渣、灰、矸石、尾矿）场综合防护措施。

2）典型措施的选取。拦渣措施应根据拦挡类型（拦渣坝、挡渣墙、拦渣堤等）、拦渣量选取；边坡防护措施应根据边坡类型（挖方、填方）和措施类型（工程、植物、综合）选取，线型项目应考虑沿途地形、地质变化情况；截（排）水措施（含消能防冲、沉沙、顺接措施）应根据建筑材料和断面形式选取，线型项目应考虑沿途地形、地质变化情况；降水蓄渗措施应根据措施类型（蓄水池、透水砖、下凹式绿地、渗沟、渗井等）选取；植物措施应根据植物配置类型（乔、灌、草及其配置形式）选取；取土（石、料）场综合防护措施应逐个设计；弃土（石、渣、灰、矸石、尾矿）场综合防护措施应逐个设计。

3）典型设计内容及要求

a.拦渣措施：确定拦渣措施的布设位置，绘制典型断面图，并有一定的文字说明；应经稳定性计算，确定断面尺寸；应计算典型措施工程量，并明确单位工程量和推算同类工程量的适用范围。

b.边坡防护措施：确定边坡防护措施的区域或区段，绘制典型断面图，并有一定的文字说明；应计算典型措施工程量，并明确单位工程量和推算同类工程量的适用范围。

c.截（排）水措施：确定截（排）水措施的区域或区段，绘制典型断面图，并有一定的文字说明；坡面截水沟按汇流时间所对应暴雨标准经水文及水力计算确定断面尺寸和纵向比降，排洪沟应按《防洪标准》（GB 50201—2014）或相关行业标准确定设计标准，经水文及水力计算确定断面尺寸和纵向比降；应明确消能防冲、沉沙措施布设位置，绘制平面图和典型断面图；明确排水去向和顺接措施，绘制典型断面图；应计算典型措施工程量，并明确单位工程量和推算同类工程量的适用范围。

d. 降水蓄渗措施：确定蓄水池、渗沟、渗井的位置，绘制平面图和典型剖面图；确定透水砖、下凹式绿地布设区域，绘制典型剖面图，并有一定的文字说明；蓄水池容量应根据汇水、用水和排水，按照开发建设区的外排水总量不应超过开发前水平，经水文计算确定；应计算典型措施工程量，并明确单位工程量和推算同类工程量的适用范围。

e. 植物措施：应绘制植物措施平面布置图，明确配置方式、种类、规格等，并附一定的文字说明；应计算典型措施工程量，并明确单位工程量和推算同类工程量的适用范围。

f. 取土（石、料）场、弃土（石、渣、灰、矸石、尾矿）场综合防护措施：应绘制综合措施平面布置图及各单项措施的典型断面图，并有一定的文字说明；应计算各单项措施工程量，并明确单位工程量和推算同类工程量的适用范围。

（3）典型设计应有必要的文字说明和典型设计图，典型设计图应包括必要的平面图和剖面图，平面图比例不小于 1：2000。

（4）点型防治区应选择典型区域进行典型设计，线型防治区应选择典型地段进行典型设计。

（5）典型设计后应根据典型设计的单位工程量推算各区工程量，并列出工程量计算表。

（6）取土场、弃渣场的防护措施应逐个进行设计，附有地形图、影像图和特性表。地形图比例不小于 1：1 万，范围应满足汇水计算要求并能反映下游地形地物情况。

（7）弃渣场集水面积大于 0.5km^2 的，应进行防洪论证，原则上应采用拦渣坝拦挡；若采用导流堰加排洪渠防护，必须保证第一个汛期开始时投入使用。

（8）临时堆渣（料）2 万 m^3 以上的堆渣（料）点，平面图比例不小于 1：1 万。

已开工项目补报水土保持方案的，需明确已实施的水土保持措施布设情况，已实施的水土保持措施不做典型措施布设，按实际完成工程量计列。

4. 施工要求

水土保持措施施工要求应符合下列规定。

（1）施工方法应明确实施水土保持各单项措施所采用的方法。

（2）施工进度安排应符合下列规定：①应与主体工程施工进度相协调，明确与主体单项工程施工相对应的进度安排；②临时措施应与主体工程施工同步实施；③施工裸露场地应及时采取防护措施，减少裸露时间；④弃土（石、渣）场应按"先拦后弃"原则安排拦挡措施；⑤植物措施应根据生物学特性和气候条件合理安排。

（3）施工进度安排应说明各项措施对应于主体单项工程的施工时序，分区列出水土保持施工进度安排表，附双线横道图。

已开工项目补报水土保持方案的，已实施的水土保持措施不做施工要求。

5.5.3.6　水土保持监测

5.12　生产建设项目水土保持方案报告书的编写要点（四）

> **编写要点：**
> （1）监测范围界定和时段划分是否正确。
> （2）监测内容是否全面、方法是否可行。
> （3）监测点位布设是否合理，监测频次能否满足要求。

1．范围和时段

（1）水土保持监测范围为项目水土流失防治责任范围。

（2）监测时段应从施工准备期开始，至设计水平年结束。本底值监测应尽早开展。

2．内容和方法

（1）监测内容。其主要包括以下几个方面：建设项目扰动土地情况、取土（石、料）弃土（石、渣、灰、矸石、尾矿）情况、水土流失情况和水土保持措施实施及效果、重大水土流失事件监测。

（2）监测方法。一般项目采用调查监测与定位监测相结合的方法。扰动面积超过 $50hm^2$、线性工程山丘区超过 5km 或平原区超过 10km 应增加遥感监测。堆渣量超过 50 万 m^3 或者最大堆高超过 40m 的弃渣场应增加视频监测。

水土流失量监测应采用定位观测的方法，宜选用卡口站、排水沟出口、测钎、径流小区、侵蚀沟量测等，重点监测排水含沙量。

（3）监测频次。

1）调查监测应根据监测内容和工程进度确定监测频次；取土（石、砂）量、弃土（石、渣）面积、正在实施的水土保持措施建设情况、扰动地表面积等至少每月调查记录 1 次；施工进度、水土保持植物措施生长情况至少每季度调查记录 1 次；水土流失灾害事件发生后 1 周内完成监测。

2）定位监测应根据监测内容和方法采用连续观测或定期观测，排水含沙量监测应在雨季降雨时连续进行。

3）风蚀量监测，应在风季连续进行。

3．点位布设

监测点位布设应遵循代表性、方便性、少受干扰的原则。每个监测区至少布设 1 个监测点，长度超过 100km 的监测区每 100km 宜增加 2 个监测点。不同水土流失类型分区均应布设监测点，以对比观测原地貌与扰动后地貌水土流失量的变化；不同分区相同部位应当至少布设选择一个监测点。最后应分时段因项目布设点位，如施工期布设临时观测点，运行期布设水久、临时结合的观测点。对于工程规模大、影响范围广、建设周期长的大型建设项目应布设长期观测点。监测点位的布置应结合工程所在地域、工程类型、规模大小和工期长短等来确定，同时应附监测点位布置图。

水利水电建设工程布设的监测点位主要为：施工中弃土（渣）场、取土（石）场、大型开挖面、排水泄洪区的施工期临时堆土（渣）场和不稳定岸坡等部位；建筑工程主要为施工中的地面开挖、弃土、弃渣和土石料临时堆放场地。

4. 实施条件和监测成果

（1）应根据监测内容、方法提出需要的设施、设备、消耗性材料及人员安排。

（2）监测成果应包括监测报告、观测及调查数据、相关监测图件和影像资料、报告制度要求。

5.5.3.7 水土保持投资估算及效益分析

> 编写要点：
>
> （1）编制原则是否正确，方法是否可行，费用构成、单价确定是否符合规定要求，表格是否齐全、规范。
>
> （2）投资是否满足水土流失防治工作需要。
>
> （3）效益分析结论是否可靠，六项防治目标计算是否正确、是否达到设计目标要求。

1. 投资估算

（1）编制原则及依据。

1）投资估算编制的项目划分、费用构成、表格形式等应依据水土保持工程概（估）算编制规定编写，如《浙江省水利水电工程设计概（预）算编制规定（2021年）》。

2）水土保持投资估算的价格水平年、人工单价、主要材料价格、施工机械台时费、估算定额、取费项目及费率应与主体工程一致。

3）主体工程估算定额中未明确的，应采用水土保持或相关行业的定额、取费项目及费率。如《浙江省水利水电工程设计概（预）算编制规定（2021年）》《浙江省水利水电建筑工程预算定额（2021年）》（浙水建〔2021〕4号）。

4）编制依据应包括生产建设项目水土保持投资定额和估算相关规定、主体工程投资定额估算和相关规定、相关行业投资定额和估算的相关规定。

5）水土保持措施投资包括已列投资和方案新增投资两部分。

6）估（概）算所采用的工程量应与典型设计、图纸和措施设计的结果相一致。

7）建设生产类项目生产期水土保持投资另行计列。

（2）编制说明与估算成果。

1）应按相关规定列出投资估算总表，分区措施投资表（包括工程措施、植物措施、临时措施）、分年度投资估算表、独立费用计算表、水土保持补偿费计算表、工程单价汇总表、施工机械台时费汇总表、主要材料单价汇总表。

2）水土保持措施投资应采用单价×工程量计算。

3）水土保持投资估算总表应按分区措施费、独立费用、基本预备费和水土保持补偿费计列。

4）水土保持监测费包括人工费、土建设施费、监测设备使用费和消耗性材料费，参考相关资料，结合实际工作量计列。

浙江省水土保持监测费用计算方法如下。

a. 土建设施及设备按设计工程量或设备清单乘以工程（设备）单价进行编制。

b. 安装费按设备费的百分率计算。

c. 建设期观测运行费，包括系统运行材料费、维护检修费和常规观测费。按照水土保持方案投资［水土保持工程投资中第一部分至第三部分（工程措施、植物措施、临时措施投资合计）］以及监测工作工期测算。

建设期观测运行费＝收费基价×难度调整系数×实际监测时长（年）/基准监测时长（年）。

5）独立费用包括建设管理费、科研勘察设计费、水土保持监理费等。

a. 建设管理费包括建设单位水土保持工作管理费和水土保持设施验收及报告编制费。其中建设单位水土保持工作管理费：以新增水土保持工程投资中的一至四项（工程措施、植物措施、临时措施、监测措施）投资合计的1％～2.5％计列；水土保持设施验收及报告编制费：按水土保持方案编制费的70％计列。

b. 科研勘察设计费包括科研试验费、水土保持方案编制费和勘察设计费。其中科研试验费：一般情况不列此项费用；水土保持方案编制费：参照《浙江省物价局关于公布规范后的水土保持方案报告书编制费等收费的通知》（浙价服〔2013〕251号）结合土建投资计列；勘察设计费：以方案新增水土保持投资中一至四项投资合计数为计费额，参照（浙水建〔2021〕4号）的相关规定计列。

c. 水土保持监理费：以方案新增水土保持投资中一至四项投资合计数为计费额，参照（浙水建〔2021〕4号）的相关规定计列。

6）基本预备费：以方案新增水土保持投资中一至五项（工程措施、植物措施、临时措施、监测措施、独立费用）投资合计数为基数，系数根据设计阶段取值，可行性研究阶段费率取5％，初步设计阶段费率取3％。

7）水土保持设施补偿费依据项目所在地的省（自治区、直辖市）的标准执行。如浙江省参照《浙江省物价局 浙江省财政厅 浙江省水利厅关于水土保持补偿费收费标准的通知》（浙价费〔2014〕224号）、《浙江省人民政府办公厅关于深入推进收费清理改革的通知》（浙政办发〔2015〕107号）及《浙江省发展和改革委员会 浙江省财政厅 浙江省水利厅关于明确水土保持补偿费和水资源费收费标准的通知》（浙发改价格函〔2022〕83号）相关规定执行。

报告书后应附工程单价分析表、水电砂石料单价计算书、主要材料苗木（种子）预算价格。

已开工项目补报水土保持方案的，对已实施的水土保持措施投资按实际完成计列。

2. 效益分析

效益分析主要指生态效益分析，包括水土保持方案实施后，水土流失影响的控制程度，水土资源保护、恢复和合理利用情况，生态环境保护、恢复和改善情况。

应说明水土流失治理面积、林草植被建设面积、可减少水土流失量、渣土挡护量、表土剥离及保护量。列表计算水土流失治理度、土壤流失控制比、渣土防护率、表土保护率、林草植被恢复率、林草覆盖率六项防治指标达到情况。

5.5.3.8 水土保持管理

> 编写要点：管理措施是否全面、切实可行。

方案实施保障措施是实施水土保持方案拟采取的措施，是审批部门考察可实施性的依据。编写时应重点考虑以下几个方面的内容。

1. 组织管理

工程项目建设单位要设立专门的水土保持管理机构，明确水土保持管理机构的职责制定水土保持管理的规章制度和建立水土保持工程档案。

2. 后续设计

主体工程初步设计中必须有水土保持专章，水土保持方案确定的各项水土保持防治措施，均应在工程初步设计、施工图设计阶段予以落实。项目初步设计审查时应有审批水土保持方案的水行政主管部门参加。

3. 水土保持监测

明确落实水土保持监测的要求。如项目开工前，应落实水土保持监测工作。根据《水利部办公厅关于进一步加强生产建设项目水土保持监测工作的通知》（办水保〔2020〕161号），对编制水土保持方案报告书的生产建设项目（即征占地面积在 $5hm^2$ 以上或者挖填土石方总量在5万 m^3 以上的生产建设项目），生产建设单位应当自行或者委托具备相应技术条件的机构开展水土保持监测工作，并应按批复后的水土保持方案、《生产建设项目水土保持监测与评价标准》（GB/T 51240—2018）开展水土保持监测工作，编制项目水土保持监测实施方案和监测计划，按季度向项目所在地县级水行政主管部门报告监测成果。

4. 水土保持监理

应明确水土保持监理要求。应建立水土保持监理档案，施工过程中的临时措施应有影像资料。

5. 水土保持施工

在主体工程施工招标文件和施工合同中应明确水土保持要求。

6. 水土保持设施验收

明确水土保持设施验收的程序及相关要求，提出工程竣工后的水土保持管理要求。

附表

单价分析表、水电砂石料单价计算书、主要材料苗木（种子）价格、单价计算书。

附件与附图

（1）附件。

1）项目立项的有关支撑性文件。

2）其他有关文件。

（2）附图。

1）项目地理位置图。点状项目以乡镇或县级行政区域来表示，线性项目应完整表示线路走向及与周边重要城镇的关系。地理位置图应包含主要城市和交通干线、河流等重要信息并在位置图一角标出项目在全省的位置。

2）项目区水系图。应包含项目区及周边特别是上游集水面积、下游影响范围内主要河流、水库、湖泊等，比例尺不小于 1∶10 万。

3）项目区土壤侵蚀强度分布图。点状项目应精确到乡镇范围的土壤侵蚀强度分布。

4）项目总体布置图。应反映工程总体布置、周边地形。项目总体布置图应布设在地形图上，平面图比例尺不小于 1∶1 万。公路、铁路项目应有平纵（断面）缩图，点状工程除平面布置图外应有竖向布置图。

5）分区防治措施总体布局图（含监测点位）。各项防治措施布设图应满足《水利水电工程制图标准 水土保持图》（SL/T 73.6—2015）的要求。

6）水土保措施布设典型设计图。弃渣场设计图应单独布设，确定挡渣墙、拦渣坝、拦渣堤等的位置、结构和断面形式、长度等。

任务 5.6　案　　例

5.6.1　综合说明

5.6.1.1　项目简况

1. 项目基本情况

××项目是××省"1＋4＋N"综合应急物资储备库总体规划布局的重要组成部分，是完善全省应急物资保障体系，补全省应急物资储备短板、提升公共安全保障能力的重要手段。本项目将按照以储备生活保障类救灾物资为主，同时兼顾部分适合常规储备的抢险救援类物资等功能进行建设，项目建设条件基本具备，项目建设是必要的。

本项目建设地点位于××市××县××镇××大桥南侧地块，东至××高速，西南侧紧邻××运河，北至××大道。距离京杭大运河 72～139m。项目中心点坐标为东经 120°12′32.81″，北纬 30°32′20.44″。项目属新建项目。

项目占地面积为 57108m²，其中永久占地 57108m²，临时占地 800m² 位于永久占地范围内。拟建总建筑面积 20000m²，其中地上建筑面积 19832.4m²，地下总建筑面积 167.6m²，建筑密度 30.07%，容积率 0.35，绿地率 12.04%。建设内容包括 1 号物资库、2 号物资库、3 号物资库、4 号罩棚、5 号办公及配套用房（管理用房、附属用房、生产辅助用房）等。

项目土石方开挖总量 1.81 万 m³，其中土方 0.22 万 m³，钻渣泥浆 1.58 万 m³，建筑垃圾 0.01 万 m³；填筑量 4.41 万 m³，其中表土 0.28 万 m³，土方 3.64 万 m³，石方 0.49 万 m³；借方 4.19 万 m³，其中表土 0.28 万 m³（市政园林公司购入）、土方 3.42 万 m³（利用周边其他建设项目余方）、石方 0.49 万 m³（合规料场商购）；余方 1.59 万 m³，其中钻渣泥浆 1.58 万 m³，建筑垃圾 0.01 万 m³，由建设单位承诺外运。

项目现处于前期报审阶段，采用余方承诺函，详见《关于××项目余方处置的承诺函》（略），后期外运综合处置。

工程总投资 36187.49 万元，其中土建投资用 20571.61 万元。所需建设资金由省财政厅安排。项目建设过程中不涉及拆迁安置。项目总工期 35 个月（其中施工期 16 个月），计划于 2023 年 10 月开工，2025 年 2 月完工。

2. 项目前期工作进展情况

2021 年 12 月 31 日，浙江省发展和改革委员会对本项目予以备案。

2022 年 6 月 24 日，项目取得中华人民共和国建设用地规划许可证。

2022 年 11 月 9 日，浙江省发展和改革委员会以"浙发改项字〔2022〕××号"文对××项目可行性研究报告进行了批复。2023 年 7 月 26 日，浙江省发展和改革委员会以"浙发改项字〔2023〕××号"文对××项目初步设计报告进行了批复。

根据《中华人民共和国水土保持法》等有关规定，建设单位委托××公司承担该工程水土保持方案的编制工作，接受委托后，××公司组织工程技术人员进行了工程现场查勘、收集相关资料、综合分析等工作，于 2023 年 7 月编制完成《××项目水土保持方案报告书》（送审稿）。2023 年 7 月，××县水利局邀请专家对《××项目水土保持方案报告书》（送审稿）进行函审，形成了函审意见，××公司根据函审意见，修改完善形成本方案报告书报批稿。

3. 自然简况

项目区地貌属浙西北低山丘陵区与浙北平原区边缘，根据主体工程设计资料，项目区内原始地面高程 2.2～3.4m（1985 国家高程基准，下同），项目区内平均高程 3.0m。项目区属亚热带季风气候区，冬夏长春秋短，温暖湿润，四季分明，光照充足，雨量充沛。多年平均气温 16.0℃，多年平均降水量 1326.7mm。项目区所在地 1 年一遇平均 1h 降雨强度 $i=36.47mm$。

项目区植被类型属中亚热带常绿阔叶林，土壤类型主要有水稻土等。根据现场勘查，工程区占地范围主要为园地及建设用地，大部分场地表层均分布有 1 层杂填土，局部厚度大，其成分复杂，土质不均，结构松散，局部含有块石和混凝土块，场平后交付本项目，无可剥离表土。××县属太湖流域，水源比较丰富。场地外西南侧××运河河面宽 60.00～110.00m 之间，水深 3～7m。项目所在区域属运河水系。目前××镇政府正在进行交地前的场地平整工程，水塘的回填、淤泥处置及场平中建筑垃圾及杂土由××镇政府负责处理。本工程在场平交付后开工。

根据全国土壤侵蚀类型划分，工程区属以水力侵蚀为主的南方红壤区，工程区现状平均土壤侵蚀模数为 $300t/(km^2 \cdot a)$，小于浙江省土壤容许流失量 $500t/(km^2 \cdot a)$，为微度侵蚀。根据《水利部办公厅关于印发〈全国水土保持规划国家级水土流失重点预防区和重点治理区复核划分成果〉的通知》（办水保〔2013〕188 号），工程区不属于国家级水土流失重点预防区和重点治理区。根据浙江省水利厅、浙江省发展和改革委员会《关于公布省级水土流失重点预防区和重点治理区的公告》（2015 年 2 月 13 日），工程区不属于省级水土流失重点预防区和重点治理区。根据《××市水土保持"十四五"规划》，工程区不属于××市水土流失重点预防区和重点治理区。根据《××县水土保持"十四五"规划》（××县水利局，2021 年 4 月），项目区不属于县级水土流失重点预防区和重点治理区。

根据《浙江省水功能区水环境功能区划分方案（2015）》（浙政函〔2015〕71号），工程涉及"杭嘉湖22"，属于农业用水区。

工程区不涉及生态保护红线、永久基本农田、生态公益林、饮用水源保护区、自然保护区、风景名胜区、国家公园、地质公园、森林公园、世界文化和自然遗产地、重要湿地、文物保护单位等水土保持敏感区。

5.6.1.2 编制依据

1. 法律法规

（1）《中华人民共和国水土保持法》（中华人民共和国主席令第三十九号，1991年6月29日通过，2010年12月25日修订）。

（2）《中华人民共和国环境保护法》（中华人民共和国主席令第二十二号，2014年4月24日修订通过）。

（3）《浙江省水土保持条例》（2014年9月26日经浙江省第十二届人民代表大会常务委员会第13次会议通过，2020年11月27日浙江省第十三届人民代表大会常务委员会第二十五次会议修正）。

2. 规章

（1）《水土保持生态环境监测网络管理办法》（水利部令第12号，2000年发布，2014年修正）。

（2）《生产建设项目水土保持方案管理办法》（水利部令第53号，2023年1月17日发布）。

（3）《产业结构调整指导目录（2024年本）》（中华人民共和国国家发展和改革委员会2023年第7号令）。

3. 规范性文件

（1）《水利部办公厅关于印发〈全国水土保持规划国家级水土流失重点预防区和重点治理区复核划分成果〉的通知》（办水保〔2013〕188号）。

（2）《水利部关于进一步深化"放管服"改革 全面加强水土保持监管的意见》（水保〔2019〕160号）。

（3）《水利部办公厅关于印发水土保持监测成果管理办法（试行）的通知》（办水保〔2019〕164号）。

（4）《水利部办公厅关于印发生产建设项目水土保持监督管理办法的通知》（办水保〔2019〕172号）。

（5）《水利部办公厅关于实施生产建设项目水土保持信用监管"两单"制度的通知》（办水保〔2020〕157号）。

（6）《水利部办公厅关于做好生产建设项目水土保持承诺制管理的通知》（办水保〔2020〕160号）。

（7）《水利部办公厅关于进一步加强生产建设项目水土保持监测工作的通知》（办水保〔2020〕161号）。

（8）《生产建设项目水土保持技术文件编写和印制格式规定（试行）》（办水保〔2018〕135号）。

（9）《浙江省水利厅关于印发浙江省生产建设项目水土保持管理办法的通知》（浙水保〔2019〕3 号）。

（10）《关于印发〈浙江省生产建设项目水土保持方案技术审查要点〉的通知》（浙水保监〔2020〕10 号）。

（11）浙江省水利厅、浙江省发展和改革委员会《关于公布省级水土流失重点预防区和重点治理区的公告》（2015 年 2 月 13 日）。

（12）《水利部办公厅关于印发生产建设项目水土保持方案审查要点的通知》（办水保〔2023〕177 号）。

4. 技术规范与标准

（1）《生产建设项目水土保持技术标准》（GB 50433—2018）。

（2）《生产建设项目水土流失防治标准》（GB/T 50434—2018）。

（3）《土壤侵蚀分类分级标准》（SL 190—2007）。

（4）《水利水电工程水土保持技术规范》（SL 575—2012）。

（5）《水土保持工程设计规范》（GB 51018—2014）。

（6）《水利水电工程制图标准　水土保持图》（SL 73.6—2015）。

（7）《生产建设项目水土保持监测规程（试行）》（2015）。

（8）《水土保持工程质量评定规程》（SL 336—2006）。

（9）《生产建设项目土壤流失量测算导则》（SL 773—2018）。

（10）《防洪标准》（GB 50201—2014）。

（11）《生产建设项目水土保持监测与评价标准》（GB/T 51240—2018）。

（12）《暴雨强度计算标准》（DB33/T 1191—2020）（浙江省住房和城乡建设厅，2020 年 8 月）。

（13）其他相关技术标准、规程规范。

5. 技术文件及资料

（1）《××省水土保持"十四五"规划》（××省水利厅，2021 年 5 月）。

（2）《××市水土保持"十四五"规划》（××市水利局，2021 年 5 月）。

（3）《××县水土保持"十四五"规划》（××县水利局，2021 年 4 月）。

（4）《××项目可行性研究报告（报批稿）》（浙江省发展规划研究院，2022 年 11 月）。

（5）《××项目初步设计报告（报批稿）》（中国电建集团华东勘测设计研究院有限公司，2023 年 6 月）。

（6）《××勘察岩土工程勘察报告》（浙江省地矿勘察院有限公司，2023 年 4 月）。

（7）《浙江省水功能区水环境功能区划分方案（2015）》（浙政函〔2015〕71 号）。

5.6.1.3　设计水平年

根据主体工程施工进度安排，计划总工期 35 个月（其中施工期 16 个月），即 2023 年 10 月开工，2025 年 2 月完工，根据工程的施工特点，方案确定设计水平年为工程完工后当年，即 2025 年。

5.6.1.4　水土流失防治责任范围

工程水土流失防治责任范围包括项目永久征地、临时占地及其他使用和管辖区域。本工程水土流失防治责任范围共计 57108m²，包括工程永久占地和施工临时占地两部分。其中永久占地包括建筑物、道路及其他配套设施占地、绿化区。临时占地包括施工场地、泥浆中转池、泥浆干化设备等，面积共计 800m²，临时占地均布置于永久占地范围内。

工程水土流失防治责任范围坐标见表 5.8。

表 5.8　　　　　　　　　水土流失防治责任范围主要拐点坐标

序　号	坐　标　值	
	X	Y
1	3380281.086	40519599.081
2	3380219.090	40519718.108
3	3380267.864	40519733.156
4	3380174.575	40519839.709
5	3380123.615	40519774.076
6	3379921.298	40519529.843
7	3379987.751	40519523.302
8	3380096.788	40519535.351
9	3380188.610	40519512.828
10	3380174.988	40519534.086

注　本坐标采用 2000 国家大地坐标系。

5.6.1.5　防治标准及防治目标

1. 执行标准等级

根据《生产建设项目水土流失防治标准》（GB/T 50434—2018），生产建设项目水土流失防治标准等级应根据项目所处地区水土保持敏感程度和水土流失影响程度确定。工程区位于南方红壤区；项目区不在各级人民政府和相关机构确定的水土流失重点预防区和重点治理区、饮用水水源保护区、水功能一级区的保护区和保留区、自然保护区、世界文化和自然遗产地、风景名胜区、地质公园、森林公园等区域；由于项目位于四级以上河道两岸 3km 汇流范围内，因此应执行南方红壤区水土流失防治二级标准。

2. 防治目标

本工程水土流失防治标准采用建设类项目的二级标准。根据《生产建设项目水土流失防治标准》（GB/T 50434—2018）及浙江省实际情况，土壤流失控制比不应小于1，故本方案土壤流失控制比增加 0.85。至设计水平年，水土流失治理度 95%，土壤流失控制比 1.7，渣土防护率 95%，林草植被恢复率 95%，工程区无可剥离表土，故表土保护率不计；由于本工程完工后大部分为建筑物及硬化道路，且工程绿地率为

12.04%，故林草覆盖率降为12%。防治标准指标计算详见下表5.9。

防治指标	一级标准规定值		工程实际	本项目采用标准	
	施工期	设计水平年		施工期	设计水平年
水土流失治理度	—	95	—	—	95
土壤流失控制比	—	0.85	+0.85	—	1.70
渣土防护率	90	95	—	90	95
表土保护率	87	87	—	—	—
林草植被恢复率	—	95	—	—	95
林草覆盖率	—	22	−10	—	12

表5.9　　　　　　　　　　　防治标准指标计算　　　　　　　　　%

5.6.1.6 项目水土保持分析评价结论

1. 主体工程选址（线）评价

工程区不属于泥石流易发区、崩塌滑坡危险区以及易引起严重水土流失和生态恶化地区；不属于生态脆弱区、国家划定的水土流失重点预防保护区和重点治理成果区；不涉及各级水土流失重点预防区和重点治理区，亦不占用全国水土保持监测网络中的水土保持监测站点、重点试验区及水土保持长期定位观测站。工程区不涉及河流两岸植物保护带、生态保护红线、永久基本农田、饮用水源保护区、生态公益林等区域。因此，主体工程不存在重大水土保持限制性制约因素，本工程建设可行。

2. 建设方案与布局评价

项目区内建筑物之间为硬化地面及绿化，增加了彼此的独立性。在建筑物四周布置环形道路及集中绿化等配套设施，最大限度地利用了土地资源，同时增加绿化面积，形成整体的绿化体系，项目区平面布置合理。从水土保持角度来讲，本工程建设方案与布局是合理可行的。

周边道路北侧现状道路××大道由东向西设计标高为2.9~12.7m；南侧现状为××高速，由北向南设计标高在5.1~14.6m。

本工程距离××运河72~139m，根据《杭嘉湖地区水利综合规划》（2015），项目区属于运河水系，在规划工况下本工程附近大运河100年一遇的水位介于3.37m和3.44m之间。根据要求完善防涝设计，场地设置防涝设施。本项目室内设计标高为4.2m，室外设计标高为3.9m，位于100年一遇洪水位以上，设计地坪标高满足区域防洪、排涝要求，同时设计标高贴近周边道路高程。

项目总占地面积57108m²，均为永久占地，2022年6月24日，项目取得中华人民共和国建设用地规划许可证（地字第330501202200009号），项目选址位于××县××镇，选址的土地利用规划用途符合××县土地利用总体规划（2006—2020年），项目拟用地均为园地及建设用地，不占永久基本农田。工程施工需要一定面积的临时占地，在永久占地内布设施工场地1处，主要布设临时工棚、钢筋加工场和临时材料堆放场、回填土临时堆场等，占地500m²。项目区中间布设2座泥浆中转池，占地100m²/处，共计200m²，泥浆干化设备紧邻泥浆中转池，占地100m²。基本可满足施工和水土保持要求。工程占地符合节约用地和减少用地的要求，施工临时占地满足施工要求，工程占地数量足够，土地利用类型等合理，符合行业用地指标，且未占用基本农田，从水土保持角度分析，本工程占地合理。

项目土石方开挖总量 1.81 万 m³，其中土方 0.22 万 m³，钻渣泥浆 1.58 万 m³，建筑垃圾 0.01 万 m³；填筑量 4.41 万 m³，其中表土 0.28 万 m³，土方 3.64 万 m³，石方 0.49 万 m³；借方 4.19 万 m³，其中表土 0.28 万 m³，市政园林公司购入，土方 3.42 万 m³，利用周边其他建设项目余方，石方 0.49 万 m³，合规料场商购；余方 1.59 万 m³，其中钻渣泥浆 1.58 万 m³，建筑垃圾 0.01 万 m³，由建设单位承诺外运。

综上分析，项目土石方平衡合理。本方案采取相应水土保持措施后减少了水土流失的可能性，施工方法（工艺）先进合理，有效防止和减少施工过程中产生的水土流失，符合水土保持要求。

从水土保持角度考虑，主体工程设计中的表土回填、景观绿化等均能够满足水土保持要求；工程也采取了一些能够减少水土流失的施工方法与工艺。以上措施均能从不同角度防治因工程建设而产生的水土流失影响，起到了较好的水土保持作用。

因此，除了主体工程已采取措施外，本方案还将从水土保持角度提出工程施工过程中的临时防护措施及管理措施要求，重点针对主体工程尚未考虑临时排水沉沙措施、泥浆防护措施、施工临时设施的临时排水和沉沙措施等进行设计，并提出各项水土保持投资估算和方案实施的保证措施。

综上所述，本工程在建设选址、布局、工程占地、土石方平衡、借方来源、余方去向、施工方法、水保措施布设等方面无明显的水土保持制约性因素，基本符合水土保持相关法律法规和规范的要求，工程建设是可行的。

5.6.1.7 水土流失预测结果

本工程建设可能产生的水土流失总量约 0.062 万 t，新增的水土流失总量约 0.060 万 t。施工期是本工程建设可能产生水土流失最为严重的时期，其间水土流失量占总量的 96.94%，建设期水土流失的重点区域为建筑物、泥浆临时中转池。在工程施工结束后的自然恢复期，也将有一定程度的水土流失发生。各区域要采取相应的防护措施加以治理，水保措施需与主体工程同时实施，相互协调，有序进行，并进行水土流失状况监测。

5.6.1.8 水土保持措施布设成果

1. Ⅰ区（主体工程防治区）

主体设计绿化覆土、排水管线、雨水回用系统、场地平整、景观绿化与抚育管理基坑排水沟等措施，方案补充项目区临时排水沉沙、洗车平台。

2. Ⅱ区（施工临时设施防治区）

方案补充场地平整、泥浆中转池及干化设备、施工场地临时排水、临时堆土场防护、裸露面密目网苫盖。水土保持措施布设成果工程量及实施时段等详见表 5.10。

表 5.10　　　　　　　　　　水土保持措施布设成果工程量表

防治分区	序号	防治措施		单位	工程量			结构形式	布设位置	实施时段
					工程量	主体设计	方案补充			
I 区（主体工程防治区）	工程措施	表土回填	绿化覆土	万 m³	0.28	0.28		覆土厚度30～50cm	景观绿化区域	2024 年 12 月至 2025 年 1 月
		排水管线		m	1200	1200		DN300	沿道路布设	2024 年 7—11 月
		雨水回用系统	雨水调蓄池	m³	325	325		—	项目区	2024 年 10—11 月
		场地平整		m²	6880.50	6880.50			绿化区域	2024 年 11—12 月
	植物措施	景观绿化	景观绿化	m²	6880.50	6880.50		乔灌草	绿化区域	2024 年 12 月至 2025 年 1 月
			抚育管理	m²	6880.50	6880.50		—		2024 年 12 月至 2025 年 1 月
	临时措施	基坑排水沟	长度	m	133	133		砖砌结构	基坑四周	2023 年 10 月至 2024 年 9 月
		项目区排水沟	长度	m	1104		1104	砖砌结构	沿项目区围墙内侧	2023 年 10 月至 2024 年 9 月
		临时沉沙池	个数	座	2		2	砖砌结构	排水沟出口处	2023 年 10 月至 2024 年 9 月
		洗车平台		座	1		1	砖砌结构	施工出入口	2023 年 10 月至 2024 年 12 月
		裸露土质面防护措施	密目网	m²	4000		4000		裸露土质面	2023 年 10 月至 2024 年 12 月
II 区（施工临时设施防治区）	工程措施	场地平整		m²	800		800		项目区内	2024 年 11—12 月
	临时措施	泥浆中转池及干化设备	泥浆中转池	座	2		2	土质结构	项目区内	2023 年 10 月至 2024 年 2 月
		干化土方中转场	砌砖	m³	70		70	砌砖	项目区内	2023 年 10 月至 2024 年 12 月
		施工场地临时排水沟	长度	m	100		100	砖砌结构	施工场地	2023 年 10 月至 2024 年 12 月
		临时堆土场防护	临时排水沟	m	27		27	土质结构	施工场地	2023 年 10 月至 2024 年 12 月
			填土编织袋挡挡	m³	26		26		施工场地	2023 年 10 月至 2024 年 12 月
			密目网苫盖	m²	41		41		施工场地	2023 年 10 月至 2024 年 12 月

5.6.1.9　水土保持监测方案

本工程为建设类项目，水土保持监测从工程施工准备期开始至设计水平年结束，共计 27 个月，即 2023 年 10 月至 2025 年 12 月。共在主体工程开挖面、绿化区、泥浆沉淀池、施工场地、未扰动的对比区域等重点监测区域布置 5 个监测点。监测内容包括：水土流失影响因素、水土流失情况、水土流失危害、水土保持措施实施情况及效果；采用实地调查、巡查和定位观测、遥感监测等相结合的监测方法。

扰动土地情况测监测频次至少每月监测记录 1 次；水土保持状况至少每月 1 次，发生强降水等情况之后应及时加测；水土流失防治成效至少每个季度监测 1 次，其中临时措施应至少每月监测 1 次；水土保持措施不少于每月监测记录 1 次；正在实施的弃渣方量、表土剥离情况不少于每 10 天监测记录 1 次；临时措施、临时堆场面积等监测频次不少于每月监测记录 1 次；土壤流失面积监测应不少于每季度 1 次；土壤流失量、弃土（石、渣）潜在土壤流失量应不少于每月 1 次，遇暴雨、大风等应加测。

5.6.1.10　水土保持投资估算及效益分析

本工程水土保持总投资共计 508.71 万元（主体工程已列投资 383.26 万元），其中工程措施投资 166.99 万元，植物措施投资 206.71 万元，临时措施投资 70.69 万元，监测措施 23.88 万元，独立费用 33.24 万元（其中水土保持监理费 1.42 万元），基本预备费 3.55 万元，水土保持补偿费 36549.12 元。

方案新增投资 125.45 万元，其中工程措施投资 0.06 万元，植物措施投资 0 万元，临时措施投资 61.07 万元，监测措施 23.88 万元，独立费用 33.24 万元，基本预备费 3.55 万元，水土保持补偿费 36549.12 元。

本工程各项水土保持措施实施后，可治理水土流失面积 57108m^2，林草植被建设面积 6880.50m^2，水土流失治理度 95％以上，土壤流失控制比 1.7，渣土防护率 95％以上，林草植被恢复率 95％以上，林草覆盖率 12％，减少水土流失量 0.03 万 t。

5.6.1.11　结论

本工程不存在重大的水土保持制约因素，从水土保持角度分析，主体工程选址选线、建设方案、水土流失防治等方面均符合水土保持法律法规、技术标准的规定。各防治区通过采取工程措施、植物措施、临时拦挡和排水防护措施和管理措施，形成有效的水土流失防治体系，能够有效控制因工程建设产生的水土流失。本工程建设是可行的。

除此之外，从水土保持角度下阶段水土保持工作要求及建议如下。

（1）建设单位已签订余方处置承诺函，本项目开工建设前由建设单位向××县水利局提交余方处置方案，土石方应采取封闭运输，并做好运输过程中的水土流失防治工作。

（2）施工图设计阶段应对本方案中的水土保持措施加以深化和优化，本方案新增及完善的措施尤其不能缺项。

（3）应将水土保持措施纳入招投标文件，并在施工合同中明确承包商的水土流失防治责任。

（4）应严格按照招标文件做好水土保持设施的建设管理，并及时开展水土保持监理和监测工作。

（5）水土保持监测由具有相应资质的监测机构进行，并按季度向建设单位和水行政主管部门提交监测报告表。水土保持设施验收时，提交水土保持监测总结报告。

（6）本方案经批准后，工程地点、规模发生重大变化或水土保持措施需要作出重大变更的，应当补充或者修改水土保持方案报原批准部门批准。

（7）工程开工后，应及时到××县水利局备案，并积极配合各级水行政主管部门对工程水土保持方案实施的监督检查，及时缴纳水土保持补偿费。工程竣工验收前应完成水土保持设施验收。

（8）本工程水土流失主要发生在施工期，建设单位和施工单位在工程建设过程中应做好主体工程施工与实施水土保持措施的衔接工作。施工期间，建设单位需加强与施工单位之间的协调，做好土石方调运的衔接，督促施工单位真正落实各项水土保持措施。

（9）建设单位应根据水土保持"同时设计、同时施工、同时投入使用"的制度，落实水土保持后续设计，开展水土保持监理和水土保持监测工作，确保水土保持措施真正落实到位，并及时开展自查初验工作，在土建工程完工后、主体工程竣工验收前，进行水土保持设施工程竣工验收。

水土保持方案特性表见表 5.11。

表 5.11　　　　　　　水 土 保 持 方 案 特 性

项目名称	××项目			
涉及地市	浙江省××市		涉及县市	××县
项目规模	总建筑面积 20000m²，建筑密度 30.07%，容积率 0.35，绿地率 12.04%	总投资 /万元	36187.49	土建投资 /万元	20571.61
开工时间	2023 年 10 月	完工时间	2025 年 2 月	设计水平年	2025 年
工程占地/hm²	5.7108	永久占地 /hm²	5.7108	临时占地/hm²	0（800）
土石方量/万 m³		挖方	填方	借方	弃方
		1.81	4.41	4.19	1.59
重点防治区名称	不涉及国家级、省、市、县级水土保持重点预防区和重点治理区			
地貌类型	平原	土壤类型	水稻土	
土壤侵蚀类型	水力侵蚀	土壤侵蚀强度	微度	
植被类型	中亚热带常绿阔叶植被带	原地貌土壤侵蚀模数/[t/(km²·a)]	300	
防治责任范围面积/hm²	5.7108	容许土壤流失量/[t/(km²·a)]	500	
土壤流失预测总量/t	622.14	新增水土流失量/t	603.11	
水土流失防治标准执行等级	南方红壤区二级标准			
防治指标	水土流失治理度/%	95	土壤流失控制比/%	1.7
	渣土防护率/%	95	表土保护率/%	—
	林草植被恢复率/%	95	林草覆盖率/%	12

续表

防治分区		工程措施	植物措施	临时措施
防治措施	Ⅰ区主体工程防治区	覆表土 0.28 万 m³；排水管线总长度 1490m，雨水调蓄池 325m³。场地平整 6880.50m²	景观绿化面积 6880.50m²，抚育管理 6880.50m²	基坑排水沟 133m，项目区临时排水沟 1104m，三级沉沙池 2 座。裸露面密目网苫盖 4000m²
	Ⅱ区施工临时设施防治区	场地平整 800m²	—	泥浆干化池 2 处，干化土方中转场 1 处，施工工区临时排水沟 100m，排水沟长 27m，填土编织袋拦挡 26m，密目网苫盖 41m²
	投资/万元	166.99	206.71	70.69

水土保持总投资/万元		508.71	独立费用/万元		33.24
监理费/万元	1.42	监测费/万元	23.88	补偿费/元	36549.12
方案编制单位			建设单位		
法定代表人及电话			法定代表人及电话		
地址			地址		
邮编			邮编		
联系人及电话			联系人及电话		
传真			传真		
电子信箱			电子信箱		

5.6.2 项目概况

5.6.2.1 项目组成及工程布置

1. 项目基本情况

项目名称：××项目

建设性质：新建

建设地点：××市××县××镇

工程规模：项目占地面积 57108m²，总建筑面积 20000m²，其中地上建筑面积 19832.4m²，地下总建筑面积 167.6m²，建筑密度 30.07%，容积率 0.35，绿地率 12.04%。建设内容包括 1 号物资库、2 号物资库、3 号物资库、4 号罩棚、5 号办公及配套用房（管理用房、附属用房、生产辅助用房）等。

建设投资：工程总投资 36187.49 万元，其中土建投资用 20571.61 万元。

建设工期：16 个月（2023 年 10 月至 2025 年 2 月）

建设单位：××

工程特性表见表 5.12。

表 5.12 　　　　　　　　　　　　**工 程 特 性 表**

一、总体概况

项目名称	××项目
工程性质及等级	新建工程
建设地点	××市××县××镇
建设单位	××
工程总投资	工程总投资 36187.49 万元，其中土建投资用 20571.61 万元
工程建设期	16 个月（2023 年 10 月至 2025 年 2 月）

二、项目组成及项目规模

项目组成		占地面积/m²	项目规模	单位	数量
永久占地	建筑物	22104.67	总建筑面积	万 m²	20000
	道路及其他配套设施	28122.83	地上建筑面积	万 m²	19832.4
	绿化区	6880.50	地下建筑面积	万 m²	167.6
	小计	57108	容积率	—	0.35
临时占地	施工场地	(500)	建筑密度	%	30.07
	泥浆中转池及干化设备	(300)	绿地率	%	12.04
	小计	(800)	机动车停车位	个	90
			非机动车停车位	个	113
合　计		57108			

三、工程土石方工程量

分项内容	单位	挖方	填方	借方	弃方
表土工程	万 m³	0.00	0.28	0.28	0
建筑物工程	万 m³	1.74	0.01	0	1.58
场平工程	万 m³	0.01	3.63	3.42	0.01
道路管线工程	万 m³	0.06	0.49	0.49	0
合计	—	1.81	4.41	4.19	1.59

2. 项目地理位置

本项目建设地点位于××市××县××镇新安大桥南侧地块，东至申嘉湖杭高速，西南侧紧邻江南运河，北至新安大道。距离京杭大运河 72～139m。项目中心点坐标为东经 120°12′32.81″，北纬 30°32′20.44″。

3. 项目及项目周边情况

（1）项目现状。

本项目位于××市××县××镇，经现场踏勘，项目区东西最长约 186m，南北最长约 379m。本项目场地高程在 2.2～3.4m（1985 国家高程基准，下同）。区域内现状表层主要由杂填土组成，局部含块石和混凝土块。目前××镇政府正在进行交地前的场地平整工程，水塘的回填、淤泥处置及场平中建筑垃圾及杂土由××镇政府负责处理。本工程在场平交付后开工。项目场地接收后平均高程约为 3m。

（2）周边交通情况。

项目周边主要道路有新安大道、申嘉湖杭高速等。南侧为申嘉湖杭高速，道路宽度 25m 左右，由北向南设计标高在 5.1～14.6m。北侧为新安大道道路宽度 26m 左右，由东向西设计标高在 2.9～12.7m。

（3）周边水系情况。

本工程距离京杭大运河 72～139m，根据《杭嘉湖地区水利综合规划》（2015），在规划工况下本工程附近大运河 100 年一遇的水位介于 3.37～3.44m 之间。根据要求完善防涝设计，场地设置防涝设施。本项目室内设计标高为 4.2m，室外设计标高为 3.9m，位于 100 年一遇洪水位以上，设计地坪标高满足区域防洪、排涝要求，同时设计标高与周边道路高程相衔接。主体设计的标高尽可能地减少了项目的土石方挖填总量，减少施工过程中的水土流失量，符合水土保持要求。

项目区所处位置对外交通较为便利，地块南侧为申嘉湖杭高速，北侧为新安大道。地面雨水经沉沙池缓流沉沙后就近排入周边市政雨水管。

4. 项目组成

项目总占地面积 57108m²，包括建筑物占地 22104.67m²，道路及其他配套设施占地 28122.83m²，绿化区占地 6880.50m²。总建筑面积 20000m²，其中地上建筑面积 19832.4m²，地下总建筑面积 167.6m²。建筑密度 30.07％，容积率 0.35，绿地率 12.04％。建设内容包括 1 号物资库、2 号物资库、3 号物资库、4 号罩棚、5 号办公及配套用房（管理用房、附属用房、生产辅助用房）等。总体技术经济指标详见表 5.13。

表 5.13　　　　　　　　　　总 体 技 术 经 济 指 标

指 标 名 称			单位	数量	备　　注
项目总用地面积			m²	57108	
总建筑面积（含地下建筑面积）			m²	20000	其中：其中地上建筑面积 19832.4m²，地下总建筑面积 167.6m²
地上建筑面积（计容）			m²	19832.40	
其中	办公及配套用房		m²	1909.38	
	其中	综合管理用房	m²	1295.36	其中：管理用房 876.88m²（包含办公、档案、财务、中控室兼大会议室、展示中心、警卫室、部分宿舍）生产辅助用房 382.86m²（包含部分洗消、加工、防疫检查、升压站）附属用房 35.62m²（包含消防控制室）
		综合附属用房	m²	396.66	其中：附属用房 299.54m²（包含食堂、垃圾房）管理用房 97.12m²（包含部分宿舍）
		综合辅助用房	m²	217.36	其中：附属用房 217.36m²（包含配电间、柴油发电房）
	应急物资库		m²	16337.02	
	罩棚		m²	1586.00	

续表

指 标 名 称		单位	数量	备 注
地下总建筑面积		m²	167.6	地下建筑功能为消防水泵房
建筑物总占地面积		m²	17171.67	其中：物资库（含罩棚）占地面积：15549.65m² 办公配套用房占地面积：1622.02m²
建筑密度		%	30.07	
建筑物及构筑物总占地面积		m²	22104.67	
建筑系数		%	38.71	其中：占地面积22104.67m²（含堆场和观察场停机坪）
容积率		m²	0.35	
绿地面积		m²	6880.50	
绿地率		%	12.04	
停机坪		个	1	
专用堆场合计		m²	4933	其中：晾晒场4024.78m²，观察场908.22m²（含停机坪346.36m²）
专用堆场占库房面积的比例		%	30.20	
机动车停车位		m²	90	
其中	小型车车位	个	30	
	货运车车位	个	60	
非机动车停车位		个	113	

5. 工程总体布置

（1）工程平面布置。

根据库区原始场地标高情况、库区周边道路情况、建设内容以及交通运输、工艺作业的要求，总平面布局为：场地东北侧为管理用房、生产辅助用房及附属用房区；库区中心段靠东南侧为应急物资库区域，平行布置3栋资库；场地北侧设置罩棚（预留发展区）、晾晒场区等，并作为预留发展区；场地西侧设置观察场（停机坪）。

1号物资库、2号物资库以及3号物资库之间的建筑间距分别为36m以及26.7m。在1号物资库、3号物资库南侧设置进仓或者出仓装卸场地。

根据方便管理、提高效率的原则，将管理用房和附属用房设置在场地东北侧，不仅临近整个场地的主入口，方便车辆进出管理，而且靠近应急物资库的北侧，方便管理和调度。

1）建筑物。项目建筑物占地22104.67m²，拟建总建筑面积20000m²，其中地上建筑面积19832.4m²，地下总建筑面积167.6m²。涉及拟建建（构）筑物为2幢1F物资库（1号、3号）、1幢2F物资库（2号）、1幢1F罩棚（4号）、1幢2F管理用房（5号）、1幢2F附属用房（6号）、1幢1F生产辅助用房（7号）、观察场（停机坪）等其他辅助设施。

a. 地上建筑。

（a）物资库。

1号物资库为建筑高度为23.80m的单层建筑，占地面积为4636.84m²，建筑面积为4883.74m²。建筑朝向呈南偏西，库房建筑的西南侧为装卸货区。主要建筑功能为储藏应急物资。1号库房储备民生保障类物资。

2号物资库建筑高度为23.80m，建筑层数为2层，其中一层层高9.00m，二层层高11.00m。2号物资库占地面积为4689.97m²，总建筑面积为6684.14m²。建筑朝向呈南偏西，库房建筑的东北侧为装卸货区。与1号库房出货相对设置。主要建筑功能为堆放大型、重型设备，储藏抢险救灾类、公共卫生类物资。

3号物资库为建筑高度20.80m的单层建筑，占地面积为4636.84m²，建筑面积为4769.14m²。建筑朝向呈南偏西，库房建筑的西南侧为装卸货区。建筑的西南侧作为进仓或者出仓装卸场地，形成北安装南装卸的平面布局。主要建筑功能为储藏应急物资。

（b）办公及配套用房。

综合管理用房地上层数为2层，一层层高4.2m，二层层高3.8m，建筑高度10.80m，总建筑面积1304.70m²。管理用房平面呈矩形，主要功能为办公室、会议室、财务室、档案室、应急物资储备展示中心、智能化中控室及指挥中心、消防监控室、防疫检查室及洗消加工区等。东北角出入口设置警卫室1间，地上1层，建筑高度4.450m。

生产辅助用房建筑层数为地上1层，建筑面积217.36m²，建筑高度为7.050m，生产辅助用房内部设置柴油发电机房、配电房等功能，层高4.450m。

综合附属用房建筑层数为地上2层，建筑面积396.66m²，建筑高度10.80m，其中一层层高4.20m，二层层高4.20m。主要设置厨房、餐厅、卫生间、宿舍、垃圾收集房等功能。

（c）罩棚。罩棚为地上1层建筑，建筑物屋脊高度为8.46m，檐口高度为7.65m，建筑面积1586m²，采用框架结构，屋顶为双坡面形式，采用轻钢屋面板。

（d）停机坪。直升机停机坪直径为20m的圆形，建筑面积314m²，停机坪为混凝土结构，停机坪坪边标高比地坪略高。停机坪为混凝土结构，整体直径为21m。配套设计消防系统、气象系统、灯光引导系统等。

b. 地下建筑。地下消防水池，均为钢筋混凝土结构。消防泵房为钢筋混凝土结构设置于地下一层，地下建筑面积167.6m²。

c. 桩基础。根据工程地质勘察相关资料及主设资料，2号应急物资库采用钻孔灌注桩基础。要求进入持力层不小于1.5m，直径700mm，桩长约66m。1号、3号应急物资库，采用钻孔灌注桩基础。要求进入持力层不小于1.5m，直径700mm，桩长约68m。罩棚采用钻孔灌注桩基础，要求进入持力层不小于1.5m，直径600mm，桩长约44m。办公及配套用房采用钻孔灌注桩基础，要求进入持力层不小于1.5m，直径700mm，桩长约45m。

2）道路及其他配套设施。道路及其他配套设施占地面积28122.83m²，道路及其他配套设施主要为道路硬化地面及地面停车位等。考虑周边交通及车流方向，项目设置 2 个出入口，其中库区东北角为车行主入口兼人行出入口，宽度为 11m，与库外道路新安大道相连。库区东南角设置为车行次入口，出入口宽度为 10m，作为消防应急入口及装卸及货流次入口。

3）绿化区。本次景观绿化主要围绕库区入口、沿路绿化、管理用房周边绿地展开精细化设计。停机坪周边绿化以耐践踏、易维护的草坪为主，品种选择马尼拉、狗牙根。场地内绿化面积 6880.50m²，绿地率 12.04%。

（2）竖向布置。

1）场地内部高程根据地勘报告结合现场踏勘，本项目场地高程在 2.2～3.4m，场平交付高程约 3.0m。

2）周边道路北侧现状道路新安大道由东向西设计标高在 2.9～12.7m；南侧现状为申嘉湖杭高速，由北向南设计标高在 5.1～14.6m。

3）本项目设计标高根据主体工程设计，确定室内设计标高±0.000（4.200m），室外地坪标高 3.9m。场平交付后场地平均标高 3.0m，消防水池承台底标高 -1.7m，开挖深度约 5m。

4）本项目出入口市政道路与本项目室外道路设计地坪相衔接，相邻段室外设计标高与周围道路差异不大，与区外道路衔接采取连续平坡式设计，平缓过度，不会产生较大边坡，避免了高差过大可能产生的边坡问题。

5）防洪设计情况。本工程距离京杭大运河 72～139m，根据《杭嘉湖地区水利综合规划》（2015），项目区属于运河水系，在规划工况下本工程附近大运河 100 年一遇的水位介于 3.37～3.44m 之间。根据要求完善防涝设计，场地设置防涝设施。本项目室内设计标高为 4.2m，室外设计标高为 3.9m，位于 100 年一遇洪水位以上，设计地坪标高满足区域防洪、排涝要求，同时设计标高贴近周边道路高程。

（3）项目附属工程。

1）给水工程。本地块分别从市政管网各引入两路 DN150 给水管，并各自再连成环状，供应本区块内生活和消防用水。

2）排水工程。室外排水采用雨污分流制。污水经室外污水管网收集后，排至地块内化粪池，经处理合格后排至室外市政污水管网。本工程设置雨水回收处理系统，处理后水质须满足标准后用于地块区绿化浇灌用水。在道路两侧、建筑物周围埋设排水管道，排导项目区内的汇水，最终排入市政管网，排水管线总长度 1490m。地块内雨水经管网收集后，最终排至地块西南角的钢筋混凝土调蓄池。雨水最终排至地块北侧的新安大道市政管网中。

3）海绵城市设计。本项目主要采用的海绵城市技术措施有：下凹式绿地、雨水花园和蓄水池。基地内分散设置了共计 700m² 下沉式绿地，500m² 的雨水花园，分散就近收集滞蓄雨水。

5.6.2.2 施工组织

1. 场内外交通

本项目周边道路系统已基本形成，交通便利，运输条件较好，为本项目所需材料的运输提供了较为便利的运输路线，可使材料直接运达工地。周边现状道路主要有

S13 练杭高速、西南大道等，并可由 S13 练杭高速等到达周边县市，外部交通便利，便于建筑材料和土石方的调运，可以保证远程运输。内部交通可以利用临时道路，经过平整碾实后可以直接使用，满足施工期运输车辆通行和施工机械通行要求。交通运输条件能够满足施工要求。

2. 施工总布置

（1）施工场地。通过与主体工程设计和现场踏勘，主体工程考虑在项目区西南侧布设 1 处临时施工场地，面积为 500m²。临时施工场地内主要布设临时工棚和临时材料堆放场及回填土方临时堆场等。

（2）泥浆临时中转池。项目建筑物基础为钻孔灌注桩，在场地内布设 2 处泥浆临时中转池（项目区内东侧及西侧），占地 100m²/处，共计 200m²；泥浆干化设备紧邻泥浆中转池（两中转池中间），占地 100m²。

3. 水、电及通信系统

本工程施工用水和生活用水均可接用当地自来水。工程施工用电主要采用电网电。本项目所在区域有线网络较为完善，施工通讯由当地通信网络就近接入，同时项目区域已被移动通信信号覆盖，直接利用移动通信的已有资源，作为有线通信的补充。以上设施不涉及土石方。

4. 主体工程施工

（1）清表。根据现场情况调查，现状无表层耕植土可剥离。

（2）建筑物基础施工。建筑物基础采用桩基础，1 号、3 号物资库，2 号物资库，罩棚、管理用房、附属用房、生产辅助用房桩型采用钻孔灌注桩。

钻孔灌注桩施工工艺：钻孔灌注桩施工时，采用钻机钻进成孔，成孔过程中为防止孔壁坍塌，在孔内注入人工泥浆或利用钻削下来的土与水混合的自造泥浆保护孔壁。护壁泥浆与钻孔的土屑混合，边钻边排出，同时这些泥浆被重新灌入钻孔进行孔内补浆。当钻孔达到规定深度后，安放钢筋笼，在泥浆下灌注混凝土，浮在混凝土之上的泥浆被抽吸出来，钻孔排出的钻渣泥浆通过管道流入泥浆池，可循环使用。

钻孔灌注桩施工时序：平整场地→泥浆制备→埋设护筒→铺设工作平台→安装钻机并定位→钻进成孔→清孔并检查成孔质量→下放钢筋笼→灌注水下混凝土→拔出护筒→检查质量。建筑物基础采用钻孔灌注桩，桩径 600mm/700mm，桩长 62.9～77.5m，钻孔灌注桩共计桩基数 748 根。本项目钻渣泥浆不能立刻运至弃方消纳场地，需做机械干化处理方可外运。

（3）钻渣固化离心设施。由于钻渣泥浆在泥浆中转池处理后要及时外运，形态为流塑状，采用密闭槽罐车运输，机械材料费加大，也将增加运输难度，而且造成较大的水土流失。主体设计针对传统钻渣处理的劣势，对钻渣、泥浆经过离心设施脱水处理后外运。在桩基础施工过程中，打桩产生的钻渣、泥浆通过专用管道引至调节池后，由专用钻渣固化离心设施分离钻渣、泥浆中的水分，对其进行固化处理。固化离心设施采用卧式沉降螺旋自动卸料节能离心设施。

（4）场平工程。场地平整结合整体设计标高，顺应地势施工，采用机械结合人工的施工方法。

（5）地下建筑基坑支护。

1）基坑开挖。在基坑土方开挖时，采取分层、分区进行，严禁一次开挖到底或超挖，挖到设计标高时，应及时封底，严禁暴露时间太长。施工时切忌抢工期超挖等，否则可能会造成围护结构尚未完全稳固形成体系而导致基坑壁位移、开裂甚至坍塌。基坑开挖过程中，应采取措施防止碰撞支护结构、工程桩或扰动基底原状土；如发生异常情况，应立即停止挖土，在查清原因和采取措施后方能继续开挖，基坑边严禁超重堆载，确保基坑边坡的稳定性。

2）基坑支护。本工程附属用房及生产辅助用房下设一层地下消防水池，埋深约5.0m，底板标高−1.7m。基坑采用钢支撑围护开挖，用钢板桩支护。基坑底采用40cm厚C40早强混凝土封底，进行钢筋混凝土施工。考虑基坑开挖的稳定性和基坑止水性能，采用30b号槽钢作为围护结构，桩长9m。自上而下水平分层进行开挖，直接将开挖土方短驳到基坑边10m以外。

3）基坑排水。为防止地表水流入基坑，在基坑坡顶四周设地面排水沟0.4m×0.4m，地表填土层部分若渗水较多可采用泄水管引排水，坑内外采用明沟或盲沟，集水井方式排水。

（6）建筑物施工。地下建筑物施工主要包括钢筋混凝土浇筑、墙体砌筑，人工配合机械施工。

（7）道路工程。项目区内道路路基填筑施工采用机械施工为主，适当配合人工施工的方案。

（8）管线工程。项目区内管线较多，主要包括给排水、电力电讯等管线。管线工程与场平工程同步进行，避免二次开挖回填。过路的管线与道路施工密切配合，合理安排时间，预先埋设，不妨碍道路及上部结构施工。

雨水管线施工工艺：测量放线→预制检查井井室→沟槽支护→管道基础施工→管道铺设及焊接→管道坞膀（部分潜埋包封处理）→沟槽回填。

（9）绿化工程施工。

1）草皮营造。采用纵横向后退播种，播种后应轻耙土镇压使种子入土0.2cm。播种后根据天气情况每天或隔天喷水，待幼苗长至3～6cm时可停止喷水，但应经常保持土壤湿润，并要及时清除杂草。

2）灌木栽植。拌有基肥的土为底部植土，在接触根部的地方应铺放一层没有拌肥的干净植土，使沟深与土球高度相符。将苗木排放到沟内，土球较小的苗木应拆除包装材料再放入沟内；土球较大的苗木，宜先排放沟内，把生长姿势好的一面朝外竖直看齐后垫上固定土球，再剪除包装材料。填入好土至树穴的一半时，用木棍将土球四周的松土插实，然后继续用土填满种植沟并插实。栽植后，必须在当天对灌木淋透定根水。

5. 建筑材料来源

工程所用建筑材料主要为道路填筑和绿化建设所需土方、宕渣、表土、沙砾料、水泥、砖、钢筋等。

场地平整等土石方利用周边其他建设项目余方及合法料场商购；道路路基填筑碎石、宕渣从附近合法料场商购；沙砾料及水泥等从附近市场商购；表土通过商购解决；砖、钢筋及其他材料均从市场或厂家直接采购。

6. 施工时序

项目按"先土建后安装""先主体后装修""先室内后室外"的原则安排各工种、各工序，进行立体流水交叉施工作业。

在施工过程中，首先进行临时通水通电，场地平整之后进行水土保持工程措施和临时措施的布设，待场内排水沉沙、施工场地等防护措施落实后，再进行建筑物基础施工，然后进行道路及其他配套设施的施工，最后根据施工工期及气候条件进行场地清理和绿化。

地下部分：基坑围护→基坑开挖→地下建筑施工。地上部分：地上建筑→道路及管线等施工→绿化施工。施工临时设施：先进行施工场地布设，然后根据施工时序方案，补充临时排水沉沙和泥浆中转池等。

5.6.2.3　工程占地

根据本工程初设报告，项目总占地面积 57108m²，全部为永久占地 57108m²，临时占地 800m²（位于永久占地范围内）。项目永久占地面积 57108m²，包括建筑物占地 22104.67m²，道路及其他配套设施占地 28122.83m²，绿化区占地 6880.50m²。施工场地布设于红线内西南侧，占地 500m²。项目区中间布设 2 座泥浆中转池，占地 100m²/处，共计 200m²，泥浆干化设备紧邻泥浆中转池，占地 100m²。工程占地情况见表 5.14。

表 5.14　　　　　　　　　项 目 占 地 汇 总　　　　　　　　单位：m²

	项　　目	耕地	园地	建设用地	未利用地	合计
永久占地	建筑物	277.60	13096.00	4119.07	4612	22104.67
	道路及其他配套设施	416.40	14368.19	11362.24	1976	28122.83
	绿化区	0.00		6880.5	0	6880.50
	小计	694.00	27464.19	22361.81	6588	57108
临时占地	施工场地	0	0	(500)	0	(500)
	泥浆中转池	0	0	(200)	0	(200)
	泥浆干化设备	0	0	(100)	0	(100)
	小计	0	0	(800)	0	(800)
总　　计		694	27464.19	22361.81	6588	57108

注　工程临时占地均布置在永久占地范围内，不计入总占地面积。

5.6.2.4　土石方平衡

1. 土石方平衡原则

（1）土石方平衡充分考虑施工组织、土方材质和数量等因素；土石方调运遵循挖填同时、就近回填的原则，尽量利用自身开挖量，减少借方和余方。

（2）可操作性和综合利用原则：土石方平衡充分考虑施工组织、土石方材质和数量等因素；土石方调运遵循挖填同时、就近回填的原则，尽量综合利用土石方。

2. 单项土石方平衡

工程土石方主要包括绿化覆土工程、建筑物工程、场平工程、道路及管线工程等4个单项工程。

（1）绿化覆土工程。项目区建筑周边综合绿化面积 0.688hm²，依据浙江省标准《园林绿化技术规程（试行）》（DB33/T 1009—2001），本项目覆土厚度按照乔木80～160cm（深根性乔木≥120cm）、灌木 40cm 计算，并结合自身实际情况，综合绿化覆土厚约 40～60cm，工程绿化覆土量 0.28 万 m³。

综上分析，项目区绿化覆土 0.28 万 m³，通过商购解决，绿化覆土可以保证植物的生长存活，符合水土保持的要求。

（2）建筑物工程。

1）地上建筑物。建筑物基础采用钻孔灌注桩，桩径 600mm/700mm，桩长 48～52m，本项目建筑物基础共计桩基数 748 根。经估算，共产生钻渣 1.58 万 m³。建筑物室内设计标高±0.000＝4.200m，项目区室外设计标高 3.9m，建筑物桩基础施工结束后对建筑物占地范围进行场平后采用混凝土浇筑。

2）地下建筑物。本项目地下开挖主要为消防水池。消防水池层高 5.9m，底板底标高为（－5.90m）－1.7m（含顶板厚度 0.30m），消防水池开挖范围线内现状平均高程约 3.0m，项目区消防水池开挖深度约 5.0m，开挖面积为 167.6m²。经估算，消防水池开挖土方约 0.15 万 m³。

消防水池施工结束后对消防水池顶板进行覆土，顶板覆土面积约 134m²，覆土厚0.8m，经估算，顶板覆土约 0.01 万 m³。

本单项挖方 1.66 万 m³，其中钻渣泥浆 1.58 万 m³，土方 0.08 万 m³；填方 0.01万 m³；无借方；余方 1.65 万 m³，其中土方 0.07 万 m³，后期用于场平工程，钻渣泥浆 1.58 万 m³，由建设单位承诺外运。

建筑物工程一般土石方平衡见表 5.15、表 5.16。

表 5.15　　　　　　　　　　　　　**项目竖向设计情况一览表**

项目	占地面积/m²	开挖深度/m	底板面设计标高/m	现状场地平均标高/m	消防水池底板厚度/m
消防水池	167.6	5	－1.7	3	0.3

注　挖深＝现状标高－地库底板标高＋底板厚度。

表 5.16　　　　　　　　　　　**建筑物工程一般土石方平衡**　　　　　　　　　　单位：万 m³

序号	分项工程	挖方			填方		跨项调出		借方	余方		
		土方	钻渣泥浆	小计	土方	小计	土方	去向	土方	土方	钻渣泥浆	小计
1	地上建筑物基础	0	1.58	1.58	0.22	0.22	0.00	—	0.22	0.00	0.00	0.00
2	地下建筑物工程	0.16	0	0.16	0.01	0.01	0.15	场平工程	0	1.58	1.58	1.58
	合　计	0.16	1.58	1.74	0.23	0.23	0.15		0.22	1.58	1.58	1.58

（3）场平工程。项目区室外设计标高 3.9m，除去消防水池地下顶板覆土占地面积，场地平整面积为 56662m²，整体需填高约 0.9m，其中道路扣除面层回填 0.4m，

绿化扣除覆土回填0.5m。经估算，需填方3.63万 m³。施工结束后对施工场地范围硬化地面进行拆除，拆除建筑垃圾0.01万 m³，外运处置。

本单项工程无挖方；填方3.63万 m³；本工程场平工程回填土方利用建筑物工程余方0.15万 m³，管线工程余方0.06万 m³，其余回填土方采用外借方式，借方3.42万 m³，利用周边其他建设项目余方；无余方。场平工程一般土石方平衡见表5.17。

表 5.17　　　　　　　　　　场平工程一般土石方平衡　　　　　　　　单位：万 m³

序号	分项工程	挖方	填方		跨项调入		借方		余方
		建筑垃圾	土方	小计	土方	来源	土方	小计	建筑垃圾
1	场平工程	0.01	3.63	3.63	0.21	建筑物工程、管线工程	3.42	3.42	0.01
	合　计	0.01	3.63	3.63	0.21		3.42	3.42	0.01

（4）道路及管线工程。道路和管线施工同步施工，道路施工需要铺设宕渣，管线工程与覆土工程同步进行，避免二次开挖回填。管线铺设完成后，全面进行路面施工。管线开挖土石方0.06万 m³，后期用于场平覆土，管线底部填筑0.1m的宕渣垫层。

项目区内道路长约1400m，宽4.0~6.0m，道路基础40cm宕渣垫层，需填筑宕渣0.45万 m³。本单项工程无挖方；填方0.45万 m³；借方0.45万 m³，均为宕渣，合规料场商购；无余方。

道路及管线工程土石方平衡表见表5.18。

表 5.18　　　　　　　　道路及管线工程一般土石方平衡　　　　　　单位：万 m³

序号	分项工程	挖方	填方		跨项调出		借方		余方
			宕渣	小计	土方	去向	宕渣	小计	土石方
1	道路工程	0	0.45	0.45	0.00	—	0.45	0.45	0
2	管线工程	0.06	0.04	0.04	0.06	场平工程	0.04	0.04	0
	合　计	0.06	0.49	0.49	0.06		0.49	0.49	0

综合以上各工程土石方，项目土石方开挖总量1.81万 m³，其中土方0.22万 m³，钻渣泥浆1.58万 m³，建筑垃圾0.01万 m³；填筑量4.41万 m³，其中表土0.28万 m³，土方3.64万 m³，石方0.49万 m³；借方4.19万 m³，其中表土0.28万 m³，市政园林公司购入，土方3.42万 m³，利用周边其他建设项目余方，石方0.49万 m³，合规料场商购；余方1.59万 m³，其中钻渣泥浆1.58万 m³，建筑垃圾0.01万 m³，由建设单位承诺外运。

土石方综合平衡见表5.19，土石方流向框图如图5.2所示。

5.6.2.5　拆迁（移民）安置与专项设施改（迁）建

经初步调查，项目建设过程中不涉及拆迁安置，由××县××镇政府场平后供地。

5.6.2.6　施工进度

根据项目实施各阶段的工作量和所需时间，自编制项目建议书起至竣工投入使

表 5.19

总 土 石 方 平 衡

单位：万 m³

序号	分项工程	挖 方						填 方				填筑方中					借 方				余 方		
		土方	石方	钻渣泥浆	建筑垃圾	表土	小计	表土	土方	石方	小计	本项利用 土方	跨项调入 土方	来源	跨项调出 土方	去向	表土	土方	石方	小计	钻渣泥浆	建筑垃圾	小计
1	表土工程	0	0	0	0	0.28	0.00	0.28	0	0	0.28	0	0	—	0	—	0.28	0	0	0.28	0	0	0
2	建筑物工程	0.16	0	1.58	0.00	0	1.74	0	0.01	0	0.01	0.01	0	—	0.15	④	0	0.00	0	0	1.58	0	1.58
3	场平工程	0	0	0	0.01	0	0.01	0	3.63	0.00	3.63	0	0.21	②③	0	—	0	3.42	0	3.42	0	0.01	0.01
4	道路管线工程	0.06	0	0	0.01	0	0.06	0	0	0.49	0.49	0	0	—	0.06	④	0	0	0.49	0.49	0	0.01	0
5	合　计	0.22	0	1.58	0.01	0.28	1.81	0.28	3.64	0.49	4.41	0.01	0.21	—	0.21	—	0.28	3.42	0.49	4.19	1.58	0.01	1.59

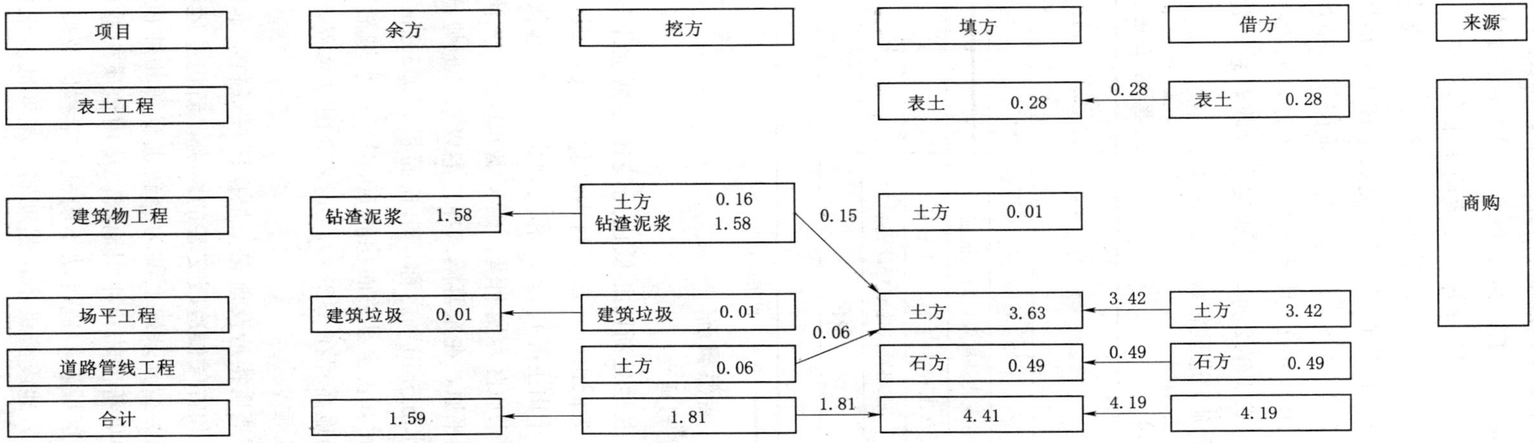

图 5.2 土石方流向框图（单位：万 m³）

项目	余方	挖方	填方	借方	来源
表土工程			表土 0.28	表土 0.28	商购
建筑物工程	钻渣泥浆 1.58	土方 0.16 / 钻渣泥浆 1.58	土方 0.01 (0.15)		
场平工程	建筑垃圾 0.01	建筑垃圾 0.01	土方 3.63 (0.06)	土方 3.42	
道路管线工程		土方 0.06	石方 0.49	石方 0.49	
合计	钻渣泥浆 1.58 / 建筑垃圾 0.01 / 合计 1.59	1.81	4.41	4.19	

用，在各项工作进展顺利的前提下，建设期 35 个月，其中施工期 16 个月。项目计划 2023 年 10 月开工，2025 年 2 月完工，计划进度分别安排如下：

（1）2023 年 10 月，完成施工准备工作。

（2）2023 年 10 月至 2024 年 8 月，完成建筑物基础及消防水池施工。

（3）2024 年 4—12 月，完成主体工程结构及附属工程施工。

（4）2024 年 8—12 月，完成道路及其他配套设施。

（5）2024 年 12 月至 2025 年 1 月，完成项目绿化。

（6）2025 年 2 月，完成竣工验收，总体建设完成。

工程施工进度情况见表 5.20。

表 5.20　　　　　　　　　工 程 施 工 进 度 情 况

序号	工　程　项　目	2023 年	2024 年				2025 年
		Ⅳ	Ⅰ	Ⅱ	Ⅲ	Ⅳ	Ⅰ
1	施工准备	▬					
2	建筑物基础及消防水池施工	▬▬▬▬▬▬▬▬					
3	主体工程结构及附属工程施工			▬▬▬▬▬▬			
4	道路及其他配套设施					▬▬	
5	绿化						▬
6	竣工验收						▬

注　▬▬▬▬表示工程实施进度。

5.6.2.7　自然概况

1. 地形地貌

××县地处浙西北低山丘陵区与浙北平原区边缘，地势西高东低，自西向东倾斜。西部为低山区，属天目山余脉，700m 以上的山峰 5 座，分别为五指山、黄回山、塔山（莫干山主峰）、天山和倍顶山，山峦起伏、竹茂林丰，是全县竹木生产基地；中部为丘陵平原区，属湘溪、余英溪和阜溪"三溪"河谷，为山区向平原过渡地带；东部为杭嘉湖平原，在东苕溪、导流港以东，地势低洼，平均海拔在 2.5m 以下。全县素有"四山一水五分田"之称，山丘面积 380.50km²，占全县总面积的 40.65%；平原面积 475.60km²，占全县总面积的 50.81%；水域面积 79.90km²，占全县总面积的 8.54%。本项目场地高程在 2.2～3.4m（85 国家高程，后同），场平交付高程约 3.0m。

2. 地质

（1）地质构造及地震。根据区域资料，本区第四纪覆盖层厚度一般小于 40m，受地理环境和古气候冷暖交替的影响，新构造运动以大面积沉降为主但强度弱。第四系地层成因类型复杂，上部为全新世浅海相冲积地层，中部为晚更新世海相沉积地层，下部为中更新世陆相冲积地层。境内地质构造，处于湖州—嘉善大断裂南侧。

工程区域新构造运动不明显，工程区及周边地区近代地震皆为微震。近场区构造活动微弱，地震震级小，强度弱，频度低。根据国标《中国地震动参数区划图》（GB 18306—2015）表 C11，按浙江省城镇Ⅱ类场地情况下，拟建场地基本地震动峰值加速度为 0.05g，基本地震动加速度反应普特征周期值为 0.35s。

（2）地质条件。根据《××勘察岩土工程勘察报告》，根据钻探揭露，本项目在勘探深度范围内地层按其成因类型、物理力学性质差异可划分为 8 个工程地质大层，细分为 19 个亚层。

（3）气象。工程区属亚热带季风性气候，雨量充沛，温和湿润，四季变化明显。3—4 月初春季节，地面盛行东南风，多降连绵细雨。5—7 月春末夏初，暖湿太平洋高压气团渐向大陆推进，锋面常在流域上空停滞或摆动，造成连绵降雨，俗称梅雨。7—9 月盛夏季节，受副热带高压控制，天气晴热少雨，地面蒸发量大，旱灾严重，受台风影响则出现短历时高强度的暴雨。10—11 月秋季，天气以晴朗少雨为主。12月至次年 2 月寒冬季节，地面盛行西北风，气温低，会出现雨雪天气。

据湖州气象站观测，多年平均气温 16.0℃，极端最高气温 41.5℃（1953 年），极端最低气温 −11.1℃（1969 年），年平均水汽压 16.8hPa，年平均相对湿度 81％。年平均降雨量 1326.7mm（1925—1988 年），年最大降雨量 1734.9mm（1977 年），年最少降雨量 762.5mm（1978 年），年平均降雨 144 天，年平均蒸发量 800mm。日最大降雨量 172.6mm，最大降雨过程 505.6mm。平均风速 3.2m/s，50 年一遇离地10m 高、10 分钟内平均最大风速 21.9m/s，累年瞬时最大风速 32m/s。

（4）水文。××县水系属太湖水系，其中以东苕溪导流港为纵轴分为东西两片，西片为东苕溪流域，东片为运河水系。县内河流纵横交错，湖漾密布，水面率高，是典型的江南水乡。场地外西南侧京杭大运河河面宽 60.00～110.00m，水深 3～7m，水面标高 1.08m，常水位为 1.5m 左右，近 3～5 年丰水期最高水位接近地表，约3.0m，系 1985 国家高程基准（复测），流向自东南向西北。

场地外西南侧京杭大运河河面宽 60.00～110.00m，水深为 3～7m，水面标高1.08m，常水位为 1.5m 左右，流向自东南向西北。场地内分布有 2 处水塘、1 处断头河道，水深为 0.5～2.0m，水面标高约 1.92～2.25m。

本工程距离京杭大运河 72～139m，根据《杭嘉湖地区水利综合规划》（2015），在规划工况下本工程附近京杭大运河 100 年一遇的水位介于 3.37m 和 3.44m 之间。根据要求完善防涝设计，场地设置防涝设施。本项目室内设计标高为 4.2m，室外设计标高为 3.9m，位于 100 年一遇洪水位以上，设计地坪标高满足区域防洪、排涝要求，同时设计标高贴近周边道路高程。

根据《浙江省水功能区水环境功能区划分方案（2015）》（浙政函〔2015〕71号），工程涉及"杭嘉湖 22"，属于农业用水区。工程区水功能区水环境功能区划详见表 5.21。

表 5.21　　　　　　　　　　工程区水功能区水环境功能区划

序号	水功能区	水环境功能区	河流	范　围		长度面积 /(km/km²)	目标 水质
				起始断面	终止断面		
杭嘉湖 22	运河德清工业用水区	工业用水区	京杭大运河	塘栖镇大桥	鱼桥坝（德清湖州交界）	26.5	Ⅲ

（5）土壤。××县主要有红壤、水稻土、潮土、石灰（岩）土、粗骨土和黄壤 6 个土类、9 个亚类、31 个土属，其中红壤占 41.53%，水稻土占 35.38%，潮土占 16.11%，粗骨土占 5.28%，石灰（岩）土占 1.25%，黄壤占 0.39%。根据《××勘察岩土工程勘察报告》（××公司，2023 年 4 月）和现场勘查，工程区占地范围主要为建设用地及园地，部分场地表层均分布有 1 层杂填土，局部厚度大，其成分复杂，土质不均，结构松散，局部含有块石和混凝土块，场地由镇里场平后交付，无可剥离表土。目前××镇政府正在进行交地前的场地平整工程，水塘的回填、淤泥处置及场平中建筑垃圾及杂土由××镇政府负责处理。本工程在场平交付后开工。项目场地接收后平均高程约为 3m。现状表土情况调查如图 5.3 所示。

图 5.3　现状表土情况调查

（6）植被。××县植被类型属中亚热带常绿阔叶林，西部低山区原生植被以常绿阔叶林为主。中部丘陵地区以常绿落叶阔叶混交林为主，生长茂盛，种植大面积毛竹、小杂竹、茶叶、杉木和油茶等。海拔 50m 以下的平原、灌区及低岗地带，由于长期轮番耕作，原生植被大部分已被破坏或替换，现有植被以人工栽培的农作物及经济果木、农田防护林和宅田四旁树木为主，农作物以水稻、麦和油菜等为主，经济作物以桑、果和茶叶为主。在洞滩地、水面上分布着大片的水生植物，有芦苇、茭白和水松等。境内植物种类繁多，据调查主要树种有 40 余科 600 余种，竹类有 6 属 30 余种，全县森林覆盖率 46.10%。根据调查了解，项目区进场时场地已有政府进行"三通一平"，场地内无植被。

（7）其他。根据《××县国土空间总体规划（2020—2035 年）》，工程区不涉及工程生态保护红线、永久基本农田、生态公益林、饮用水源保护区、自然保护区、风景名胜区、国家公园、地质公园、森林公园、世界文化和自然遗产地、重要湿地、文物保护单位等水土保持敏感区。

5.6.3　项目水土保持评价

5.6.3.1　主体工程选址（线）水土保持评价

本工程不属于《促进产业结构调整暂行规定》（国发〔2005〕40 号）、国家发展和改革委员会发布的《产业结构调整指导目录（2024 年本）》中限制类和淘汰类产业的生产建设项目。

根据《中华人民共和国水土保持法》、《生产建设项目水土保持技术标准》（GB

50433—2018)、《浙江省水土保持条例》，对工程水土保持制约性因素逐条分析和评价。

（1）工程沿线不涉及国家级、省级、县市级水土流失重点预防区和重点治理区。

（2）工程不涉及河流两岸、湖泊和水库周边的植物保护带；工程未涉及生态保护红线、永久基本农田、生态公益林、饮用水源保护区、自然保护区、风景名胜区、国家公园、地质公园、森林公园、世界文化和自然遗产地、重要湿地、文物保护单位等。

（3）工程未涉及泥石流易发区、崩塌滑坡危险区。

（4）工程未涉及全国水土保持监测网络中的水土保持监测站点、重点试验区、国家确定的水土保持长期定位观测站。

（5）水环境功能区属于工业用水区，不属于水功能一级区的保护区和保留区内可能严重影响水质的生产建设项目，以及不属于对水功能二级区的饮用水源区水质有影响的生产建设项目。

根据工程设计资料，本工程建设所需土方均通过市场采购方式解决，故不存在设置自采料场的问题。从水土保持角度分析，商购和综合利用方式符合当地实际情况。

主体设计在项目施工后期，对绿化区域范围进行覆土，提高苗木成活率的同时可降低水土流失危害。此外，主体设计的绿化覆土、排水管线、雨水回用系统、景观绿化和抚育管理等措施能有效地减少水土流失。

除了上述主体设计的措施外，本方案从水土保持角度提出工程施工过程中的临时排水沉沙、泥浆中转池防护、施工场地防护及管理措施要求。

本工程水土保持制约性因素分析评价具体见表 5.22。

表 5.22　　　　　　　　　　工程水土保持制约性因素分析评价

项　目	要　求　内　容	分析评价
《中华人民共和国水土保持法》	（1）禁止在崩塌、滑坡危险区和泥石流易发区从事取土、挖砂、采石等可能造成水土流失的活动	均不涉及
	（2）生产建设项目选址、选线应当避让水土流失重点预防区和重点治理区；无法避让的，应当提高防治标准，优化施工工艺，减少地表扰动和植被被损坏范围，有效控制可能造成的水土流失	工程不涉及国家级、省级、市级、县级水土流失重点预防区和治理区
	（3）在山区、丘陵区、风沙区以及水土保持规划确定的容易发生水土流失的其他区域开办生产建设项目或者从事其他生产建设活动，损坏水土保持设施、地貌植被，不能恢复原有水土保持功能的，应当缴纳水土保持补偿费，专项用于水土流失预防和治理	本工程建设不可避免损坏水土保持设施，方案已计列水土保持补偿费
	（4）水土流失严重、生态脆弱的地区，应当限制或者禁止可能造成水土流失的生产建设活动，严格保护植物、沙壳、结皮、地衣等	均不涉及
	（5）依法应当编制水土保持方案的生产建设项目，其生产建设活动中排弃的砂、石、土、矸石、尾矿、废渣等应当综合利用；不能综合利用，确需废弃的，应当堆放在水土保持方案确定的专门存放地，并采取措施保证不产生新的危害	余方由建设单位承诺外运

续表

项　　目	要　求　内　容	分析评价
《中华人民共和国水土保持法》	（6）对生产建设活动所占用土地的地表土应当进行分层剥离、保存和利用，做到土石方挖填平衡，减少地表扰动范围；对废弃的砂、石、土、矸石、尾矿、废渣等存放地，应当采取拦挡、坡面防护、防洪排导等措施。生产建设活动结束后，应当及时在取土场、开挖面和存放地的裸露土地上植树种草、恢复植被，对闭库的尾矿库进行复垦	项目区由镇里场平后交付场地，无可剥离表土
《生产建设项目水土保持技术标准》（GB 50433—2018）对主体工程约束性规定	（1）主体工程选址（线）应避让水土流失重点预防区和重点治理区；河流两岸、湖泊和水库周边的植物保护带；全国水土保持监测网络中的水土保持监测站点、重点试验区及水土保持长期定位观测站	均不涉及
	（2）严禁在崩塌和滑坡危险区、泥石流易发区内设置取土（石、砂）场	不涉及
	（3）严禁在对公共设施、基础设施、工业企业、居民点等有重大影响的区域设置弃土（石、渣、灰、矸石、尾矿）场	余方由建设单位承诺外运
	（4）涉及河道的应符合河流防洪规划和治导线的规定，不得设置在河道、湖泊和建成水库管理范围内	均不涉及
	（5）应控制施工场地占地，避开植被相对良好的区域和基本农田区	项目区为建设用地及园地，不涉及基本农田，施工场地均布置在永久占地范围内
	（6）应合理安排施工，防止重复开挖和多次倒运，减少裸露时间和范围	均不涉及
《浙江省水土保持条例》	（1）生产建设项目在法律、法规规定禁止建设的区域的	不涉及
	（2）生产建设项目无法避让水土流失重点预防区和重点治理区，未相应提高水土流失防治标准的	工程不涉及国家级、省级、市级、县级水土流失重点预防区和治理区
	（3）生产建设项目取土场地未落实，或者取土场选址、设置不符合法律、法规规定和水土保持技术标准的	不涉及取土场
	（4）生产建设项目排弃的砂、石、土、矸石、尾矿、废渣等，应当综合利用没有综合利用方案；或者确需排弃没有落实存放地，以及存放地选址、设置不符合法律、法规规定和水土保持技术标准的	余方由建设单位承诺外运

　　综合以上分析，主体工程选址（线）符合《中华人民共和国水土保持法》（2011年3月1日施行）、《浙江省水土保持条例》（2020年11月27日修正）、《生产建设项目水土保持技术标准》（GB 50433—2018）的要求，主体工程选址（线）不存在重大的水土保持制约因素，因此，本工程建设可行。

5.6.3.2　建设方案与布局水土保持评价

1. 建设方案评价

本项目主体工程不存在工程选址及建设方案方面的比选，因此也不存在基于主体工程比选方案基础上的水土保持角度的比选内容。

（1）工程平面布置的合理性分析与评价。本项目不属于《国务院关于发布实施〈促进产业结构调整暂行规定〉的决定》（国发〔2005〕40号）、《产业结构调整指导目录（2024年本）》中限制类和淘汰类产业的开发建设项目。2022年6月24日，项目取得中华人民共和国建设用地规划许可证（地字第330501202200009号）（××市规划和自然资源局），项目选址唯一。

项目区内建筑物之间为硬化地面及绿化，增加了彼此的独立性。在建筑物四周布置环形道路及集中绿化等配套设施，最大限度地利用了土地资源，同时增加绿化面积，形成整体的绿化体系，项目区平面布置合理。

工程建设平面布局充分考虑了功能区分，平面布置上充分利用红线范围内角落区域进行综合绿化，同时增加绿化植被种植，有利于水土保持。

根据主体平面布置，工程平面布置以节约土地、便于生产管理、美观为原则，合理配置建筑物、道路、硬地及绿地，主体工程布设施工临时设施场地，位于工程永久占地范围内，利用现有场地进行布设，不新增临时占地，避免土石方大量开挖回填，符合水土保持要求。

（2）项目竖向设计合理性分析与评价。场地内部高程根据地勘报告结合现场踏勘，本项目场地高程为2.2～3.4m（85国家高程，后同），场平交付高程约3.0m。

本工程距离京杭大运河72～139m，根据《杭嘉湖地区水利综合规划》（2015），项目区属于运河水系，在规划工况下本工程附近大运河100年一遇的水位介于3.37m和3.44m之间。根据要求完善防涝设计，场地设置防涝设施。本项目室内设计标高为4.2m，室外设计标高为3.9m，位于100年一遇洪水位以上，设计地坪标高满足区域防洪、排涝要求，同时设计标高贴近周边道路高程。

根据主体设计资料，项目区室外设计标高依据所处地块与道路的衔接，确定室内设计标高4.2m（±0.00），室外地坪标高3.9m。

项目区周边道路中，周边道路北侧现状道路新安大道由东向西设计标高为2.9～12.7m；南侧现状为申嘉湖杭高速，由北向南设计标高为5.1～14.6m。新安大道东侧低于项目区室外设计地坪标高，相邻段室外设计标高与周围道路差异不大，与区外道路衔接采取连续平坡式设计，平缓过度，不会产生较大边坡，避免了高差过大可能产生的边坡问题。

综上所述，以防洪要求与道路衔接的原则，本工程标高设计合理。

2. 工程占地评价

根据主体工程初步设计报告，项目主要用地面积57108m²，全部为永久占地，临时占地800m²，位于永久占地范围内。

项目选址位于××县××镇，选址的土地利用规划用途符合××县土地利用总体规划。项目拟用地为园地及建设用地为主，不占永久基本农田。

施工后，用地主要被建筑物、道路与配套设施等覆盖。项目建成后，土地利用类型将发生变化，对原生态环境的破坏是不可避免的，故要求在项目的施工时，尽量减少对生态环境的影响，并做好水土保持工作。

项目建设过程中，进行大规模的开挖、填筑活动，若不重视水土保持工作，将造成项目区内大范围的水土流失，不仅危害主体工程安全运营，而且会影响项目区周边居民区环境。因此在下一阶段中，进一步对项目区进行详细勘察，优化施工工艺，结合工程实施进度，严格按照征地红线范围施工，尽量减少对周边环境的影响，并规范施工，避免各种不必要的破坏土地资源行为。

3. 土石方平衡评价

（1）土石方平衡原则。主体设计阶段主要考虑了主体工程等工程土石方挖填，本方案在主体工程设计土石方计算的基础上，将土石方中的表土单列，补充估算表土工程、等土石方数量，并进行土石方的综合平衡。

土石方平衡考虑的主要因素有：①挖填方数量的差别；②挖填的先后顺序；③挖填地点之间的距离；④挖填方材料质量（表土、土方、石方、泥浆、建筑垃圾等）；⑤运输道路状况。

（2）土石方平衡步骤。土石方平衡按以下步骤进行：首先在各单项工程内，根据土石方的开挖及回填量，分别计算出每一项目多余或不足的土石方数量；其次考虑施工时序及运距、材质等情况，对工程土石方进行综合平衡。综合工程施工时序、土石方材质等方面的因素，土石方平衡的原则如下。

1）根据工程填方对材料质量的要求，开挖土石方中优先用于填筑，不能利用的则作为余方处理。

2）工程建设所需的表土全部外购。

（3）单项工程土石方平衡。工程施工过程中，由于受到挖填量的差别、挖填的先后顺序、挖填地点之间距离及挖填方材料质量的影响，本方案经过与项目建设单位、主体工程设计单位充分沟通后，结合现场查勘的情况，对工程土石方进行综合平衡。

（4）土石方挖填数量评价。主体工程设计中，工程土石方主要包括表土工程、建筑物工程、场平工程、道路及管线工程土石方量进行和平衡分析，经统计，工程土石方开挖总量 0.22 万 m^3；填筑土石方共 4.41 万 m^3；借方共 4.19 m^3。所需部分表土、石方计划市场购买，土方除利用自身开挖方外利用其他项目土方或商购。本工程无弃方。方案认为土石方调配等基本合理，但存在漏项和不足，具体如下：主体考虑后期景观绿化及表土外购；主体工程未考虑基础施工产生的钻渣泥浆，本方案考虑增加计列钻渣泥浆量。综合各项土石方开挖回填量，根据施工时序、进度安排及运距等因素，明确各项之间调运情况和调运量等。本工程土石方调运利用基本可行。

综上，考虑补充土石方及综合调配，项目土石方开挖总量 1.81 万 m^3，其中土方 0.22 万 m^3，钻渣泥浆 1.58 万 m^3，建筑垃圾 0.01 万 m^3；填筑量 4.41 万 m^3，其中表土 0.28 万 m^3，土方 3.64 万 m^3，石方 0.49 万 m^3；借方 4.19 万 m^3，其中表土 0.28 万 m^3，市政园林公司购入，土方 3.42 万 m^3，利用周边其他建设项目余方，石方 0.49 万 m^3，合规料场商购；余方 1.59 万 m^3，其中钻渣泥浆 1.58 万 m^3，建筑垃圾 0.01 万 m^3，由建设单位承诺外运。

各项土石方挖填数量在满足主体设计和本方案要求的前提下达到最优。

（5）土石方调运的评价。土石方平衡按以下步骤进行：首先在各单项工程内，根据土石方的开挖及回填量，分别计算出每一项目多余或不足的土石方数量，其次考虑施工时序、土石方材料质量及运距等情况，进行土石方综合平衡（土石方量均为自然方）。

工程土石方平衡优先考虑土石方自身回填，各施工点充分考虑了移挖作填，就地利用，尽量做到区域内平衡，工程消防水池及管线开挖土石方临时堆置后均用于后期场平工程覆土，其余土方利用其他工程土方，土石方调运中也充分考虑了各节点的施工时序。土石方调运合理且可行。

（6）余方综合利用评价。工程产生余方全部交由××县交通水利集团下属县交水资产经营管理有限公司统一处置。综合以上分析，本工程土石方挖填符合最优化原则，土石方调运符合节点适宜、时序可行、运距合理等原则，工程外购土石方均从合规料场采购。因此本工程土石方平衡合理。

4. 取土（石、砂）场设置评价

项目借方 4.19 万 m^3（其中表土 0.28 万 m^3，土方 3.42 万 m^3，石方 0.49 万 m^3）。不设取土场，利用周边建设项目多余土方或表土。

本项目位于××县××镇，周边生产建设项目较多。周边项目有××镇社区社会综合治理及配套设施提升工程、××镇电子商务产业园配套设施建设项目等。项目后期回填所需土方可就近利用周边项目开挖多余方。

工程绿化覆土 0.28 万 m^3 和石方 0.49 万 m^3 通过商购解决。经与建设单位沟通，绿化覆土初步确定均通过商购解决。根据调查，目前就近可提供表土的公司有德清景艺有限公司、××县聚益市政园林工程有限公司等，上述公司有多种表土，种类齐全，数量充足，完全满足本工程绿化覆土需要。

建议下阶段建设单位与周边建设项目沟通，综合利用土方资源。建设单位应在商购合同中明确水土流失防治责任者，工程施工期间土方外借来源落实后，报当地水行政主管部门备案。

从水土保持角度认为，以上措施符合当地的实际情况，同时避免了自行开采料场所增加的对土地植被的破坏以及造成的水土流失。

5. 弃土（石、渣、灰、矸石、尾矿）场设置评价

本工程建筑物基础采用钻孔灌注桩施工，钻渣泥浆固化处理产生的 1.58 万 m^3 钻渣及临时建筑物拆除 0.01 万 m^3 建筑垃圾外运处理，符合水土保持要求。工程计划 2023 年 10 月开工，但余方处置地点尚未落实，根据《关于明确工程渣土"一件事"相关事宜的备忘录》（××县人民政府办公室〔2021〕48 号），县"三化办"牵头负责全县工程渣土出土、运输、消纳流程的审批，全县工程渣土处理统一由县交通水利集团下属县交水资产经营管理有限公司统一运营。建设单位出具了《关于××项目余方处置的承诺函》（附件 E）。

方案编制单位在项目开工前需协助建设单位备案。项目产生的余方外运过程中要做好相应的防护措施，承运方为相应的水土流失防治责任者，余方外运至接收点，相应接收单位应及时利用，无法及时利用应做好相应的拦挡覆盖措施，同时余方接收单位为相应的水土流失防治责任者。

6. 施工方法与工艺评价

从施工条件上分析：项目区交通条件相对较好，能满足项目建设期的运输需求。同时土石方合理调配，确保土石方平衡可在短期内实现，符合水土保持要求。

(1) 建筑物地基处理。本项目建筑物基础采用钻孔灌注桩基础，方案考虑将钻渣泥浆经泥浆中转池汇集中转后经泥浆离心机固化处理，采用状况良好的车辆外运至余方综合利用场地，符合水土保持要求。

(2) 地下建筑基坑围护及施工。根据《××勘察岩土工程勘察报告》（浙江省地矿勘察院有限公司，2023 年 4 月），本项目基坑支护采用推荐桩顶卸土＋拉森Ⅳ钢板桩＋一道钢支撑方案，在消防水池开挖时，需做好基坑围护，利用抽水泵将基坑内汇水抽至基坑排水沟，通过项目排水沟、沉沙缓流泥沙后排出项目区，方案考虑将钻渣泥浆经泥浆中转池汇集中转后经泥浆离心机固化处理，采用状况良好的车辆外运至余方综合利用场地，符合水土保持要求。

(3) 场平工程。场地平整、道路及其他配套设施施工过程中配置压实机，做到分层压实，控制有效的压实厚度，降低了土壤的松散系数，减少土壤颗粒流失的可能。

(4) 道路广场工程、管线工程。道路管线工程同步实施，分段实施，避免了全面铺开，减少了管线施工周期及扰动地表的裸露时间，施工过程中，尽力缩短回填周期、避开雨日施工，可有效减少水土流失，有利于水土保持。

(5) 绿化工程。绿化覆土采用人工配合机械方式，保证了土壤的孔隙度，有利于项目区绿化。项目区绿化采用乔、灌、草相结合的形式，提高了对降雨的截留能力，降低了汇流对土壤的冲刷，有利于水土保持。

整个项目施工方法（工艺）较合理，基本符合水土保持要求。但主体的土石方工程施工期间，需要及时地做好临时排水、沉沙等雨水排导工作，以最大限度地控制水土流失对周边区域造成的不良影响。

综上所述，主体工程施工布置、施工组织、施工时序、施工工艺和方法均在满足施工要求的基础上，选择了有利于水土保持的措施和方案，符合水土保持要求。但是主体设计对于施工期间临时防护措施的考虑仍存在不足，本方案将进行补充完善，并针对施工中工程管理和有关注意事项提出建议，以有效减少水土流失的发生。

7. 主体设计中具有水土保持功能工程的评价

根据对主体设计资料的分析，主体设计中具有水土保持功能的措施主要有绿化覆土、排水管线、雨水回用系统、景观绿化和抚育管理。

(1) 工程措施。

1) 绿化覆土。施工后期，对项目绿化区域进行覆土，覆土面积 6880.50m²。覆土厚度 30～50cm，表土回覆 0.28 万 m³，需采购表土 0.28 万 m³。绿化覆土可提高苗木成活率，降低水土流失危害，满足水土保持要求。

2) 排水管线。主体设计工程采用雨、污分流排水体制，在道路两侧、建筑物周围埋设排水管道，排导项目区内的汇水，最终排入市政管网。设计重现期 $P=5$ 年，此设计可以有效地收集地表径流水流，使区内汇水以有序的、安全的方式出流，很好地保证了项目区排水的畅通，可以避免因雨水而造成的新的水土流失，具有较好的水土保持作用和防治效果，根据水土保持工程界定原则，雨水管网工程界定为水土保持工程。管材选用：DN600采用UPVC管。

主体设计共布设排水管线总长度1490m，管道管径600mm。雨水管道沿建构筑物横竖布设。

考虑到项目区防洪排涝等要求，本方案对雨水管网过水能力进行校核。根据《室外排水设计标准》（GB 50014—2021）设计洪水流量可采用5年一遇10分钟暴雨径流量进行校核：

$$Q_m = q\varphi F \tag{5.2}$$

式中　Q_m——雨水设计流量，L/s；

　　　φ——径流系数；

　　　q——设计暴雨强度，L/(s·hm²)；

　　　F——集水面积，hm²。

根据××县暴雨强度公式：

$$q = \frac{2473.310 \times (1+0.737\lg P)}{(t+11.451)^{0.749}} \tag{5.3}$$

式中　q——设计暴雨强度，L/(s·hm²)；

　　　t——降雨历时，min，本项目取10min；

　　　P——设计重现期，年，本项目取5年；

计算得相应排水管网5年一遇60分钟暴雨径流量为0.10m³/s，管道过水流量满足洪峰要求。

雨水管网断面及水力复核计算见表5.23。

表5.23　雨水管网断面及水力复核计算表（考虑过水水深为圆管直径的2/3）

直径 d	水深 h	圆心角 Q	过水面积 A	湿周 x	水力半径	糙率 n	渠道坡降 I	流量 $Q = \frac{A}{n}R^{\frac{2}{3}}I^{\frac{1}{2}}$
0.60	0.45	4.38	0.012	0.26	0.035	0.009	0.035	0.010

3）雨水回用系统。根据《民用建筑雨水控制与利用设计导则》中的相关规定，项目区内海绵城市设计采用绿化及生态蓄水池相结合的形式。雨水回用系统通过管道将屋顶及部分地面汇水收集到项目区内设置的325m³雨水调蓄池，设置下凹式绿地700m²，雨水花园500m²，雨水调蓄池布设在项目区中部集中绿化区域。收集到的雨水用于项目区内绿化浇灌，最大程度的利用雨水资源，同时遇暴雨日可起到分流项目区汇水的功能，待雨过天晴时通过水泵抽出项目区，排入道路雨水管网。

4）场地平整。施工结束后，对绿化区域进行场地平整，场地平整面积为6880.50m²。

（2）植物措施。

1）景观绿化。项目区绿化采取乔、灌、草相结合的综合绿化措施，面积6880.50m²。绿化措施能起到保护环境、防治污染、维持生态平衡，对于防止降雨引起的裸露地表的击溅侵蚀和面蚀也有着很好效果，具有良好的水土保持功能，满足水土保持要求。

2）抚育管理。施工完工后，为提高幼苗的成活率和保存率，必须定期进行养护，及时进行松土、除草、踏穴、培土、选苗、定株、抹芽、打杈和必要的修枝、病虫害防治等抚育管理措施。抚育管理 6880.50m²·a，具有良好的水土保持功能，满足水土保持要求。

（3）临时措施。为防止地表水流入基坑，主体考虑在基坑坡顶四周设地面排水沟 0.4m×0.4m，地表填土层部分若渗水较多可采用泄水管引排水，坑内外采用明沟或盲沟，集水井方式排水。根据式（5.3），基坑范围内暴雨强度为 1.82mm/min，计算基坑范围最大洪峰流量为 0.01m³/s。根据式（5.2），基坑排水沟过水流量为 0.22m³/s，满足临时排水标准。

5.6.3.3　主体工程设计中水土保持措施界定

根据《生产建设项目水土保持技术标准》（GB 50433—2018）中相关规定，纳入水土流失防治措施体系水土保持工程的界定原则如下。

（1）以防治水土流失为主要的防护工程，应界定为水土保持工程。以主体工程设计功能为主、同时兼有水土保持功能，不纳入水土流失防治措施体系，仅对其进行水土保持分析与评价；当不能满足水土保持要求时，可要求主体设计修改完善，也可以提出新的补充措施纳入水土流失防治措施体系。

（2）对永久占地内主体设计功能和水土保持功能难以直观区分的防护措施，可按破坏性试验的原则进行确定。假定没有这项防护措施，主体设计功能依然可以发挥作用，但会产生较大水土流失，该项防护措施应界定为水土保持工程，纳入水土流失防治措施体系。

根据以上界定原则，主体设计绿化覆土、排水管线、雨水回用系统、综合绿化和抚育管理等具有水土保持功能，符合水土保持要求，界定为水土保持措施。主体设计界定的水土保持措施工程量及投资汇总见表 5.24。

表 5.24　　　　　主体工程设计的水土保持工程量及投资

序号	项　　目	单位	工程量	单价	投资/万元
一	工程措施				166.93
1	Ⅰ区（主体工程防治区）				166.93
1)	表土回填	m³/元	2800.00	4.02	1.13
2)	排水管线	m/元	1490	1000.00	149.00
3)	雨水回用系统	m³/元	325	500.00	16.25
4)	场地平整	m²/元	6880.5	0.80	0.55
二	植物措施				206.42
1	Ⅰ区（主体工程防治区）				206.72
1)	景观绿化	m²/元	6880.50	300	206.42
2)	抚育管理	m²/元	6880.50	0.43	0.30

续表

序号	项　　目	单位	工程量	单价	投资/万元
三	临时措施				2.15
1	Ⅰ区（主体工程防治区）				
1)	基坑排水沟	m/元	133.00	162.00	2.15
合计					375.50

主体工程设计的水土保持措施的设计基本合理，主体工程总体可行，基本能达到水土保持要求，本方案在分析评价主体工程中界定为水土保持措施的基础上，进一步补充完善水土保持措施设计，并将其一并纳入方案的水土保持措施体系中，使方案水土保持措施形成一个完整、严密、科学的防护体系。主要补充完善措施如下。

1) 补充施工期场地临时排水沉沙、洗车平台及临时苫盖措施，补充施工期间施工场地、泥浆中转池及干化设备等防护措施，并结合项目周边地形地貌、市政管网排水口调查，选择临时沉沙池位置。

2) 根据土石方平衡的具体情况，结合现场调查，对施工场地和泥浆中转池选址的合理性进行分析、评价，并在此基础上对水土流失重点区域做布置及防护设计。

3) 提出各项水土保持投资估算及方案实施保证措施。

5.6.4　水土流失分析与预测

5.6.4.1　水土流失现状

根据全国土壤侵蚀类型区划，项目区属于以水力侵蚀为主的南方红壤区，容许土壤流失量 $500t/(km^2 \cdot a)$。水土流失的类型主要为水力侵蚀。通过调查，项目区土壤侵蚀强度以微度侵蚀为主，工程所在区域土壤侵蚀背景值 $300t/(km^2 \cdot a)$。根据《××市水土保持"十四五"规划》（湖水委〔2021〕7号，2021年12月），工程所在的××县水土流失情况见表5.25。工程区土壤侵蚀强度分布图（略）。

表 5.25　　　　　　　　工程所涉及区域水土流失面积统计

区域	土地总面积/km²	水土流失面积/km²						水土流失面积占土地总面积的比例/%
		轻度	中度	强烈	极强烈	剧烈	小计	
××市	5814.44	221.67	31.17	11.13	5.56	0.26	269.79	4.64
××县	938.24	32.86	3.20	1.08	0.92	0.22	38.28	4.08

根据《水利部办公厅关于印发〈全国水土保持规划国家级水土流失重点预防区和重点治理区复核划分成果〉的通知》（办水保〔2013〕188号），工程区不属于国家级水土流失重点预防区和重点治理区。根据浙江省水利厅、浙江省发展和改革委员会《关于公布省级水土流失重点预防区和重点治理区的公告》（2015年2月13日），本工程不属于省级水土流失重点预防区和重点治理区。根据《××市水土保持规划》，本工程不属于××市、县级水土流失重点预防区和重点治理区。

5.6.4.2 水土流失影响因素分析

1. 水土流失影响因素

在施工期（含施工准备期），工程建设涉及建筑物、施工生产生活区，各项建设活动在施工过程中土石方开挖、填筑等均会对地表产生扰动和破坏，改变原有土地的利用性质，从而降低工程扰动区域土壤的水分涵养能力，并且工程施工过程中产生的裸露面若不采取及时有效的水土流失防治措施，在降雨和重力作用下，易产生水土流失。另外，施工产生的土石方如果防护拦挡不当，易流淌入沟渠，会对项目区周边生态环境带来不利影响，甚至危及工程安全；在自然恢复期，地表扰动基本停止，植物措施尚未完全发挥作用，水土流失强度逐渐降低，但仍有一定量的水土流失。

2. 扰动地表、损毁植被面积预测

按防治分区，通过查阅资料和实地调查，项目扰动地表面积为57108m²。水土保持补偿费计征面积为57108m²。

3. 废弃土（石、渣、灰、矸石、尾矿）量预测

项目土石方开挖总量1.81万m³，其中土方0.22万m³，钻渣泥浆1.58万m³，建筑垃圾0.01万m³；填筑量4.41万m³，其中表土0.28万m³，土方3.64万m³，石方0.49万m³；借方4.19万m³，其中表土0.28万m³，市政园林公司购入，土方3.42万m³，利用周边其他建设项目余方，石方0.49万m³，合规料场商购；余方1.59万m³，其中钻渣泥浆1.58万m³，建筑垃圾0.01万m³，由建设单位承诺外运。

5.6.4.3 土壤流失量预测

1. 预测单元

根据工程施工特点及施工时序，本工程水土流失预测范围分为4个预测分区、4个预测单元。施工期预测面积为57108m²，自然恢复期预测面积为6880.50m²。

水土流失预测单元划分见表5.26。

表5.26　　　　　　　　　　　水土流失预测单元划分表　　　　　　　　　单位：hm²

预测单元	施工期（含施工准备期）	自然恢复期
建筑物	2.2105	0
道路及配套设施	2.7623	0
绿化区	0.6881	0.6881
施工场地	0.05	0
合计	5.7108	0.6881

2. 预测时段

本项目属于建设类项目，水土流失预测时段划分为施工期（含施工准备期）和自然恢复期。

（1）施工期（含施工准备期）：项目计划于2023年10月开工，2025年2月完工，总工期16个月。

预测时间按各预测单元实际施工时间计列。

（2）自然恢复期：根据《中国气候区划名称与代码 气候带和气候大区》（GB/T

17297—1998），浙江省自然恢复期取 1 年。

水土流失预测时段见表 5.27。

表 5.27   **水土流失预测时段表**

预测单元	预测时间/a	
	施工期（含施工准备期）	自然恢复期
建筑物	1.00	0
道路及配套设施	1.33	0
绿化区	0.17	1
施工场地	1.33	0

3. 土壤侵蚀模数

根据《生产建设项目土壤流失量测算导则》（SL 773—2018），根据工程建设内容及生产建设项目土壤流失类型划分，本工程一级分类属水力作用下的土壤流失，根据工程防治区划分，建筑物二级分类属工程开挖面，三级分类属上方无来水开挖面；道路及配套设施、绿化、施工场地二级分类属一般扰动地表，三级分类属地表翻扰型一般扰动地表，泥浆采用流弃比计算。

根据查阅相关表格，××市××县年降雨侵蚀力因子为 5702.7MJ·mm/(hm²·h)，土壤可蚀性因子为 0.0033t·hm²·h/(hm²·MJ·mm)。根据工程建设内容及扰动单元、计算单元的划分原则，并结合工程实际情况，本工程共划分为 4 个计算单元（建筑物单元、道路及配套设施、绿化区、施工场地单元）。根据各计算单元所属的扰动类型，分别选取相应的计算公式。

扰动前计算单元水力作用下的土壤流失量参照公式为

$$M_{yz} = RKL_y S_y BETA \tag{5.4}$$

式中 R——降雨侵蚀力因子，MJ·mm/(hm²·h)；

      K——土壤可蚀性因子，t·hm²·h/(hm²·MJ·mm)；

      L_y——坡长因子，无量纲；

      S_y——坡度因子，无量纲；

      B——植被覆盖因子，无量纲；

      E——工程措施因子，无量纲；

      T——耕作措施因子，无量纲；

      A——计算单元的水平投影面积，hm²。

（1）地表翻扰型一般扰动地表计算单元土壤流失量测算按式（5.5）～式（5.8）计算：

$$M_{yd} = RK_{yd} L_y S_y BETA \tag{5.5}$$

式中 M_{yd}——地表翻扰型一般扰动地表计算单元土壤流失量，t；

      K_{yd}——地表翻扰后土壤可蚀性因子，t·hm²·h/(hm²·MJ·mm)；

$$K_{yd} = NK \tag{5.6}$$

式中　N——地表翻扰后土壤可蚀性因子增大系数，无量纲，取 2.13。

$$L_y = (\lambda / 20)^m \tag{5.7}$$

式中　λ——计算单元水平投影坡长度，m，对一般扰动地表，水平投影坡长≤100m 时按实际值计算，水平投影坡长＞100m 按 100m 计算；

　　　　m——坡长指数，其中 $\theta \leqslant 1°$时，m 取 0.2；$1° < \theta \leqslant 3°$时，m 取 0.3；$3° < \theta \leqslant 5°$时，m 取 0.4；$\theta > 5°$时，m 取 0.5。

$$S_y = -1.5 + 17 / [1 + e^{(2.3 - 6.1\sin\theta)}] \tag{5.8}$$

式中　e——自然对数的底，可取 2.72。

根据以上公式，计算得出扰动前道路及配套设施、绿化、施工场地的背景土壤侵蚀模数为 300t/(km²·a)。扰动后道路及配套设施、绿化、施工场地的土壤侵蚀模数为：$M_{yd} / A = RK_{yd} L_y S_y BET$，代入相关的模数计算得出，施工期道路及配套设施、绿化、施工场地的土壤侵蚀模数分别为 2450.06t/(km²·a)、1813.19t/(km²·a)、1493.89t/(km²·a)，自然恢复期绿化区的土壤侵蚀模数为 120.99t/(km²·a)。

（2）上方无来水工程开挖面土壤流失量按式（5.9）～式（5.12）计算：

$$M_{kw} = RG_{kw} L_{kw} S_{kw} A \tag{5.9}$$

式中　M_{kw}——上方无来水工程开挖面计算单元土壤流失量，t；

　　　　G_{kw}——上方无来水工程开挖面土质因子，t·hm²·h/(hm²·MJ·mm)；

　　　　L_{kw}——上方无来水工程开挖面坡长因子，无量纲；

　　　　S_{kw}——上方无来水工程开挖面坡度因子，无量纲。

$$G_{kw} = 0.004 e^{4.28 SIL(1-CLA)/\rho} \tag{5.10}$$

式中　ρ——土体密度，g/m³；

　　　SIL——粉粒（0.002～0.05mm）含量，取小数；

　　　CLA——黏粒（＜0.002mm）含量，取小数。

$$L_{kw} = (\lambda / 5)^{-0.57} \tag{5.11}$$

式中　λ——计算单元水平投影坡长度，m，对一般扰动地表，水平投影坡长≤100m 时按实际值计算，水平投影坡长＞100m 按 100m 计算。

$$S_{kw} = 0.80\sin\theta + 0.38 \tag{5.12}$$

式中　θ——计算单元坡度，（°），取值范围为 0°～90°。

根据以上公式计算得出，扰动前建筑物区的背景土壤侵蚀模数为 300t/(km²·a)。扰动后建筑物区的土壤侵蚀模数为：$M_{kw} / A = RG_{kw} L_{kw} S_{kw}$，施工建筑物区的土壤侵蚀模数为 4804t/(km²·a)，自然恢复期建筑物区的土壤侵蚀模数为 0t/(km²·a)。

因此各计算单元土壤侵蚀模数见表 5.28～表 5.29。

4. 预测成果

（1）预测方法。结合本工程实际情况对相关的预测参数进行修正后，根据受扰动地表水土流失量计算公式来计算本工程的水土流失量。

表 5.28 工程土壤侵蚀模数计算表

序号	项 目	因子	单 位	建筑物	道路及其他配套设施区	绿化区	施工场地	自然恢复期 绿化区
1	地表翻扰型	M	t/(km²·a)		2450.06	1813.19	1493.89	120.99
1.1	降雨侵蚀力因子	R	MJ·mm/(hm²·h)		5702.7	5702.7	5702.7	5702.7
1.2	地表翻扰后土壤可蚀性因子	K_{yd}	t·hm²·h/(hm²·MJ·mm)		0.007242	0.007242	0.007242	0.0034
1.3	一般扰动地表坡长因子	L_y			1.13	0.98	1.59	0.65
1.4	一般扰动地表坡度因子	S_y			1.05	1.28	0.65	0.75
1.5	植被覆盖因子	B			0.5	0.35	0.35	0.32
1.6	工程措施因子	E			1	1	1	1
1.7	耕作措施因子	T			1	1	1	0.4
2	上方无来水开挖面	M	t/(km²·a)	4804				
2.1	降雨侵蚀力因子	R	MJ·mm/(hm²·h)	5702.7				
2.2	工程开挖面土质因子	G_{kw}	t·hm²·h/(hm²·MJ·mm)	0.02				
2.3	开挖面坡长因子	L_{kw}		0.81				
2.4	开挖面坡度因子	S_{kw}		0.52				

表 5.29 本工程各区土壤侵蚀模数取值

序号	水力作用下的土壤流失 二级分类	水力作用下的土壤流失 三级分类	区域	土壤侵蚀模数/(t/km²·a) 背景值	土壤侵蚀模数/(t/km²·a) 施工期	土壤侵蚀模数/(t/km²·a) 自然恢复期
1	工程开挖面	上方无来水工程开挖面	建筑物	300	4803.95	0
2			道路及配套设施	300	2450.06	0
3	一般扰动地表	地表翻扰型一般扰动地表	绿化区	300	1813.19	120.99
4			施工场地	300	1493.89	0
5	其他		泥浆	—	流弃比 0.02	—

水土流失量按下式计算：

$$W = \sum_{j=1}^{2} \sum_{i=1}^{n} (F_{ji} \times M_{ji} \times T_{ji}) \tag{5.13}$$

$$\Delta W = \sum_{j=1}^{2} \sum_{i=1}^{n} (F_{ji} \times \Delta M_{ji} \times T_{ji}) \tag{5.14}$$

式中 W——土壤流失量，t；

ΔW——新增土壤流失量，t；

F_{ji}——某时段某单元的预测面积，km²；

M_{ji}——某时段某单元的土壤侵蚀模数，t/(km²·a)；

ΔM_{ji}——某时段某单元的新增土壤侵蚀模数，t/(km²·a)；

T_{ji}——某时段某单元的预测时间，a。

$$\Delta M_{ji}=\frac{(M_{ji}-M_{0i})+|M_{ji}-M_{0i}|}{2} \tag{5.15}$$

式中　M_{0i}——某单元的土壤侵蚀模数背景值，$t/(km^2 \cdot a)$；

　　　　i——预测单元，$i=1$、2、3、$\cdots$、n；

　　　　j——预测时段，$j=1$、2，指施工期和自然恢复期。

泥浆流失量计算公式如下：

$$W_2=\sum_{1}^{n}(S_i \cdot a_i) \tag{5.16}$$

式中　W_2——泥浆流失量，t；

　　　　S_i——泥浆量，t；

　　　　a_i——流弃比。

（2）预测结果。根据前面确定的参数，对照各个区域的占地面积，对工程建设可能产生的水土流失情况进行了预测，结果见表 5.30。

表 5.30　　　　　　　　　　　工程水土流失量预测汇总

预测单元	预测时段	土壤侵蚀背景值 /[t/(km²·a)]	扰动后侵蚀模数 /[t/(km²·a)]	侵蚀面积 /hm²	侵蚀时间 /a	背景流失量 /t	预测流失量 /t	新增流失量 /t
建筑物	施工期	300	4803.95	2.2105	1.00	6.63	106.19	99.56
	自然恢复期	300	0	0	0	0	0	0
	小计					6.63	106.19	99.56
道路及配套设施	施工期	300	2450.06	2.7623	1.33	11.02	90.01	78.99
	自然恢复期	300	0	0	0	0	0	0
	小计					11.02	90.01	78.99
绿化区	施工期	300	1813.19	0.6881	0.17	0.35	2.12	1.77
	自然恢复期	300	120.99	0.69	1	2.07	0.83	0
	小计					2.42	2.95	1.77
施工场地	施工期	300	1493.89	0.0500	1.33	0.20	0.99	0.79
	自然恢复期	300	0	0.6881	0	0	0	0
	小计					0.20	0.99	0.79
钻渣泥浆		流弃比 0.02					422	422
合计	施工期			5.7109			621.31	603.11
	自然恢复期			1.3781			0.83	0
	小计						622.14	603.11

注　钻渣泥浆容重取 $1.2 t/m^3$。

综合以上分析，本工程建设可能产生的水土流失总量约 0.062 万 t，新增的水土流失总量约 0.060 万 t。施工期是本工程建设可能产生水土流失最为严重的时期，其间水土流失量占总量的 96.94%，建设期水土流失的重点区域为建筑物、泥浆临时中转池。在工程施工结束后的自然恢复期，也将有一定程度的水土流失发生。各区域要采取相应的防护措施加以治理，水保措施需与主体工程同时实施，相互协调，有序进行，并进行水土流失状况监测。

5.6.4.4　水土流失危害分析

根据周边地形、地质、土壤、植被以及施工方式等特点，可能造成的水土流失危害主要表现在以下几个方面。

1. 降低水土保持功能

因工程开挖而引起表面植被损坏，使裸地在雨水的冲刷下引起水土流失，同时土石方挖填作业破坏土壤的理化性质，降低土壤抗蚀性，水土保持功能下降，水力侵蚀强度增加。

2. 淤积市政管道，影响城市行洪排涝

项目施工期汇水通过周边市政管道排放，施工过程中，若水土流失防治措施不当，土石方随降水排入市政管网，降低水质，造成管网淤积和阻塞，占用管道排水断面，影响京杭大运河河道排涝。

3. 对城市景观造成不利影响

项目在工程施工期间，植被的破坏，地表裸露，在遇到暴雨的情况下，可能造成比较严重的水土流失，对周边居民小区的环境造成危害。项目周边路网密集，土方运输车辆必然影响道路正常交通秩序，若防护不到位，则有可能导致工程建设产生的水土流失给城市景观带来不利影响。

4. 降低空气质量

工程施工期间挖填、堆置、运输土方造成大量松散土石方，若不采取拦挡、降尘等临时防护，在风力作用下极易产生扬尘，降低空气质量。因此，对本项目建设引起的水土流失区域，必须采取有效的水土保持措施，做到水土保持措施与主体工程同时设计、同时施工、同时投产使用，把建设过程中产生的水土流失降至最低程度。

5.6.4.5　指导性意见

综上，本工程扰动地表面积共计 5.7108hm²，水土保持补偿费计征面积 5.7108hm²，工程建设可能产生的新增水土流失总量为 603.11t，详见表 5.31。

表 5.31　　　　　　　　　水土流失预测结果汇总

序号	项　　目	单　　位	数　　量
1	扰动地表面积	hm²	5.7108
2	水土保持补偿费计征面积	hm²	5.7108
3	产生余方总量	万 m³	1.59
4	新增水土流失总量	t	603.11

施工期是水土流失的重点时段，水土流失的重点区域为泥浆临时中转池。因此，在方案设计中，将重点针对施工期的以上区域进行水土流失防治设计，并且要做好重点区域的水土保持监理、监测工作，以便及时掌握其水土流失状况及防治措施的效果，并及时采取补充措施，从而更加有效地防治工程建设可能产生的水土流失。

1. 防治措施指导意见

根据工程水土保持的主要经验，在施工期间，防护采取临时措施为主，结合工程和植物措施。项目区施工期采用临时排水、沉沙措施，施工临时设施采取临时排水、拦挡、覆盖等临时防护，施工结束后进行土地整治与恢复。

2. 施工进度安排的意见

根据预测结果，施工期是新增水土流失重点时段，建议在施工中加强主体工程施工进度，紧凑安排，有效缩短流失时段。如：沟槽开挖和回填应尽量避开雨日，若难以避开，应加强防护措施。植物措施及施工迹地恢复措施应结合主体工程施工进度的安排，集中实施，及早安排，尽量缩短工期。

3. 水土保持监测指导意见

根据预测结果，工程施工期的新增水土流失非常突出，施工期的主要监测内容应包括水土流失量和植被因素及其他水土流失因子的变化等。

综上所述，工程建设对当地水土流失的影响主要为施工期活动改变、损坏、占压原有地貌，形成地表裸露面，降低土壤抗蚀能力，加剧水土流失。在工程建设过程中，要及时采取相应的水土保持措施，通过有效的防治，把建设过程中产生的水土流失降至最低程度。与此同时，也要做好工程的水土保持监理、监测工作，以便及时掌握水土流失状况及防治措施效果，并及时采取补充措施，从而更加有效地防治工程建设可能产生的水土流失。

5.6.5 水土保持措施

5.6.5.1 防治区划分

根据确定的防治范围，依据主体工程布局、施工扰动特点、建设时序等，结合方案编制总则、工程项目的特点以及对水土流失影响、区域自然条件、项目的功能分区等，确定本项目共分 2 个防治分区，分别为主体工程防治区、施工临时设施防治区，临时占地均布置于永久占地范围内。防治责任范围 57108m²。水土流失防治分区见表 5.32。

表 5.32 水土流失防治分区表 单位：m²

序号	水土流失防治分区	项目建设区	
		范 围	面 积
1	Ⅰ区主体工程防治区	建筑物、道路及其他配套设施、绿化区	56308
2	Ⅱ区施工临时设施防治区	泥浆中转池、泥浆干化设备、施工场地	800
	合计		57108

注 临时占地均布置于永久占地范围内。

5.6.5.2 措施总体布局

水土流失防治措施布置总体思路是：坚持分区防治、生态优先的原则，兼顾生态、经济、社会效益之间的关系，重点突出生态效益。

在具体的防治措施布置上，各项水土保持措施将重点考虑减免工程施工造成的水土流失影响，预防为主，充分利用工程措施的控制性和速效性，同时发挥生物措施的后效性和长效性，生物措施与工程措施结合进行综合防治。采用点、线、面相结合，全面防治与重点防治相结合，并配合主体工程设计中的水土保持设施进行综合规划，建立布局合理、措施组合科学、功能齐全的水土流失防治措施体系，实现方案的总体防治目标。

水土流失防治措施体系如图 5.4 所示。

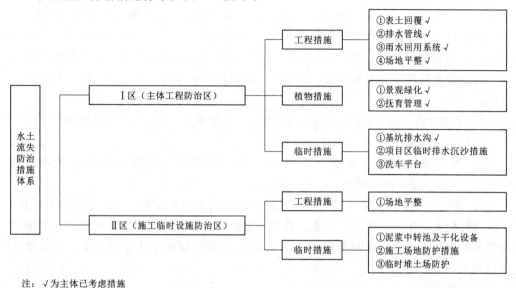

注：√为主体已考虑措施

图 5.4　水土流失防治措施体系

根据《水土保持工程设计规范》(GB 51018—2014)，项目区不涉及城镇、饮用水源保护区和风景名胜区等，故主体工程施工区植被恢复级别为 3 级、施工临时设施区植被恢复级别为 3 级。详见表 5.33。

表 5.33　　　　　　防治措施标准一览

序号	分　区	措施名称	标　准　措　施	本工程采用标准
1	Ⅰ区（主体工程防治区）	工程措施	排水管线排水采用 10 年一遇标准	排水管线排水采用 10 年一遇标准
		绿化措施	根据《水土保持工程设计规范》(GB 51018—2014)，绿化执行 1 级标准	主体考虑景观绿化，维持 1 级标准
		临时措施	—	临时排水沉沙措施采用 2 年一遇标准
2	Ⅱ区（施工临时设施防治区）	临时措施	—	临时排水沉沙措施采用 2 年一遇标准

5.6.5.3　分区措施布设

1. Ⅰ区（主体工程防治区）

本区防治责任面积 56308m²，包括建筑物、道路及其他配套设施和绿化区。

（1）工程措施。

1）绿化覆土。施工后期，对项目绿化区域进行覆土，覆土面积 6880.50m²。覆土厚度 30～50cm，表土回覆 0.28 万 m³，需采购表土 0.28 万 m³。绿化覆土可提高苗木成活率，降低水土流失危害，满足水土保持要求。

2）排水管线。主体设计工程采用雨、污分流排水体制，在道路两侧、建筑物周围埋设排水管道，排导项目区内的汇水，最终排入市政管网，排水管线总长度 1490m。

3）雨水回用系统。项目区内海绵城市设计采用绿化及生态蓄水池相结合的形式。雨水回用系统通过管道将屋顶及部分地面汇水收集到项目区内设置的 325m³ 雨水调蓄池。收集到的雨水用于项目区内绿化浇灌，最大程度的利用雨水资源，同时遇暴雨日可起到分流项目区汇水的功能，待雨过天晴时通过水泵抽出项目区，排入道路雨水管网。

4）场地平整。施工结束后，对绿化区域进行场地平整，场地平整面积为 6880.50m²。

（2）植物措施。

1）景观绿化。项目区绿化采取乔、灌、草相结合的综合绿化措施，面积 6880.50m²，其中下凹式绿地 700m²，雨水花园 500m²。

2）抚育管理。施工完工后，为提高幼苗的成活率和保存率，必须定期进行养护，及时进行松土、除草、踏穴、培土、选苗、定株、抹芽、打杈和必要的修枝、病虫害防治等抚育管理措施。抚育管理 6880.50m²a，具有良好的水土保持功能，满足水土保持要求。

（3）临时措施。

1）基坑排水沟。为防止地表水流入基坑，主体考虑在基坑坡顶四周设地面排水沟 0.4m×0.4m，地表填土层部分若渗水较多可采用泄水管引排水，坑内外采用明沟或盲沟，集水井方式排水。

2）项目区临时排水。施工期间为防止项目区可能产生的水土流失对周边区域的影响，方案补充施工期临时排水沟，沿红线内侧布设，排水沟长 1104m，矩形砖砌结构，底宽 50cm，沟深 50cm，底部采用 6cm 厚砖护砌，两侧采用 24cm 砖护砌，底部采用 6cm 厚的碎石垫层，表面采用 2cm 厚的水泥砂浆抹面。施工期汇水经沉沙池沉淀后排入北侧新安大道市政管网。

设计暴雨强度计算采用《浙江省各城市暴雨强度公式表》中公布的××县的暴雨强度公式：

$$q=\frac{2473.310\times(1+0.737\lg P)}{(t+11.451)^{0.749}} \tag{5.17}$$

式中　q——设计降雨强度，L/(s·hm²)，$q=167i$；

　　　P——设计暴雨重现期，a，P 取 2；

　　　t——降雨历时，min，采用 $t=25$min。

根据式（5.1），暴雨强度为 1.22mm/min。

根据《水利水电工程水土保持技术规范》（SL 575—2012），项目区雨水设计流量按下列公式计算：

$$Q=16.67\times\psi\times i\times F \tag{5.18}$$

式中　Q——雨水设计流量，m³/s；

　　　i——设计暴雨强度，mm/min；

ψ——径流系数，取 0.5；

F——汇水面积，km^2。

项目区最大汇水面积为 $5.71hm^2$，经计算项目区最大洪峰流量为 $0.29m^3/s$（均为双向排水）。

排水沟的设计断面按明渠均匀流公式计算：

$$Q=AV \tag{5.19}$$

其中

$$A=bh+mh^2$$

$$V=\frac{1}{n}R^{2/3}i^{1/2} \tag{5.20}$$

其中

$$R=b+2h\sqrt{1+m^2}$$

式中 A——排水沟断面面积，m^2；

R——水力半径，m；

i——排水沟比降，$i=0.004$；

n——沟道糙率，排水沟 0.015；

h——水深，m；

b——底宽，m；

m——排水沟边坡比。

排水沟沟深 H 为水深 h 加上安全超高（0.20～0.30m）。

计算得项目区排水沟过水流量 $Q=0.32m^3/s>0.29m^3/s$，过水断面尺寸符合排水要求。

施工期间，为减少雨水外排时携带的土壤、砂粒的流失，需在排水沟集水排放前设置沉沙池缓流沉沙。根据排水沟的设置情况及现状地形情况，拟设置 2 处三级沉沙池，沉沙池独立收集排水沟来水，经沉淀后清水排入场区外市政管网，本工程排水沟（双向排水）最大洪峰流量为 $0.29m^3/s$，根据《简明排水手册》，考虑排水在沉沙池内的停留时间取 60s，则沉沙池有效容积应为 $6.75m^3$。本工程临时沉沙池尺寸拟根据最大暴雨流量设计，并考虑施工可行性及尽可能缓流沉沙。沉沙池平面采用矩形断面，单格尺寸（底长×宽×深）统一采用 $3m\times1.5m\times1.5m$，经验算，单格沉沙池容量为 $6.75m^3$，能够满足径流沉沙效果。沉沙池旁边需设置明显的安全警示标志，并加强施工期间的管理，避免安全隐患。施工期加强对排水沟及沉沙池的清理，防止泥沙淤积，保证其有足够的容量，尤其是雨后要加强巡查清理，清理出的沉沙回填至地网铺设区。临时沉沙池共计土方开挖 $66m^3$，土方回填 $40m^3$，砌砖 $26m^3$，砂浆抹面 $114m^2$，碎石垫层 $7m^3$。

施工期间沉沙池旁需设置明显的安全警示标志，并加强施工期间的管理，消除安全隐患。沉沙池启用后，应注意沉沙池的安全使用问题，并定时采用人工清淤的方式清理、疏通沉沙池，防止淤塞，减小排水出口对周边区域的影响。本工程临时排水沉沙措施工程量具体见表 5.34。

表 5.34   项目区临时排水沉沙措施工程量表

名　称	规　格		长度/个数	工　程　量				
	底宽	沟深		开挖土方/m³	回填土方/m³	砌砖/m³	砂浆抹面/m²	碎石垫层/m³
项目区排水沟	0.50	0.5	1104	507	276	176	1656	55
三级沉沙池	3m×1.5m×1.5m		2	66	40	26	114	7

3）洗车平台。为了减少车辆运输过程中的水土流失，同时保证城市环境卫生，防止车辆进出工地造成路面污染，影响城市市容市貌，本方案考虑在施工区出口处设置车辆冲洗设施，用于冲洗车辆轮胎及外壁等。车辆冲洗设施主要设置洗车平台、洗车池。

洗车平台长 14.3m，宽 5.2m，混凝土浇筑厚 25cm，碎石垫层厚 50cm。洗车池废水收集后汇入周边临时排水沟，排水沟接排水出口前的沉沙池，洗车池溢水经临时沉沙池沉淀泥沙后可循环利用。

4）裸露土质面。项目施工期间，项目区内存在部分裸露土质面区域，由于施工期间不可避免跨越雨季，工程建设开挖裸露地表，受降雨冲刷和地表径流的影响，极易产生水土流失。故对项目区内裸露土质面区域进行密目网覆盖，避免雨水冲刷带来的水土流失现象。考虑到密目网可重复利用，估算密目网 4000m²。

5）暴雨应急管理措施。项目区施工期若遇强降雨，需立即停工，成立应急小组，及时了解雨情并上报上级部门，同时确保项目区已设置的临时排水沟顺畅，以及排水沟排水能力，在场地内凹地临时开挖集水井采取水泵抽水的形式，增强项目区汇水外排能力，施工期需备用水泵 2 台（投资计入主体）。主体设计项目建成后排水采用雨水管网的形式排导。

本区水土保持工程量汇总：

工程措施：绿化覆土 0.28 万 m³；排水管线总长度 1490m，雨水调蓄池 325m³。

植物措施：景观绿化面积 6880.50m²，抚育管理 6880.50m²/a。

临时措施：基坑排水沟长约 133m，项目区临时排水沟 1104m（土方开挖 507m³，土方回填 276m³，砌砖 176m³，砂浆抹面 1656m²，碎石垫层 55m³），三级沉沙池 2 座（土方开挖 66m³，土方回填 40m³，砌砖 26m³，砂浆抹面 114m²，碎石垫层 7m³），裸露面密目网苫盖 4000m²。

2．Ⅱ区（施工临时设施防治区）

本区包括泥浆中转池、泥浆干化设备和施工场地占地 800m²。

（1）工程措施：场地平整。施工结束后，需对施工临时占地进行土地整治，将对区内临时设施进行清理，拆除临时建筑物，疏松被碾压后密实的土壤等；场地平整面积 800m²。

（2）临时措施。

1）泥浆中转池及干化设备。桩基采用钻孔灌注桩，钻孔灌注桩施工产生的泥浆引起的水土流失不能忽视，参照同类工程的施工工艺，在项目区内设置泥浆中转池，布设就近汇集泥浆、方便运输和管理,其规模应根据具体施工实际需要确定,并考虑适当的安全系数,将钻渣泥浆经泥浆中转池汇集沉淀后采用封闭式运输车运出项目区。施工期间,泥浆中转池周围设置安全围栏及明显的警示标志,防止发生安全隐患。

钻孔灌注桩施工产生的泥浆引起的水土流失不能忽视,参照同类工程的施工工艺,在项目区内设置泥浆临时中转池,布设时考虑就近汇集泥浆、方便运输和管理,其规模应根据具体施工实际需要确定,并考虑适当的安全系数,将废弃的钻渣泥浆经泥浆临时中转池汇集沉淀后采用封闭式运输车运出。施工期间,泥浆临时中转池周围设置安全围栏及明显的警示标志,防止发生安全隐患,要安排专人监管,沉淀后的钻渣要及时运出,泥浆临时中转池不得满置。本方案泥浆临时中转池采用半填半挖式,底长 2.5m,底宽 2.5m,地面以下开挖深度 1.5m,开挖边坡 1:1,开挖土方堆置在泥浆临时中转池四周并拍实,堆放边坡控制在 1:1,堆高控制在 1m,堆土外边坡采用填土编织袋贴壁围护,填土编织袋宽 1.5m,高 0.5m,共布设泥浆临时中转池 2 处,工程施工结束后,及时拆除填土编织袋。项目区内设 1 套泥浆干化设备,对桩基产生的泥浆进行干化,干化泥浆 1.58 万 m³。

本项目建筑物基础钻孔灌注桩施工产生钻渣 1.58 万 m³,考虑钻渣泥浆总量是钻渣量的三倍,共计需固化处理钻渣泥浆 4.74 万 m³。钻渣泥浆经固化离心设备处理后,分离出的钻渣转入干化土方中转场暂存后,采用专用罐车外运处理,干化土方中转场四周采用砖砌挡墙围挡,高约 0.5m,挡墙长约 506m,砌砖 70m³,泥浆固化需及时清理,按 7 天/次执行,经过固化离心设施处理后的钻渣运至余方消纳场做场地填筑处理。

2)施工场地临时排水。本工程施工场地面积为 500m²。项目施工期较长、施工场地人为活动较多,易造成水土流失,场地内需布设临时排水沟(与项目区共用部分不计),长 50m,施工场地周边的临时排水沟尺寸根据式(5.17)~式(5.20)计算。经计算,临时排水沟采用矩形砖砌结构,规格宽 30cm,深 30cm,缓流沉沙后排出。临时排水沟总长 100m,共需开挖土方 23m³,回填土方 6m³,砌砖 14m³。砂浆抹面 90m²,碎石垫层 3m³。施工场地临时排水沟工程量见表 5.35。

表 5.35 施工场地临时排水沟工程量

名 称	规 格		长度	工 程 量				
	底宽 /m	沟深 /m		开挖土方 /m³	回填土方 /m³	砌砖 /m³	砂浆抹面 /m²	碎石垫层 /m³
施工场地	0.3	0.3	100	23	6	14	90	3

3)临时堆土场防护。工程设置 1 个临时堆土场,面积为 40m²,位于施工场地内。堆场堆放边坡控制在 1:1.5,堆置高度为 3.0m,堆土场先拦后堆,堆场四周坡脚用填土编织袋进行防护(填土编织袋高 1.0m,梯形断面,上底宽 0.5m,下底宽 1.5m),填土就地取材,采用回填土装填,临时堆土场三侧设置排水沟,尾端接入施工场地排水沟,临时排水沟底宽 0.30m,深 0.30m,两侧内坡比为 1:1。排水沟长

27m，开挖土方 5m³，回填土方 5m³，由于回填土堆置时间较短，在堆体的裸露表面采用密目网苫盖。填土编织袋拦挡 26m（26m³），密目网苫盖 41m²。

本区水土保持工程量汇总：

工程措施：场地平整 800m²。

临时防护措施：泥浆中转池 2 处，干化土方中转场 1 处，挡墙砌砖 70m³；施工工区临时排水沟 100m（土方开挖 23m³，土方回填 6m³，砌砖 14m³，砂浆抹面 90m²，碎石垫层 3m³），排水沟长 27m（开挖土方 5m³，回填土方 5m³），填土编织袋拦挡 26m（26m³），密目网苫盖 41m²。

3. 防治措施工程量汇总

本工程的水土保持工程措施、植物措施、临时防护措施工程量详见表 5.36。

表 5.36　　　　　　　　　　　水土保持措施工程量汇总

防治分区	措施类型	措施名称	具体措施	单位	数量
I区（主体工程防治区）	工程措施	表土回填	绿化覆土	万 m³	0.28
		排水管线		m	1490
		雨水回用系统	雨水调蓄池	m³	325
		场地平整		m²	6880.5
	植物措施	景观绿化	景观绿化	m²	6880.5
			抚育管理	m²	6880.5
	临时措施	基坑排水沟	长度	m	133.0
		项目区排水沟	长度	m	1104
			土方开挖	m³	507
			土方回填	m³	276
			砌砖	m³	176
			砂浆抹面	m²	1656
			碎石垫层	m³	55
		临时沉沙池	个数	座	2
			土方开挖	m³	66
			土方回填	m³	40
			砌砖	m³	26
			砂浆抹面	m²	114
		洗车平台		座	1
		裸露土质面防护措施	密目网	m²	4000
II区（施工临时设施防治区）	工程措施	场地平整		m²	800
	临时措施	泥浆中转池及干化设备	土方开挖	m³	2109
			土方回填	m³	2109
			填土编织袋围护	m³	224
			泥浆干化量	万 m³	1.59
		干化土方中转场	砌砖	m³	70

续表

防治分区	措施类型	措施名称	具体措施	单位	数量
Ⅱ区（施工临时设施防治区）	临时措施	施工场地临时排水沟	长度	m	100
			土方开挖	m³	23
			土方回填	m³	6
			砌砖	m³	14
			砂浆抹面	m²	90
			碎石垫层	m³	3
		临时堆土场防护	土方开挖	m³	5
			土方回填	m³	5
			填土编织袋拦挡	m³	26
			密目网苫盖	m²	41

5.6.5.4 施工要求

1. 施工组织形式

本方案水土保持措施是对主体工程施工过程中，对可能产生水土流失防治措施不足的补充。水土流失防治措施均纳入主体工程，形成水土保持专章，实行项目法人责任制、招投标制及项目监理制，补充的水土流失防治工程与主体工程一起招标，签订施工合同，按照设计文件及施工合同要求完成防治工程。

（1）工程措施。本方案水土保持工程的实施均与主体工程配套进行，施工中利用主体工程施工条件和施工设施，施工时根据各防治区具体的工程措施合理安排施工时序，减少或避免各工序间的相互干扰。

（2）植物措施。本着"因地制宜、适地适树"的原则，所需苗木尽量在本区域附近购买，同时选用有经验的施工队伍进行施工。种植过程中科学使用保水剂、长效肥、微量元素等先进材料和技术，以保证苗木成活。

种植后，按照苗木的成活率检查结果，决定补植（成活率41%～80%）、重新造林（成活率41%以下）与合格验收（成活率85%以上，且分布均匀）。补植时应根据检查结果拟定补植措施，幼苗补植时需选用同树种的同龄苗。

（3）临时措施。做好临时排水、沉沙、拦挡等防护措施，施工结束后及时进行场地清理措施。要加强施工组织管理与临时防护措施，严格控制施工用地，严禁随意扩大占压、扰动面积和损坏地貌、植被，开挖土石方及时进行清运，需要堆置的堆置在指定堆场，并采取排水、沉沙、拦挡等防护措施，禁止随意堆放，以严格控制施工中可能造成的水土流失。

2. 物资采购

水土保持防护工程所需的水泥、砂石等主要材料在主体工程建设购买材料地采购，所需的苗木、草种等在市场上统一择优采购；填土编织袋所需的编织袋等在市场采购。

3. 施工条件

水土流失防治措施是与主体工程同一区域施工，主体工程已布置了施工场地，满足施工材料运输需要。水土流失防治措施施工用水和用电量相对较小，施工用水、用电可由主体工程供电系统统一供应。

4．施工方法

（1）工程措施。工程措施主要包括场地平整和绿化覆土。

绿化覆土：采用机械施工，包括运送、集中堆置等施工工序。

场地平整：采用人工配合机械全面平整的方法，对场地进行清理平整。

（2）植物措施。主要安排在春季或秋季人工种植。应购买适应性、抗性强的苗木，施工现场应采取假植等措施加强对苗木的保护，栽植后浇水一次，在幼年期应对苗木进行抚育，保证苗木成活率。

施工准备主要是做好施工外部条件的协调匹配，首先施工场地做到"三通一平"，养护的水源应当确保，本工程均可依托场区的各项条件实施。

苗木种植养护措施如下。

1）种苗的检验。根据水土保持及林草种选择要求，所选苗木必须生长健壮、根系发达而完整、主根短直，接近根茎一定范围内有较多的侧根和须根，起苗后大根系应无劈裂。

2）种植密度及方法。造林季节选在春季或秋季以提高成活率，草籽撒播或喷播一般在雨季或墒情较好时。乔木、灌木采用穴植方法，在栽植时应注意其栽植的技术要点，即"三填、两踩、一提苗"。草本采用撒播或喷播的方法，撒播方法即将草籽均匀撒在整好的地上，然后用耙或耱等方法覆土埋压；喷播方法即将种子、肥料、有机覆盖材料、保水剂、黏合剂、促绿剂等加水搅拌后，用液压喷播机高速喷射在需防护的地面或边坡表面上。

3）林草抚育养护。定植后应及时浇水，保证苗木成活及正常生长，对缺苗、稀疏或成活率没有达到要求的地方，及时进行补植或补播，成活率低于 40% 的则需要重新栽植。补植后根据其生长情况应及时浇水、松土、除草、追肥、修枝、防治病虫害等。林草抚育养护期为 1 年。

（3）临时措施。

1）土石方开挖。排水沟、沉沙池等基础开挖，采用人工作业。先挂线；然后使用镐锹挖槽，抛土并倒运至沟槽外侧 0.5m 左右，拍实；最后修整底边，同时拍实。

2）填土编织袋。其主要为临时堆场周边防护，采用编织袋装土防护的方法。人工装土，封袋并堆筑，土源利用现有的开挖表层土，防护结束之后，拆除填土编织袋，并清理场地。

3）施工质量要求。严格按照批复后的水土保持方案进行施工，要求水土保持工程总体布局合理，各项措施符合设计要求，规格、尺寸、质量，使用材料，施工方法符合施工和设计标准。水土保持工程经设计暴雨考验后保存完整。

实施后，各项治理措施必须符合有关规范、规定的质量要求，并经质量验收合格。

5．水土保持措施进度安排

（1）进度安排原则。根据水土保持"三同时"制度的要求，按照各分区主体工程施工组织设计，合理安排各防治区的施工进度；植物措施应根据季节安排，在具备条件后尽快实施；植物措施在具备条件后尽快实施。

坚持水土保持工程与主体工程同时设计、同时施工、同时投产使用的制度，根据主体工程施工进度，确定完成全部防治工程的期限和年度安排。具体安排时，首先要安排随时都产生水土流失地段的防治措施。水土保持措施安排一般是先采取临时性措施，其次为工程措施，最后是植物措施，以确保工程建设过程中的新增水土流失得到及时防治。

（2）方案实施进度安排。根据水土保持措施与主体工程同步实施的原则，参照主体工程施工进度，各项水土保持措施的实施进度与相应的工程进度衔接。各防治区内的水土保持措施配合主体工程同时实施、相互协调、有序进行。在措施安排上，工程措施、植物措施、临时措施应根据轻重缓急、统筹考虑。原则上一般以工程措施为先，植物措施可略微滞后，但必须根据植物的生物学特性，合理安排季节实施，并抓住春季植树时机。要求通过合理安排，在总工期内完成所有水土保持措施。水土流失防治措施实施计划及工程量见表5.37，水土保持措施实施进度见表5.38。

表 5.37　　　　　　　　　　水土流失防治措施实施计划及工程量

防治分区	措施类型	措施名称	具体措施	单位	工程量	分 年 度		
						2023 年	2024 年	2025 年
I 区（主体工程防治区）	工程措施	表土回填	绿化覆土	万 m³	0.28			0.28
		排水管线		m	1490			1490
		雨水回用系统	雨水调蓄池	m³	325			325
		场地平整		m²	6880.5			6880.5
	植物措施	景观绿化	景观绿化	m²	6880.5			6880.5
			抚育管理	m²	6880.5			6880.5
	临时措施	基坑排水沟	长度	m	133.0	133		
		项目区排水沟	长度	m	1104	1104		
			土方开挖	m³	507	507		
			土方回填	m³	276	276		
			砌砖	m³	176	176		
			砂浆抹面	m³	1656	1656		
			碎石垫层	m³	55	55		
		临时沉沙池	个数	座	2	2		
			土方开挖	m³	66	66		
			土方回填	m³	40	40		
			砌砖	m³	26	26		
			砂浆抹面	m³	114	114		
		洗车平台		座	1	1		
		裸露土质面防护措施	密目网	m²	4000	4000		

续表

防治分区	措施类型	措施名称	具体措施	单位	工程量	分 年 度		
						2023 年	2024 年	2025 年
Ⅱ区（施工临时设施防治区）	工程措施	场地平整		m²	800	800		
	临时措施	泥浆中转池及干化设备	钢板沉淀池	座	2	2		
		干化土方中转场	砖砌	m³	70	70		
		施工场地临时排水沟	长度	m	100	100		
			土方开挖	m³	23	23		
			土方回填	m³	6	6		
			砌砖	m³	14	14		
			砂浆抹面	m³	90	90		
			碎石垫层	m³	3	3		
		临时堆土场防护	土方开挖	m³	5	5		
			土方回填	m³	5	5		
			填土编织袋拦挡	m³	26	26		
			密目网苫盖	m²	41	41		

表 5.38　　　　　　　　　　　水土保持措施实施进度

防治区	防止措施类型	工程名称	2023 年	2024 年				2025 年
			Ⅳ	Ⅰ	Ⅱ	Ⅲ	Ⅳ	Ⅰ
Ⅰ区（主体工程防治区）		主体工程进度	→					→
	工程措施	绿化覆土					■	
		排水管线				■		
		雨水回用系统					■	
		场地平整					■	
	植物措施	景观绿化						■
		抚育管理						■
	临时措施	基坑排水沟	-----	-----				
		临时排水沉沙	-----	-----	-----	-----		
		洗车平台	-----	-----				
		裸露土质面防护措施	-----	-----				
Ⅱ区（施工临时设施防治区）		主体工程进度	→					→
	工程措施	场地平整						----
	临时措施	泥浆中转池及干化设备	-----	-----				
		干化土方中转场					-----	
		临时堆土场防护					-----	
		施工场地防护	-----	-----				

注　→表示主体工程进度；■表示主体工程已有措施实施进度；---- 表示水土保持措施实施进度。

5.6.6 水土保持监测

5.6.6.1 范围和时段

1. 监测范围

根据《生产建设项目水土保持监测与评价标准》（GB/T 51240—2018）的规定，水土保持监测范围应包括水土保持方案确定的水土流失防治责任范围，以及项目建设与生产过程中扰动与危害的其他区域。本项目建设过程中无扰动与危害其他区域，因此本项目水土保持监测范围为方案确定的水土流失防治责任范围，面积为 57108m²。

2. 监测时段

本工程水土保持监测从施工准备期开始至设计水平年结束，监测时段可分为施工准备期、施工期，即 2023 年 10 月至 2025 年 12 月，共计 27 个月。

5.6.6.2 内容和方法

1. 监测内容

根据《生产建设项目水土保持监测与评价标准》（GB/T 51240—2018）、《水利部办公厅关于进一步加强生产建设项目水土保持监测工作的通知》（办水保〔2020〕161号），生产建设项目水土保持监测内容应包括项目施工全过程各阶段扰动土地情况、水土流失状况、防治成效及水土流失危害等。

（1）水土流失影响因素。主要包括降雨、地形、地貌、土壤、植被类型及覆盖率等自然影响因素、项目建设对原地表、水保设施等占压损毁情况、扰动土地情况、取土（石、料）、弃土（石、渣）情况。

（2）扰动土地情况。重点监测实际发生的占地、扰动地表植被面积、永久和临时弃渣量及变化情况等。

（3）水土流失情况。主要包括水土流失的类型、形式、面积、分布及强度；各监测分区及其重点对象的土壤流失量。

重点监测实际造成的水土流失面积、分布、土壤流失量及变化情况等。

（4）水土流失危害。主要为水力侵蚀引起的面蚀、沟蚀、坍塌等及其对周边水域、农田、村庄等敏感点造成的危害的方式、数量、程度。还包括对水源地、江河湖泊等的危害以及有可能直接进入江河湖泊或产生行洪安全影响的弃土（石、渣）情况。

重点监测水土流失对主体工程、周边重要设施等造成的影响及危害等。

（5）水土保持实施措施及效果。

1）植物措施的种类、面积、分布、生长状况、成活率、保存率和林草覆盖率。

2）工程措施的类型、数量、分布和完好程度。

3）临时措施的类型、数量和分布。

4）主体工程和各项水土保持措施的实施进度情况。

5）水土保持措施对主体工程安全建设和运行发挥的作用。

6）水土保持措施对周边生态环境发挥的作用。

重点监测实际采取水土保持工程、植物和临时措施的位置、数量，以及实施水土保持措施前后的防治效果对比情况等。

2. 监测方法

（1）水土流失影响因素监测。

1）降雨和风力等气象资料：可通过监测范围内或附近条件类似的气象站、水文站收集，或设置相关设施设备观测，统计每月的降水量、平均风速和风向。

2）地形地貌状况：可采用实地调查和查阅资料等方法获取。整个监测期应监测1次。

3）地表组成物质：采用实地调查的方法获取。施工准备期和试运行期各监测1次。

4）植被状况：采用实地调查的方法获取，主要确定植被类型和优势种。按植被类型选择3～5个有代表性的样地，测定林地郁闭度和灌草地盖度，取其计算平均值作为植被郁闭度（或盖度）。施工准备期前测定1次。郁闭度可采用样线法和照相法测定，盖度可采用针刺法、网格法和照相法测定。

5）地表扰动情况：采用实地调查并结合查阅资料的方法进行监测。调查中，可采用实测法、填图法和遥感监测法。实测法宜采用测绳、测尺、全站仪、GPS或其他设备测量；填图法宜采用大比例尺地形图现场勾绘，并进行室内量算；遥感监测法宜采用高分辨率遥感影像。扰动土地情况至少每月1次。

6）水土流失防治责任范围：采用实地调查并结合查阅资料的方法进行监测。全线巡查每季度不少于1次，典型地段监测每月1次。

7）临时堆土堆渣：在查阅资料的基础上，以实地量测为主，监测临时堆土堆渣量及占地面积。临时堆土堆渣场每季度监测不少于1次。临时堆土堆渣场占地面积可采用实测法、填图法，有条件的可采用遥感监测。堆土堆渣量根据渣场面积，结合占地地形、堆渣体形状测算。

（2）水土流失状况监测。

1）水土流失类型及形式：在综合分析相关资料的基础上，实地调查确定。每年不应少于1次。

2）水土流失面积：采用抽样调查法，每季度1次。

3）土壤侵蚀强度：根据《土壤侵蚀分类分级标准》（SL 190—2007）按照监测分区分别确定，施工前期和监测期末各1次，施工期每年不应少于1次。

4）土壤流失量：水力侵蚀土壤流失量应根据监测区域的特点、条件和降雨情况，选择不同方法（如侵蚀沟量测法、集沙池法）进行观测，统计每月的土壤流失量。

5）水土流失状况。水土流失状况至少每月监测1次，发生强降水等情况后应及时加测。其中土壤流失量结合拦挡、排水等措施，设置必要的控制站，进行定量观测。

（3）水土流失危害监测。

1）水土流失危害的面积可采用实测法、填图法或遥感监测法进行监测。

2）水土流失危害的其他指标和危害可采用实地调查、量测和询问等方法进行监测。

3）水土流失危害事件发生后1周内应完成监测工作。

（4）水土保持措施监测。

1）植物措施监测。

a. 植物类型及面积应在综合分析相关技术资料的基础上，实地调查确定。每季度调查 1 次。

b. 成活率、保存率及生长状况采用抽样调查的方法确定。在栽植 6 个月后调查成活率，且每年调查 1 次保存率及生长状况。乔木的成活率与保存率采用样地或样线调查，灌木的成活率与保存率采用样地调查法。

c. 郁闭度与盖度按植被类型选择 3～5 个有代表性的样地，测定林地郁闭度和灌草地盖度，取其计算平均值作为植被郁闭度（或盖度）。每年在植被生长最茂盛的季节监测 1 次。

d. 林草覆盖率在统计林草地面积的基础上分类计算获得。

2）工程措施监测。

a. 措施的数量、分布和运行状况在查阅工程设计、监理、施工等资料的基础上，结合实地勘测与全面巡查确定。

b. 重点区域每月监测 1 次，整体状况每季度 1 次。

c. 对于措施运行状况，设立监测点进行定期观测。

3）临时措施监测。临时措施在查阅工程施工、监理等资料的基础上，实地调查，并拍摄照片或录像等影像资料。

4）措施实施情况监测。在查阅工程施工、监理等资料的基础上，结合调查询问与实地调查确定。每季度统计 1 次。

5）水土保持措施对主体工程安全建设和运行发挥的作用应以巡查为主。每年汛期前后及大风、暴雨后进行调查。

6）水土保持措施对周边水土保持生态环境发挥的作用以巡查为主。每年汛期前后及大风、暴雨后进行调查。

（5）其他。随着信息化监测的逐步发展，采用无人机和高分遥感影像等手段开展水土保持监测，可有效提高水土保持监测水平。

通过遥感手段在工程施工准备期、施工期和试运行期分别对扰动土地面积和整治情况进行监测，并通过实地调查对遥感监测成果进行核实、细化和补充。遥感监测时，可采用航天、航空影像，在卫星影像无法满足要求时，宜采用无人机遥感进行补充。遥感监测应在施工前开展 1 次，施工期每年不少于 1 次。

3. 监测频次

水土保持监测频次根据监测内容的不同而有所不同，具体详见表 5.39。

5.6.6.3 点位布设

监测点位的布设遵循代表性、方便性、少受干扰的原则，本工程共设置监测点位 5 个，水土保持监测点位布置详见表 5.40。

（1）开挖面：在主体工程开挖面设置 1 处监测点。

（2）绿化区：在绿化区设置 1 个监测点。

（3）泥浆池：在泥浆池设置 1 个监测点。

表 5.39　　　　　　　　　　　　　　水 土 保 持 监 测 频 次

	监 测 内 容	方　法	频　次
水土流失影响因素	气象资料	气象站、雨量站收集	每月统计 1 次
	地形地貌	实地调查结合资料查阅	整个监测期 1 次
	地表组成物质	实地调查	施工准备期前和试运行期各监测 1 次
	植被状况	实地调查、遥感	施工前期测定 1 次
	地表扰动情况	实地调查结合资料查阅	全线巡查每月 1 次
	水土流失防治责任范围	实地调查结合资料查阅	全线巡查每月 1 次
	临时堆土堆渣	查阅资料、实地量测	每月监测 1 次
水土流失状况	水土流失类型及形式	侵蚀沟量测法、巡查、资料分析、遥感	每年不应少于 1 次
	水土流失面积	现场调查法、巡查、资料分析、无人机	每月 1 次
	土壤侵蚀强度	实地调查集合资料查阅	施工前期和监测期末各 1 次，施工期每年不应少于 1 次
	土壤流失量	侵蚀沟量测法	每月统计 1 次
水土流失危害	水土流失危害面积	实测法、填图法、遥感监测法	危害事件发生后 1 周内
	危害的其他指标或危害程度	实地调查、量测和询问等	危害事件发生后 1 周内
水土保持措施	植物措施 植物措施类型及面积	综合分析、实地调查	每季度调查 1 次
	成活率、存活率及生长状况	抽样调查，乔木采用样地或样线调查法，灌木采用样地调查法	栽植 6 个月后调查成活率，每年调查 1 次保存率及生长状况
	郁闭度及盖度	样地调查法	植被生长最茂盛的季节监测 1 次
	林草覆盖率	统计分析	在统计林草地面积的基础上计算获得
	工程措施 措施的数量、分布和运行状况	查阅资料、实地勘测和全面巡查	结合实地勘测与全面巡查确定
	重点区域	查阅资料、实地勘测和全面巡查	每月监测 1 次，整体状况每季度 1 次
	临时措施	查阅资料、实地勘测和全面巡查、无人机	根据施工及监理资料，实地调查
	土石方外运跟踪调查	弃方去向及运输途中的防护措施	不少于每月 2 次
	措施实施情况	查阅资料、调查询问和实地调查	每季度统计 1 次
	措施对主体工程安全建设和运行发挥的作用	巡查	每年汛期前后及大风、暴雨后调查
	措施对周边生态环境发挥的作用	巡查	每年汛期前后及大风、暴雨后调查

（4）施工场地：在施工场地设置 1 个监测点。

（5）水土流失背景值监测：在工程区附近未扰动地区设置 1 个监测点。

本工程水土保持监测点位布置图（略）。

本工程各重点监测地段的水土保持监测内容和方法详见表 5.40。

表 5.40　　　　　　　　　水土保持监测内容和方法

编号	监测分区	地段	项目	方法	备注
1	主体工程防治区	开挖面	水土流失量	侵蚀沟量测法、巡查	主体工程开挖面设置 1 处监测点
			水土保持设施效果	现场调查法、巡查	
		绿化区	林草植被生长情况	现场调查法、巡查	绿化区设置 1 处监测点
2	施工临时设施防治区	泥浆池	水土流失量	集沙池法、巡查	泥浆池设置 1 处监测点
			水土保持设施效果	现场调查法、巡查	
		施工场地	水土流失量	集沙池法、巡查	施工场地设置 1 处监测点
			水土保持设施效果	现场调查法、巡查	
3	对照区	水土流失背景值监测	水土流失背景值	径流小区	工程区附近未扰动地区设置 1 处监测点

5.6.6.4　实施条件和成果

1. 实施条件

根据《中华人民共和国水土保持法》和本工程的规模特点，生产建设单位应开展水土保持监测工作。每次现场监测调查人员不少于 3 人。每次现场监测调查人员不少于 3 人，所需监测设备及材料见表 5.41。

表 5.41　　　　　　　　　水土保持监测人员、设备一览表

序号	项目	单位	数量
一	监测人员	—	—
1	人员	个	3
二	消耗性材料	—	—
1	取样、试验材料	—	若干
2	彩条布、标牌等材料	—	若干
3	皮尺	卷	3
4	钢卷尺	个	3
5	警示带	卷	3
6	坡度仪	个	2
7	湿度计	只	1
三	监测折旧性设备	—	—
1	环刀	个	5
2	烘箱	个	1
3	电子天平	台	1

续表

序号	项　目	单位	数量
4	手持 GPS	个	1
5	激光测距仪	个	1
6	摄像机	台	1
7	便携式计算机	台	1
8	无人机	台	1

2. 监测成果

（1）监测要求。根据《浙江省水土保持条例》（2020 年 11 月 27 日浙江省第十三届人民代表大会常务委员会第二十五次会议），需要编制水土保持方案报告书的生产建设项目，生产建设单位应当自行或委托具备水土保持监测技术条件的机构对生产建设活动造成的水土流失进行监测。因此，本工程建设单位应参照执行。

按照《生产建设项目水土保持监测规程（试行）》（办水保〔2015〕139 号）和水土保持方案中的要求，由监测单位编制监测实施方案和监测首报，并向水行政主管部门报送监测实施方案，地方水行政主管部门对监测工作进行监督、指导，以保证监测工作的顺利进行。

工程建设期间，监测各工程区主要水土流失部位的水土流失面积、水土流失量及水土流失主要影响因子，分析各因子对流失量的作用，分析监测点水土流失量随时间的变化情况，并应于每季度的第一个月 10 日之前报送上季度的《生产建设项目水土保持监测季度报告》，同时提供重要监测位置的照片等影像资料；对重大水土流失危害事件应做详细说明。

水土保持监测工程完成后，监测单位应在 3 个月内向主管部门报送《生产建设项目水土保持监测总结报告》（以下简称《总结报告》）。本项目报送的《生产建设项目水土保持监测实施方案》《总结报告》以及所有监测报表均需加盖单位公章，所有监测报表须有水土保持监测单位的项目负责人签字。

根据《水利部办公厅关于进一步加强生产建设项目水土保持监测工作的通知》（办水保〔2020〕161 号），监测单位依据扰动土地情况、水土流失状况、防治成效及水土流失危害等监测结果，对工程的水土流失防治情况进行评价，在监测季报和总结报告中明确"绿黄红"三色评价结论。三色评价以水土保持方案确定的防治目标为基础，以监测获取的实际数据为依据，针对不同的监测内容，采取定量评价和定性分析相结合方式进行量化打分。三色评价采用评分法，满分为 100 分；得分 80 分及以上的为"绿"色，60 分及以上不足 80 分的为"黄"色，不足 60 分的为"红"色。监测季报三色评价得分为本季度实际得分，监测总结报告三色评价得分为全部监测季报得分的平均值。

（2）监测制度。

1）受委托的监测单位应按方案要求的监测范围、时段、内容、方法和重点编制监测实施计划，提出切实可行的保障措施。

2）监测前对仪器检验调试，合格后方可投入使用。

3）对监测成果及时统计分析，并报送业主和有关水行政主管部门，报送程序。对于出现的紧急情况应及时通知业主和当地水行政主管部门，以便及时采取补救措施，防治水土流失。

4）工程竣工后提交水土保持监测报告，作为水土保持专项验收的依据。

5）监测中发现问题要及时向业主报告，发生重大问题需向当地水行政部门进行汇报。

6）建立监测技术档案，主要内容如下：水土保持监测记录文件；水土保持设施的设计及建设文件；监测仪器设备的校验文件；监测过程影像资料；其他有关的技术文件资料等。

（3）监测成果。本工程监测工作需形成首次报告 1 份，制定监测实施方案 1 份，监测季报 12 份，监测总结 1 份。

监测单位要及时对监测资料和监测成果进行统计、整理和分析，监测工作全部结束后，向业主与上一级监测网提交项目监测成果。本工程应及时开展监测工作，并向有关水行政主管部门报送《生产建设项目水土保持监测实施方案》。项目建设期间，应于每季度的第一个月内报送上季度的《生产建设项目水土保持监测季度报告》，同时提供大型或重要位置弃土场地照片等影像资料；因降雨或人为原因发生严重水土流失及危害事件的，应于事件发生后 1 周内报告有关情况。水土保持监测任务完成后，应于 3 个月内报送《生产建设项目水土保持监测总结报告》。

1）监测结果必须准确可靠，能够真正为项目建设服务，要求每次监测前对监测仪器进行校验，合格后方可投入使用。

2）水土保持监测报告：监测报告包括综合说明、项目及水土流失防治工作概况、监测布局与监测方法、水土流失动态监测结果与分析、水土流失防治措施监测结果、土壤流失情况监测、水土流失防治效果监测结果、结论等章节。

3）监测季度报告表：反映监测过程中建设项目水土保持工作情况、水土保持措施质量和进度等情况，特别是因项目建设造成的水土流失及其防治情况。三色评价采用评分法，满分 100 分，得分 80 分以上的为"绿色"，60 分以上 80 分以下为"黄色"，60 分以下为"红色"。

4）监测数据记录附表：作为监测成果报告的附件，包括监测设备明细表，监测项目、方法、频次设计表，监测数据记录表，监测成果汇总表。如果数据较多，可作为监测成果报告的附件单独成册。对水土流失危害须附专项调查报告。

5）图件和照片：包括项目区地理位置图、水土流失防治责任范围图、项目建设前项目区水土流失现状图、水土保持设施（措施）布局图、工程竣工后项目区水土流失现状图、监测设施典型设计图和动态监测场景的照片及摄影资料等。

6）监测附件：包括监测技术服务合同和水土保持方案批复函。

7）监测成果应及时上报当地水行政主管部门。

8）监测成果经验证后可作为验收的依据。

5.6.7 水土保持投资估算及效益分析

5.6.7.1 投资估算

1. 编制原则及依据

（1）编制原则。

1）采用《浙江省水利水电工程设计概（预）算编制规定（2021年）》规定的编制方法，即水土保持投资估算费用由工程措施、植物措施、临时措施、监测措施、独立费用、基本预备费和水土保持补偿费等构成。

2）本工程投资估算中的价格水平年、工程措施、植物措施、临时防护工程的人工、材料、机械台班、有关费率均与主体工程一致，有关费率及定额取值以《浙江省水利水电工程设计概（预）算编制规定（2021年）》《浙江省水利水电建筑工程预算定额（2021年）》为准。

3）独立费用、基本预备费、水土保持补偿费按照浙江省的有关规定进行计算。

4）材料单价按照当地市场价计列。

（2）编制依据。

1）《浙江省建设工程计价规则》（2018版）。

2）《浙江省房屋建筑与装饰工程预算定额》（2018版）。

3）《浙江省建设工程施工机械台班费用定额》（2018版）。

4）《浙江省水利水电工程设计概（预）算编制规定（2021年）》（浙水建〔2021〕4号）。

5）《浙江省水利水电建筑工程预算定额（2021年）》（浙水建〔2021〕4号）。

6）《浙江省水利水电工程施工机械台班费定额（2021年）》（浙水建〔2021〕4号）。

7）《财政部 发展改革委 水利部 人民银行关于印发〈水土保持补偿费征收使用管理办法〉的通知》（财综〔2014〕8号）。

8）《浙江省物价局 浙江省财政厅 浙江省水利厅关于水土保持补偿费收费标准的通知》（浙价费〔2014〕224号）。

9）《关于水土保持补偿费收费标准（试行）的通知》（发改价格〔2014〕886号）。

10）《浙江省人民政府办公厅关于深入推进收费清理改革的通知》（浙政办发〔2015〕107号）。

11）《关于水利建设基金暂停征收后调整浙江省建设工程造价税金费率的通知》（浙建站定〔2016〕54号）。

12）《关于重新调整水利工程计价依据增值税税率的通知》（浙水建〔2019〕4号）。

13）《浙江省发展和改革委员会 浙江省财政厅 浙江省水利厅关于明确水土保持补偿费和水资源费收费标准的通知》（浙发改价格函〔2022〕83号）。

14）其他有关文件规定。

2. 编制说明与估算成果

按照浙江省的有关规定，水土保持投资由工程措施、植物措施、临时措施、监测措施、独立费用、基本预备费和水土保持补偿费等构成。根据前述编制依据分析得各项工程单价，对照相应水土保持措施的工程量，计算得各防治区各项措施投资。并依据有关规定，计算其他费用，包括水土保持补偿费、水土保持方案编制及勘测设计费、建设管理费、水土保持监理费等，最终得出水土保持方案的静态投资和总投资。

（1）编制说明

1）价格水平年。价格水平年为 2023 年第一季度（与主体工程设计一致）。

2）基础单价。

a. 人工预算单价。根据主体工程人工预算单价：一类人工 138 元/日；二类人工 149 元/日。根据浙江省工资标准和年应工作天数（250d），不分工程类别，人工预算单价为 128 元/工日。

b. 材料预算价格。主体工程按浙江价格信息和实地调查分析计算，本次根据主体工程材料分析价格取定。

c. 绿化树苗、草籽。按当地市场价加运杂费、采购及保管费计算。

主要材料及施工机械预算价格详见表 5.42。

表 5.42　　　　　　　　　主要材料及施工机械预算价格

序号	材 料 名 称	单位	预算价/元	限价/元
一	材料单价			
1	柴油	kg	8.2	3
2	汽油	kg	6.6	
3	土料	t	4.3	
4	编织袋	t	0.9	
5	水	m³	4.56	
6	干混砌筑砂浆 DM M10.0	m³	557.37	
7	干混地面砂浆 DS M15.0	m³	348	
8	混凝土实心砖 240mm×115mm×53mm MU10	千块	478	
9	碎石综合	m³	125	
10	草籽	kg	26	
11	肥料	kg	3.5	
二	机械台班			
1	履带式单斗液压挖掘机 1m³	台班	981.57	
2	履带式推土机 90kW	台班	780.23	
3	自行式铲运机 7m³	台班	869.26	
4	干混砂浆罐式搅拌机 20000L	台班	189.69	

3）费率标准。根据设计方案工程概算采用《浙江省建设工程施工费用定额》，与主体工程一致；不能满足要求的部分，选用《浙江省水利水电工程设计概（预）算编

制规定（2021 年）》补充。结合《浙江省建设工程计价规则》《浙江省房屋建筑与装饰工程预算定额》《浙江省建设工程施工机械台班费用定额》及《关于增值税调整后我省建设工程计价依据增值税税率及有关计价调整的通知》（浙建建发〔2019〕92号）。建筑工程费率取值见表 5.43。

表 5.43　　　　　　　　　建筑工程施工费率取值

序号	项　　目	费率/%
1	单价综合费用	24.67
2	总价综合费用	36.43
3	标化工地预留费	1.27
4	优质工程预留费	1.50
5	扩大系数	3.00
6	税金	9.00

根据《浙江省水利工程造价计价依据（2021 年）》，各项费用计算方式和有关费率的取费标准详见表 5.44。

表 5.44　　　　　　　　水利水电建筑工程施工费率取值

序号	项　　目	费率/%
1	措施费	3.5
2	间接费	6.5
3	利润	5.0
4	税金	9.0
5	扩大系数	3.0

4）工程项目单价。经过以上分析，水土保持措施单价见表 5.45。

表 5.45　　　　　　　　　水土保持措施单价汇总

序号	工　程　名　称	单位	单价/元	备注
一	工程措施			
1	表土剥离	m³	7.59	
2	表土回覆	m³	4.02	
3	排水管线	m	1000.00	主体已有
4	雨水回用系统	m³	500.00	主体已有
5	场地平整	m²	0.80	
二	植物措施			
1	景观绿化	m²	300.00	主体已有
2	林草抚育	元/(hm²·a)	4273.99	
三	施工临时工程			
1	土方开挖	m³	34.81	

续表

序号	工 程 名 称	单位	单价/元	备注
2	土方回填	m³	10.50	
3	基坑排水沟	m	162.00	主体已有
4	砌砖	m³	473.82	
5	砂浆抹面	m²	14.37	
6	碎石垫层	m³	34.15	
7	填土编织袋拦挡	m³	89.41	
8	撒播草籽	m³	0.58	
9	泥浆干化	m³	15.00	参考其他工程
10	密目网	m²	6.74	

5）其他费用标准。

a. 临时工程。临时工程指临时防护工程按工程量和单价的乘积计算；其他临时工程按工程措施和植物措施投资之和的 2.0％计列。

b. 监测措施。土建设施及设备按设计工程量或设备清单乘以工程（设备）单价进行编制；安装费按设备费的百分率计算，本工程无大型监测设备安装，因此，不计列安装费；建设期观测运行费，包括系统运行材料费、维护检修费和常规观测费。按照水土保持方案投资［水土保持工程投资中第一部分至第三部分（工程措施、植物措施、临时措施投资合计）］以及监测工作工期测算。

建设期观测运行费＝收费基价×难度调整系数×实际监测时长（年）/基准监测时长（年）。

c. 独立费用。独立费用包括建设管理费、科研勘察设计费、水土保持监理费等。

建设管理费包括建设单位水土保持工作管理费和水土保持设施验收及报告编制费。其中建设单位水土保持工作管理费：以新增水土保持工程投资中的一至四项（工程措施、植物措施、临时措施、监测措施）投资合计的 1％～2.5％计列，本工程以 2.5％计取；水土保持设施验收及报告编制费：按水土保持方案编制费的 70％计列。

科研勘察设计费包括科研试验费、水土保持方案编制费和勘察设计费。其中科研试验费：本工程不计取；水土保持方案编制费：参照《浙江省物价局关于公布规范后的水土保持方案报告书编制费等收费的通知》（浙价服〔2013〕251 号）结合土建投资计列；勘察设计费：以方案新增水土保持投资中一至四项投资合计数为计费额，参照《浙江省水利工程造价计价依据（2021 年）》的相关规定计列。

水土保持监理费：以方案新增水土保持投资中一至四项（工程措施、植物措施、临时措施、监测措施）投资合计数为计费额，参照《浙江省水利工程造价计价依据（2021 年）》的相关规定，并根据实际情况计列。

6）基本预备费。以方案新增水土保持投资中一至五项投资合计数为基数，初步设计阶段基本预备费费率为 3％。

7）水土保持补偿费。根据《浙江省财政厅 浙江省物价局 浙江省水利厅 中国人民银行杭州中心支行转发财政部 国家发展改革委 水利部 中国人民银行关于印发〈水土保持补偿费征收使用管理办法〉的通知》（浙财综〔2014〕27 号）、《浙江省物价局 浙江省财政厅 浙江省水利厅关于水土保持补偿费收费标准的通知》（浙价费〔2014〕224 号），水土保持补偿费按 1.0 元/m² 计列；依据《浙江省人民政府办公厅关于深入推进收费清理改革的通知》（浙政办发〔2015〕107 号）有关规定，水土保持补偿费按规定标准的 80% 征收。依据《浙江省发展和改革委员会 浙江省财政厅 浙江省水利厅关于明确水土保持补偿费和水资源费收费标准的通知》（浙发改价格函〔2022〕83 号），在现行收费标准的基础上按照 80% 收取水土保持补偿费。因此，本工程水土保持补偿费按 0.64 元/m² 计列。

（2）总投资及年度安排。

本工程水土保持总投资共计 508.71 万元（主体工程已列投资 383.26 万元），其中工程措施投资 166.99 万元，植物措施投资 206.71 万元，临时措施投资 70.69 万元，监测措施 23.88 万元，独立费用 33.24 万元（其中水土保持监理费 1.42 万元），基本预备费 3.55 万元，水土保持补偿费 36549.12 元。

方案新增投资 125.45 万元，其中工程措施投资 0.06 万元，植物措施投资 0 元，临时措施投资 61.07 万元，监测措施 23.88 万元，独立费用 33.24 万元，基本预备费 3.55 万元，水土保持补偿费 36549.12 元。

水土保持投资总估算见表 5.46，本方案新增的水土保持投资估算见表 5.47，水土保持投资分项估算分别见表 5.48～表 5.53。

表 5.46 水土保持投资总估算 单位：万元

编号	工程或费用名称	工程措施	植物措施	临时措施	监测措施	独立费用	合计
	第一部分 工程措施	166.99					166.99
1	Ⅰ区（主体工程防治区）	166.93					166.93
2	Ⅱ区（施工临时设施防治区）	0.06					0.06
	第二部分 植物措施		206.71				206.71
1	Ⅰ区（主体工程防治区）	—	206.71	—		—	206.71
	第三部分 临时措施			70.69			70.69
1	Ⅰ区（主体工程防治区）			20.78			20.78
2	Ⅱ区（施工临时设施防治区）			42.44			42.44
3	其他临时工程	—	—	7.47	—	—	7.47
	第四部分 监测措施				23.88		23.88
	第五部分 独立费用						33.24
1	建设管理费					12.63	12.63
2	科研勘测设计费					19.19	19.19
3	水土保持监理费					1.42	1.42
	一至五部分合计						501.51

编号	工程或费用名称	工程措施	植物措施	临时措施	监测措施	独立费用	合计
	基本预备费						3.55
	水土保持补偿费						3.6549
	总投资						508.71

表 5.47 　　　　　　　**方案新增水土保持投资总估算**　　　　单位：万元

编号	工程或费用名称	工程措施	植物措施	临时措施	监测措施	独立费用	合计
	第一部分 工程措施	0.06					0.06
1	Ⅰ区（主体工程防治区）	0.00					0.00
2	Ⅱ区（施工临时设施防治区）	0.06					0.06
	第二部分 植物措施		0.00				0.00
1	Ⅰ区（主体工程防治区）	—	0.00	—	—	—	0.00
	第三部分 临时措施			61.07			61.07
1	Ⅰ区（主体工程防治区）	—	—	18.63	—	—	18.63
2	Ⅱ区（施工临时设施防治区）			42.44			42.44
3	其他临时工程		—	0.00	—	—	0.00
	第四部分 监测措施				23.88		23.88
	第五部分 独立费用						33.24
1	建设管理费					12.63	12.63
2	科研勘测设计费					19.19	19.19
3	水土保持监理费					1.42	1.42
	一至五部分合计						118.25
	基本预备费						3.55
	水土保持补偿费						3.6549
	总投资						125.45

表 5.48 　　　　　　　　　　**工 程 措 施 投 资 估 算**

编号	项目名称		单位	单价/元	数量		合计	
					总量	其中新增	总量	其中新增
	第一部分 工程措施						1669900	640
一	Ⅰ区（主体工程防治区）						1669260	0
1	表土回填	绿化覆土	m³	4.02	2800	0	11256	0
2	排水管线		m	1000	1490	0	1490000	0
3	雨水回用系统	雨水调蓄池	m³	500	325	0	162500	0
	场地平整		m²	0.80	6880.5	0	5504	0
二	Ⅱ区（施工临时设施防治区）						640	640
1	场地平整		m²	0.80	800	800	640	640

表 5.49   **植 物 措 施 投 资 估 算**

编号	项目名称		单位	单价/元	数量		合计	
					总量	其中新增	总量	其中新增
	第二部分 植物措施						2067109	0
一	Ⅰ区（主体工程防治区）						2067109	0
1	景观绿化	景观绿化	m²	300	6880.5	0	2064150	0
2		抚育管理	m²	0.43	6880.5	0	2959	0

表 5.50   **临 时 措 施 投 资 估 算**

编号	项目名称		单位	单价/元	数量		合计	
					总量	其中新增	总量	其中新增
	第三部分 临时措施						707008	610735
一	Ⅰ区（主体工程防治区）						207834	186288
	基坑排水沟		m	162	133	0	21546	0
2	项目区排水沟	土方开挖	m³	34.81	507	507	17649	17649
		土方回填	m³	10.50	276	276	2898	2898
		砌砖	m³	473.82	176	176	83392	83392
		砂浆抹面	m²	14.37	1656	1656	23797	23797
		碎石垫层	m³	34.15	55	55	1878	1878
3	临时沉沙池	土方开挖	m³	34.81	66	66	2297	2297
		土方回填	m³	10.50	40	40	420	420
		砌砖	m³	473.82	26	26	12319	12319
		砂浆抹面	m²	14.37	114	114	1638	1638
4	洗车平台		座	40000	1	1	40000	40000
二	Ⅱ区（施工临时设施防治区）						424434	424434
1	泥浆中转池及干化设备	土方开挖	m³	34.81	2109	2109	73414	73414
		土方回填	m³	10.50	2109	2109	22145	22145
		填土编织袋围护	m³	89.41	224	224	20028	20028
		泥浆干化量	万 m³	150000	1.58	1.58	237000	237000
2	干化土方中转场	砌砖	m³	473.82	70	70.00	33167	33167
3	施工场地临时排水沟	土方开挖	m³	34.81	23	23	801	801
		土方回填	m³	10.50	6	6	63	63
		砌砖	m³	473.82	14	14	6633	6633
		砂浆抹面	m²	14.37	90	90	1293	1293
		碎石垫层	m³	34.15	3	3	102	102

续表

编号	项目名称		单位	单价/元	数量		合计	
					总量	其中新增	总量	其中新增
4	临时堆土场防护	土方开挖	m³	34.81	5	5	174	174
		土方回填	m³	10.50	5	5	53	53
		填土编织袋拦挡	m³	89.41	26	26	2325	2325
		密目网苫盖	m²	6.74	41	41	276	276
5	裸露土质面防护措施	密目网	m²	6.74	4000	4000	26960	26960
6	其他临时工程						74740	12.80

表 5.51 监 测 措 施 投 资 估 算

序号	工程及费用名称		单位	数量		单价/元	合计/元	
				总量	新增		总量	新增
一	土建设施及设备							
1	消耗性材料	皮尺	卷	3	3	30	90	90
2		钢卷尺	个	3	3	40	120	120
3		警示带	卷	3	3	30	90	90
4		坡度仪	个	2	2	300	600	600
5		湿度计	只	1	1	50	50	50
6	折旧性设备	环刀	个	5	5	20	80	80
7		烘箱	个	1	1	260	208	208
8		电子天平	台	1	1	500	400	400
9		手持 GPS	个	1	1	700	560	560
10		激光测距仪	个	1	1	5000	4000	4000
11		摄像机	台	1	1	2000	1600	1600
12		便携式计算机	台	1	1	5000	4000	4000
13		无人机	台	1	1	10000	8000	8000
	一小计						19798	19798
二	安装费							
1	安装费						3960	3960
	二小计						3960	3960
三	建设期观测运行费							
1	收费基价 7.22 万元	难度调整系数 0.7		基准监测时长 0.94 年	实际监测时长 2.25 年		215064	215064
	三小计						215064	215064
	合 计						238822	238822

注 计算安装费时,安装费率为 20%。

表 5.52　　　　　　　　　　　　　独 立 费 用 估 算

编号	项 目 名 称	基价/元		系数/%	合计/元	
		总量	其中新增		总量	其中新增
一	建设管理费				126253	126253
1	建设单位水土保持工作管理费	850100	850100	2.50	21253	21253
2	水土保持设施验收费及报告编制费用	150000	150000	70.00	105000	105000
二	科研勘察设计费				191892	191892
1	水土保持方案编制费	参照浙价服〔2013〕251 号，并结合实际			150000	150000
2	勘察设计费	37404	37404	1.12	41892	41892
三	水土保持监理费	25332.98	25332.98	0.56	14186	14186
	合　　计				332331	332331

根据主体工程施工进度安排，以及确保水土保持措施及时予以实施的原则，本工程水土保持措施参照主体工程的进度实施，根据每年水土保持措施的工程量安排相应的投资（水土保持补偿费需在工期的第一年缴纳）。

表 5.53　　　　　　　　　　　　分年度水土保持投资　　　　　　　　　　单位：万元

序号	工程或费用名称	2023 年	2024 年	2025 年	合计
1	第一部分 工程措施	75.15	66.80	25.04	166.99
2	第二部分 植物措施	0.00	41.34	165.37	206.71
3	第三部分 临时措施	17.67	28.28	24.74	70.69
4	第四部分 监测措施	5.97	9.55	8.36	23.88
5	第五部分 独立费用	33.24	0.00	0.00	33.24
6	一至五部分合计	132.03	145.97	223.51	501.51
7	基本预备费	0.89	1.42	1.24	3.55
8	水土保持补偿费	3.65	—	—	3.65
9	总投资	136.57	147.39	224.75	508.71

5.6.7.2　效益分析

水土保持方案中的各项水土保持措施实施以后，预期能够达到的防治效益如下：

1. 水土流失治理度（水土流失治理达标面积/水土流失总面积）

本工程可能造成水土流失的面积为 57108 m^2，前述各项措施实施后，工程建设所影响的各水土流失区域均得到有效治理和改善。除永久建筑物及河流水面以外，由工程建设造成的水土流失得到了有效的治理，水土流失总治理度大于 95%。工程各防治区水土流失治理度详见表 5.54。

2. 土壤流失控制比（项目区容许土壤流失量/治理后平均土壤流失量）

采取工程和植物措施后，裸露面得到治理，减少了地面径流对裸露面的冲刷，有效地控制了防治责任范围内的水土流失，使工程区土壤侵蚀强度逐步恢复到

$300t/(km^2 \cdot a)$ 以下，土壤流失控制比大于 1.7。工程各防治区土壤流失控制比详见表 5.55。

表 5.54　　　　　　　水土流失治理度（设计水平年）

防治分区	扰动面积/m²	永久建筑物/水面面积/m²	造成水土流失面积/m²	水土保持措施防治面积/m²			水土流失治理度/%		是否
				工程措施	植物措施	小计	目标值	治理效果	
Ⅰ区	56308	49727	56308	500	6880.5	7381	95	＞95	达标
Ⅱ区	800	800	800	0.00	0.00	0.00	—	—	—
综合目标	57108	49727	57108	500	6880.5	7381	95	＞95	达标

注　植物措施面积为投影面积，临时占地均布置于永久占地范围内。

表 5.55　　　　　　　土壤流失控制比一览（设计水平年）

防治区	土壤侵蚀模数/[t/(km²·a)]		土壤流失控制比		是否达标
	容许值	效果值	目标值	治理后	
Ⅰ区	500	＜300	1.7	＞1.7	达标
Ⅱ区	500	＜300	1.7	＞1.7	达标
综合目标	500	＜300	1.7	＞1.7	达标

3. 渣土防护率（实际拦挡的弃渣量/工程总弃渣量）

施工期间，对开挖土方进行临时拦挡、防护，项目剩余钻渣泥浆 1.58 万 m^3，建筑垃圾 0.01 万 m^3，由建设单位承诺外运，余方外运时采用车况良好的自卸汽车，渣土得到有效防护，到设计水平年渣土防护率大于 95%，达到 95% 的防治目标。

4. 表土保护率（保护的表土数量/可剥离表土总量）

根据现场勘测，项目区内无可剥离表土。

5. 林草植被恢复率（林草植被的面积/可恢复植被面积）

工程可绿化面积 $6880.50m^2$，至设计水平年，实施植物措施面积为 $6880.50m^2$，林草植被恢复率达到 95% 以上。工程区林草植被恢复率见表 5.56。

表 5.56　　　　　　　林草植被恢复率（设计水平年）

防治区	可绿化面积/hm²	实施植物措施面积/hm²	林草植被恢复率/%		是否达标
			目标值	治理后	
Ⅰ区	6880.50	6880.50	95	＞95	是
Ⅱ区	0	0	—	—	—
综合目标	6880.50	6880.50	95	＞95	是

6. 林草覆盖率（林草面积/总占地面积）

工程建设过程中，由于工程施工对地表的扰动，使原地表植被遭到破坏。适宜恢复植被的区域在采取了前述水土保持措施后，全部可得以恢复。至设计水平年，工程林草覆盖率达 30%，整体来说达到目标值要求。工程区林草覆盖率见表 5.57。

表 5.57　　　　　　　　　水土流失防治区林草覆盖率（设计水平年）

防治区	项目建设区面积 /m²	林草植被覆盖 面积/m²	林草覆盖率/%		是否达标
			目标值	治理后	
Ⅰ区	56308	6880.50	12	12	达标
Ⅱ区	800	0	—	—	—
综合目标	57108	6880.50	12	12	达标

7. 水土流失控制程度

经估算，采取本方案中的水土保持措施后，工程施工期可减少水土流失量 281t，详见表 5.58。

表 5.58　　　　　　　　　施工期减少土壤侵蚀量

预测单元	侵蚀面积 /hm²	侵蚀时间 /a	治理前		治理后		减少土壤 侵蚀量 /t
			扰动后侵蚀 模数 /[t/(hm²·a)]	预测流 失量 /t	扰动后侵蚀 模数 /[t/(hm²·a)]	预测流 失量 /t	
建筑物	2.2105	1.00	4804	106.19	3363	74	32.19
道路及配套设施	2.76	1.33	2450	90.01	1715	63	27.01
绿化区	0.69	0.17	1813	2.12	1269	1.49	0.63
施工场地	0.05	1.33	1494	0.99	1046	0.70	0.29
钻渣泥浆	—	—	流弃比 0.1	379		158.00	221
合计				578.31		297.19	281

5.6.8　水土保持管理

5.6.8.1　组织管理

1. 组织机构、人员

根据《中华人民共和国水土保持法》，水土保持方案报经水行政主管部门批准后，由建设单位负责组织实施，协调本方案与主体工程的关系，保证各项水土保持设施与主体工程同时设计、同时施工、同时投产使用。因此在工程筹建期，建设单位应指定专人负责水土保持方案的编报和实施工作，把水土保持工作列入重要议事日程，在建设期设置水土保持管理机构，协调本方案与主体工程的关系，全力保证该项工程的水土保持工作按计划进行，真正做到责任、措施和投入"三到位"，并自觉接受社会和主管部门的监督。

2. 工作职责

①认真贯彻、执行"预防为主、保护优先、全面规划、综合治理、因地制宜、突出重点、科学管理、注重效益"的水土保持工作方针。②建立水土保持目标责任制，把水土保持列为工程进度、质量考核的内容之一，制定水土保持方案的详细实施计划，定期向水行政主管部门报告水土流失防治情况。③工程建设期间，大力加强水土保持的宣传、教育工作，提高施工承包商和各级管理人员的水土保持意识，并加强管理。建设单位负责协调设计、施工、监理、监测单位之间的联系。同时，对工程现场

进行定期或不定期的检查，掌握工程建设期和自然恢复期的水土流失及其防治措施的落实状况，以确保各项水土保持措施真正实施到位。④水土保持工程建成后，为保证工程的安全和正常运行，充分发挥工程的效益，必须制定科学的、切实可行的运行规程。⑤建立、健全各项档案管理制度，不断积累、分析、整编水土保持资料，总结经验，不断改进水土保持管理工作，同时为水土保持工程竣工验收提供相关资料依据。

3. 操作程序

①严格执行开发建设项目水土保持方案申报和审批制度。②水土保持措施与相应的主体工程一起，参与招、投标工作。③由建设单位按招、投标方式选定工程监理单位（应包括水土保持的监理），对方案的实施进行全过程监理。④由建设单位委托有资质的单位对工程建设全过程进行水土流失监测。⑤在实施过程中委托有相应资质的施工单位负责建设，施工单位必须严格按照设计要求施工。⑥施工完成后，按照设计要求进行验收。

根据《水利部办公厅关于实施生产建设项目水土保持信用监管"两单"制度的通知》（办水保〔2020〕157号），生产建设项目水土保持市场主体存在下列问题情形之一的，应当列入水土保持"重点关注名单"。

①生产建设单位："未批先建""未批先弃""未验先投"的；作出不实承诺或者未履行承诺的；未按规定组织开展水土保持设计、监测、监理工作的；水土保持工程、植物、临时措施落实不足50％的；不满足验收标准和条件而通过自主验收的。②监测单位：迟于合同规定6个月以上未开展监测工作的；同一项目的监测季报2次未按时提交的；监测季报三色评价和总结报告结论与实际不符的。监理单位对施工单位违反规定擅自作出重大变更未予制止和督促整改的；对未批先弃、乱弃乱倒、顺坡溜渣、随意开挖等未予制止和督促整改的。③设计单位：未按水土保持方案和设计规范开展设计，擅自降低防治标准等级的。④施工单位：水土保持工程、植物、临时措施落实到位不足50％的；未按照监督检查、监测、监理意见要求对未批先弃、乱弃乱倒、顺坡溜渣、随意开挖等问题进行整改的。

生产建设项目水土保持市场主体有下列情形之一的，应当列入水土保持"黑名单"：①在"重点关注名单"公开期内再次发生应当列入"重点关注名单"情形的；②作出不实承诺被撤销准予许可决定的；③在水土保持方案编制、设计、施工、监测、监理、验收等工作及相关技术成果中弄虚作假，谋取不正当利益的；④被实施水土保持行政强制的；拒不执行水土保持行政处罚决定的；⑤法律、法规规定的其他应当列入情形。

对列入"两单"的市场主体在公开期限内从事水利建设活动的，按照《水利建设市场主体信用信息管理办法》确定的监管措施实施信用惩戒。

对列入"黑名单"的市场主体在公开期限内按照联合惩戒备忘录，实施失信联合惩戒；对其从事水土保持活动的，同时可采取以下措施：不得向该市场主体购买服务；列为重点监管对象，实施重点监管；纳入水土保持设施验收现场核查范围；限制参加生产建设项目水土保持示范工程评选；限制享受水土保持财政资金补助等政府优惠政策。

对列入"两单"的市场主体涉及水土保持违法违规问题的，有关水行政主管部门应当依法从重作出行政处罚。

对履行水土保持法定义务记录良好、3 年内未被列入"两单"且未被其他部门列入失信名单的市场主体，可享受《水利建设市场主体信用信息管理办法》确定的激励或褒扬措施。

4. 余方处置方案

工程余方处置落实后，由建设单位收集余方备案相关资料，方案编制单位进行整理汇总，最后递交××县水利局备案。

建设单位与施工单位签订施工总承包合同，明确所有土建工程、安全工程以及与本工程相关的其他工作均由施工单位负责。施工单位与土方单位签订土石方工程承包合同，明确土方外运、处理及与土方挖运有关的其他分项工作均由土方单位负责。

综上所述，本工程余方处置主要负责单位为建设单位，建设单位要在土方分包合同中要求施工单位必须提供合理合法的处置地点，以及相关合法的处置手续，最后根据相关规范要求到××县水利局进行余方去向备案。

余方备案材料要求

建设单位-施工单位-土方单位-运输单位-消纳地点，这几个单位之间的相关合同或者协议。余方消纳地点自身的合理合法性分析：位置、运距、规模、消纳材质、消纳量和备案证明等进行分析论证。

余方外运过程中要注意以下管理措施：采用完好的自卸汽车运输；制定详细的余方处置实施进度，加强计划管理，以确保余方外运及时、余方去向合理可行；成立专业的技术监督队伍，确保实际施工中，余方处置严格按照余方处置方案实行，减少施工可能产生的水土流失；加强水土保持的宣传、教育工作，提高施工承包商和各级管理人员的水土保持意识；及时将余方处置情况向当地水行政主管部门报送。

5.6.8.2　后续设计

本水土保持方案经审批后作为水土保持后续设计的依据。由具有相应工程设计资质的单位完成水土保持工程的施工图设计。

水土保持方案经批准后，根据《浙江省生产建设项目水土保持管理办法》（浙水保〔2019〕3 号）文，①水土流失防治责任范围增加 30％以上的；②开挖填筑土石方总量增加 30％以上的；③表土剥离量减少 30％以上的；④植物措施总面积减少 30％以上的；⑤水土保持重要单位工程措施体系发生变化，可能导致水土保持功能显著降低或丧失的。生产建设单位应当补充、修改水土保持方案，并报原审批机关重新审批。水土保持方案实施过程中水土保持措施需要作出重大变更的，生产建设单位应当报经原审批机关批准。

5.6.8.3　水土保持监测

项目开工前，应落实水土保持监测工作。根据《水利部办公厅关于进一步加强生产建设项目水土保持监测工作的通知》（办水保〔2020〕161 号），对编制水土保持方案报告书的生产建设项目（即征占地面积在 5hm² 以上或者挖填土石方总量在 5 万 m³以上的生产建设项目），生产建设单位应当自行或者委托具备相应技术条件的机构开展水土保持监测工作，并应按批复后的水土保持方案、《生产建设项目水土保持监测与评价标准》（GB/T 51240—2018）开展水土保持监测工作，编制项目水土保持监测实施方案和监测计划，按季度向项目所在地县级水行政主管部门报告监测成果。

水土保持监测实施方案应根据项目水土流失的防治责任范围和采取的水土流失防治措施，分析确定监测范围、分区、监测内容、方法和时段，提出监测点布局；落实监测重点地段、重点对象的监测内容和指标，提出各监测点的主要监测指标及其监测频次、方法及采用的设施、设备，其中现场调查监测每个月不少于 1 次；对监测工作的组织管理、进度计划、人员分工、成果提交等进行安排。项目实施期间发生崩塌、滑坡、泥石流或乱挖乱弃渣土等重大水土流失事件的，应及时向项目所在地县级水行政主管部门报告情况。监测单位依据扰动土地情况、水土流失状况、防治成效及水土流失危害等监测结果，对工程的是水土流失防治情况进行评价，在监测季报和总结报告中明确"绿黄红"三色评价结论。

承担水土保持监测的单位应定期编制监测报告。

1）分季度监测报告，监测内容应反映项目实施过程中建设单位、施工单位、监理单位等开展水土保持工作情况、水土保持设施建设情况，以及存在的问题和建议。

2）在项目水土保持设施验收前编制水土保持监测总结报告，在全面分析水土保持监测实施方案执行情况的基础上，总结水土流失及控制和水土保持设施建设成效，按规范要求统计、分析各项水土保持控制指标，作为水土保持设施验收工作的依据。

在监测工作进行过程中，监测单位应及时对监测资料进行整理，提出有关的分析整理成果，并定期向建设单位和当地水行政主管部门报送，自觉接受当地水行政主管部门的监督、指导。水土保持设施竣工验收时提交水土保持监测总结报告。

5.6.8.4 水土保持监理

生产建设项目水土保持投资在 200 万元以上的，应实施水土保持监理，从施工准备期开始，即需落实和开展水土保持监理，根据《浙江省水利厅关于印发浙江省生产建设项目水土保持管理办法的通知》（浙水保〔2019〕3 号），凡主体工程开展监理工作的生产建设项目，应当按照水土保持监理标准和规范开展水土保持工程施工监理。其中，征占地面积 20hm² 以上或者挖填土石方总量在 20 万 m³ 以上的项目，应当配备具有水土保持专业监理资格的工程师；征占地面积在 200hm² 以上或者挖填土石方总量在 200 万 m³ 以上的项目，应当由具有水土保持工程施工监理专业资质的单位承担监理任务。承担水土保持监理的单位应持有《全国水利工程建设监理单位资质证书（水土保持施工监理专业）》，形成以项目法人、承包商、监理工程师三方相互制约，以监理工程师为核心的合同管理模式，以期达到"资金投入有效合理、施工进度得到保证，水土保持工程质量得到确保"的目的。

承担水土保持监理的单位应根据国家建设监理、水土保持监理的有关规定和技术规范、批准的水土保持方案及工程设计文件、工程施工合同、监理合同等，开展水土保持监理工作；此外还应对水土保持设施建设的质量、进度和投资进行控制，并对水土保持设施的单元工程、分部工程、单位工程提出质量评定意见，作为水土保持设施验收的依据。

监理工作制度主要包括以下几个方面：设计文件的审查和设计交底制度，施工组织设计审核制度，开工申请制度，工程材料检验和复验制度，工序质量检查和技术复核制度，分项（部位）工程中间验收制度，进度监督和报告制度。

监理单位在具体监理工作中，一要对水土保持工程建设的全过程进行投资控制、质量控制、进度控制；二要及时了解、掌握水土保持工程建设的各类信息，并对其进行管理；三要在工程实施过程中，对建设单位与施工单位发生的矛盾和纠纷组织协调。四是在监理过程中对各水土保持措施影像资料留档保存。

监理人员在日常工作中应及时整理、归档有关的水土保持资料，定期向水土保持监理单位和建设单位报告现场水土保持工作情况，负责编写水土保持工程监理报告，监理报告应报送建设单位和当地水行政主管部门备案，并作为水土保持竣工验收时提交的专项报告。

5.6.8.5　水土保持施工

（1）水土保持工程应实施开工告知制度，在施工过程中，建设单位需对施工单位提出具体的水土保持工程施工要求，并要求施工单位对其责任范围内的水土流失负责。

（2）施工期间，施工单位应严格按照工程设计图纸和施工技术要求施工，并满足施工进度的要求。

（3）施工单位应采取各种有效措施防止在其占用的土地上发生不必要的水土流失，防止其对占用地范围外土地的侵占及植被资源的损坏。

（4）各类工程措施、各道工序的质量都应及时进行测定，不符合要求的应及时改正，以确保工程安全及治理效果。

（5）植物措施从总体部署、施工设计到工程整地、植物选择、播种栽植等全部完成，各道工序的质量都应及时进行测定，不合要求的应及时更改。此外，还应加强抚育管理，确保其成活率与保存率，以求充分发挥植物措施的水土保持效益。

（6）在水土保持施工过程中，如需进行设计变更，施工单位需及时与建设单位、设计单位和监理单位协商，按相关程序要求实施变更或补充设计，并经批准后方可实施。

（7）在主体工程施工招标文件和施工合同中应明确水土保持要求。

5.6.8.6　水土保持设施验收

水土保持方案经水行政主管部门审查批复后，建设单位应主动与当地水行政主管部门取得联系，自觉接受水行政主管部门的监督检查。

水土保持工程施工过程中，建设单位要加强监督管理，可采取定期与不定期检查相结合的办法，检查水土保持措施的实施进度和有关工程的质量；应经常检查项目建设区水土流失防治情况及对周边的影响，若对周边造成直接影响时应及时处理。

根据《水利部关于加强事中事后监管规范生产建设项目水土保持设施自主验收的通知》（水保〔2017〕365 号），应落实生产建设单位主体责任，规范生产建设项目水土保持设施自主验收。并提出"简化报备材料、优化报备程序""强化审批管理，奠定验收基础""加强监督管理，严查违法行为"等贯彻意见。

　　生产建设项目投产使用前，建设单位应当根据水土保持方案及其审批决定等，组织第三方机构编制水土保持设施验收报告。水土保持设施验收报告编制完成后，生产建设单位应当按照水土保持法律法规、标准规范、水土保持方案及其审批决定、水土保持后续设计等，组织水土保持设施验收工作，形成水土保持设施验收鉴定书，明确水土保持设施验收合格的结论。水土保持设施验收合格后，根据《水利部关于进一步深化"放管服"改革 全面加强水土保持监管的意见》（水保〔2019〕160 号），实行水土保持设施验收自主验收材料由生产建设单位和接受报备的水行政主管部门双公开，生产建设单位公示 20 个工作日，水行政主管部门定期公告。对于公众反映的主要问题和意见，建设单位应当及时给予处理或者回应。建设单位在向社会公开水土保持设施验收材料后、生产建设项目投产使用前，应向水土保持方案审批机关报备水土保持设施验收材料。

　　水土保持设施验收合格投入运行后，其后续管理和维护由运行单位负责。运行单位应定期或不定期地对水土保持设施进行检查、观测，以便掌握其运行状态，并进行日常养护工作，发现问题及时采取补救措施，消除隐患，防治水土流失，维护工程安全和有效运行。

生态清洁小流域建设

党的二十大报告指出："我们坚持绿水青山就是金山银山的理念，坚持山水林田湖草沙一体化保护和系统治理"，"生态文明制度体系更加健全"，"生态环境保护发生历史性、转折性、全局性变化，我们的祖国天更蓝、山更绿、水更清"。

做好生态清洁小流域建设，需深入了解生态清洁小流域建设的基本要求、措施体系及布局、措施设计。

任务6.1 概 述

6.1.1 概念

6.1 基本概念

6.1.1.1 小流域

小流域是指以天然沟壑及其两侧山坡地形成的自然汇水区域，面积一般不超过50km²，是水土流失综合治理的基本单元。

6.1.1.2 水土流失综合治理

水土流失综合治理是指在综合调查、分析区域水土流失成因和分布的基础上，以生态修复为主，合理配置工程措施、植物措施、耕作措施和管理措施，形成完整的水土流失防治体系，实现对流域（或区域）水土资源的保护、改良和合理利用的活动。

6.1.1.3 生态清洁小流域

生态清洁小流域是指在传统小流域综合治理基础上，将水资源保护、面源污染防治、垃圾收集、污水处理及人居环境提升等结合到一起的综合治理模式。其建设目标是使流域内水土资源得到有效保护、合理配置和高效利用，人口、资源、环境协调发展，形成"山青、水净、村美、民富"的小流域。

6.1.1.4 生态自然修复区

生态自然修复区是指小流域内人类活动和人为破坏较少，自然植被较好，分布在远离村庄、山高坡陡的集水区上部地带，通过封禁保护或辅以人工治理即可实现水土流失基本治理的区域。

6.1.1.5 综合治理区

综合治理区是指小流域内人类活动较为频繁、水土流失较为严重，分布在村庄及周边、农林牧集中的集水区中部地带，需采用工程、植物和耕作等综合措施，方可实现水土流失基本治理的区域。

6.1.1.6　生态保护区

沟（河）道及湖库周边一定范围内，分布在小流域的下游地带，需采取沟道治理、护坡护岸、土地整治或绿化美化措施，以保持水体清洁的沟（河）道两侧和湖库周边缓冲区域。

6.1.1.7　植被缓冲带

植被缓冲带是指在陆域与水域之间构建的具有一定宽度的乔灌草相结合的立体植被带。

6.1.1.8　拦沙堰

拦沙堰是指以过水拦沙、满足生产生活需水为目的，在河（沟）道内布设的一种高度较低、不影响行洪的拦沙建筑物。

6.1.1.9　水土保持湿地

水土保持湿地是指在生态清洁小流域建设中，以拦截泥沙、净化水体、改善景观、控制面源污染为目的，充分利用原始地形及现状湿地植物，在水流入河（库）前布设的人工湿地。

6.1.1.10　治理区

治理区是指由单个或多个小流域组成，采取水土保持措施实施水土流失综合治理的区域。

6.1.2　生态清洁小流域建设概述

随着经济社会的不断发展，人们对清洁水源和良好人居环境的需求越来越迫切，原有的水土保持思路和模式已难以满足水源保护的需要，传统的小流域综合治理面临着内容的拓展。全国各地开展了不同方式的研究和试点工作，生态清洁小流域应时、应势而生。

6.2　概述及基本要求

生态清洁小流域建设坚持"构筑水源保护三道防线，建设生态清洁小流域"的工作思路，即按照"保护水源、改善环境、防治灾害、促进发展"的总体要求，围绕水资源保护，将小流域划分为三道防线。第一道防线，生态修复区，位于远山中山及人烟稀少地区，山高坡陡，土层浅薄，遇暴雨易造成严重的水土流失，并且泥石流、滑坡等自然灾害时有发生。第二道防线，生态治理区，位于山麓、坡脚等农业种植区及人类活动频繁地区，生态环境脆弱，水土流失严重，是泥沙的主要来源；同时是村镇及旅游业集中区域，生活污水排放和垃圾堆放量大；农田和园地农药化肥使用量大，是非点源污染的主要发生地；因生产建设活动等人为造成的水土流失严重。第三道防线，生态保护区，位于河（沟）道两侧及湖库周边，是挖沙、采沙及废弃物投弃的主要区域；同时由于湿地萎缩，水体自然净化能力差。

对第一道防线——生态修复区，主要通过减少人为活动和人为干扰，充分依靠大自然的力量修复生态，发挥植被特别是灌草植被的生态功能，涵养水源。对第二道防线——生态治理区，主要通过协调发展与水源保护相适应的生态农业和产业，加强农村水务基础设施建设，改善人居环境，促进水源保护与人水和谐。对第三道防线——生态保护区，主要通过加强管理和适当的生物和工程措施，营造并维系河道及湖库周边和谐自然的生态系统，达到控制侵蚀、改善水质、美化环境的目标。

近几年来，按照水利部的统一部署和指导，各省在生态清洁小流域建设方面进行了一些探索和实践，形成了新的理念，即生态清洁小流域建设是以小流域为单元的整体治理，通过搭建一个综合性的治理平台，除了传统的小流域水土流失综合治理工程，还包括生态修复工程、河道综合整治工程、人居环境综合整治工程、生态农业建设工程以及面源污染治理工程等多方面的内容。

6.1.3　基本要求

（1）生态清洁小流域建设应符合水土保持和区域水资源保护规划的要求。应以保护和合理利用水土资源为目标，充分考虑区域经济社会发展、水土流失防治及水资源保护需求，改善治理区生产生活条件和生态环境。

（2）生态清洁小流域建设应符合下列目标：流域内水土流失得到控制，固体废弃物、垃圾或其他污染物得到有效处理，农田中化肥、农药及重金属残留物的含量符合相关规定，水土资源得到有效保护与合理利用，实现人与自然和谐发展。

（3）应坚持"山、水、林（草）、田、路、村"相结合，因地制宜、统一规划、分步实施，建立综合防治措施体系。应注重新理念、新技术和新方法的应用，重视调查研究，提高各类防治措施的实用性、经济性和生态性。

（4）治理区选择应符合以下原则：依据水土保持规划，优先选择水土流失重点治理区、江河源头区、饮用水水源地等区域，循序渐进地开展水土流失综合治理；以小流域为单元，选择水土流失分布相对集中、便于规模治理的区域进行综合治理。

（5）生态清洁小流域建设内容主要包括综合治理、生态自然修复、面源污染防治、垃圾处置、村庄人居环境改善及沟（河）道和湖库周边整治等，各项措施的布局应做到因地制宜、因害设防，并与周边景观相协调。

任务 6.2　生态清洁小流域设计

6.3　调查及
措施布局

6.2.1　调查

生态清洁小流域建设前后，均应进行调查。按照调查范围与调查要素，分为综合调查和详细调查。调查宜采用资料收集、询问调查、典型调查、抽样调查和普查等相结合的方法。地块、河（沟）、村庄和水土保持措施等位置信息应在野外工作底图上标出，工作底图应为比例尺不小于 1∶10000 的地形图。拟布设水土保持措施的区域应根据设计阶段深度要求进行相应的地形测量，在布设护岸、拦沙堰等区域还应对工程区地质条件及主要工程地质问题进行勘察和评价。

6.2.1.1　综合调查

综合调查以治理区为单元，也可根据实际情况以乡（镇、街道）为单元，调查内容包括：自然条件；社会经济情况；水土流失及其危害；水土保持状况；面源污染来源、分布及危害程度；点源污染来源、数量、分布及处置情况；截污纳管实施情况；垃圾收集处置情况；人居环境现状等。

6.2.1.2　详细调查

应对治理区内拟布设坡改梯工程、坡面排蓄工程、经济林地治理工程、林草工程、护岸工程、拦沙堰工程、村庄绿化美化工程、水土保持湿地工程等水土保持措施的区块进行详细调查。

（1）坡改梯工程区调查内容包括拟实施区域的地形、原地面坡度、土层厚度、土（石）料来源、上游汇水面积等情况、下游排水去向、施工道路、雨洪利用条件及可利用水情况、梯田的种植结构和产业结构发展情况。

（2）坡面排蓄工程区调查内容包括拟实施区域的土地利用情况、坡度、坡长、土层厚度、汇水面积、现状水土保持措施以及下游排水去向等情况。

（3）经济林地治理工程区调查内容包括治理范围内的坡面侵蚀原因、现有植物种类、生产耕作方式、生产用水来源以及生产道路等情况。

（4）林草工程区调查内容包括拟实施措施区域立地类型、立地条件、当地适生树（草）种、防治病虫害情况以及河（库）周边岸坡冲刷、植被生长、农田农药化肥施用和排水去向等情况。

（5）护岸工程区调查范围为拟布设护岸工程的河（沟）道及其上下游可能影响区域，调查内容包括河（沟）形态、岸坡结构、两岸情况、岸坡坍塌、沟底下切情况及原因，河（沟）内已建拦沙堰、护岸、灌溉渠道等小型水利设施的断面及结构类型等。

（6）拦沙堰工程区调查范围为拦沙堰布设位置及其上下游可能影响区域，调查内容包括筑堰区地形条件、河道水文特征、地质条件、筑堰材料、岸坡及护岸情况，现有拦沙堰的数量、分布、结构断面以及淤积和运行情况，周边道路、村庄及施工条件等。

（7）村庄绿化美化工程区调查内容包括村庄位置、现有房前屋后、道路及河道两侧植物种类及生长情况，裸露区域现状立地条件，以及村庄周边河（沟）道及两岸泥沙淤积、建筑垃圾、生活垃圾堆放情况等。

（8）水土保持湿地工程区调查内容包括村庄截污纳管、生活污水处理及排放、河滩地植物生长、库尾河道水质水量等情况。

6.2.2　措施体系及布局

应以小流域为单元，按照"坡上、坡中、坡下"分区布设防治措施，形成水土流失综合防治措施体系。

（1）坡上以"生态修复"为主，在人类生产、生活活动较少的远山坡地，采取封育保护措施，设置封禁标牌、护栏，加强植被保护，减少人为活动的干扰破坏，保持土壤，涵养水源。

（2）坡中以"综合治理"为主，在人为扰动频繁且水土流失严重的坡耕地、经济林地以及大面积裸露荒山（坡）等区域，采取坡改梯、坡面排蓄工程、经济林地治理以及水土保持林草等措施，减少水土流失。

（3）坡下以"生态保护"为主，在村庄、沟（河）道及湖库周边农田集中区，采取村庄绿化美化、护岸工程、拦沙堰、植被缓冲带、水土保持湿地、改厕、垃圾处置、污水处理、生态农业建设工程、面源污染防治等措施，改善人居环境，维护河道及湖库水质。

6.2.3　措施设计

6.4　措施
设计

6.2.3.1　设计依据

相关措施主要设计依据如下：

《生态清洁小流域建设技术规范》（SL/T 534—2023）。

《地表水环境质量标准》（GB 3838—2002）。

《水环境监测规范》（SL 219—2013）。

《水土保持工程设计规范》（GB 51018—2014）。

《封山（沙）育林技术规程》（GB/T 15163—2018）。

《砌石坝设计规范》（SL 25—2006）。

《水工挡土墙设计规范》（SL 379—2007）。

《堤防工程设计规范》（GB 50286—2013）。

《村庄绿化技术规程》（DB33/T 842—2022）。

《水土流失综合治理技术规范》（DB33/T 2166—2018）。

《水土保持综合治理　验收规范》（GB/T 15773—2008）

《水土保持综合治理　效益计算方法》（GB/T 15774—2008）。

《主要造林树种苗木质量分级》（GB 6000—1999）。

《造林技术规程》（GB/T 15776—2023）。

《水土保持小流域综合治理项目实施方案编写提纲（试行）》。

《水土保持工程初步设计报告编制规程》（SL 449—2009）。

《水利水电工程制图标准　水土保持图》（SL 73.6—2015）。

《水利水电工程等级划分及洪水标准》（SL 252—2017）。

《防洪标准》（GB 50201—2014）。

6.2.3.2　措施设计要求

1. 封育工程

对具有天然落种或萌蘖能力的疏幼林、灌丛林地进行封育，可设置封禁警示牌和护栏等，利用植物自然修复和繁殖生长，并辅以人工促进手段，加速其良性演替进程，对低质、低效有林地、灌木林地进行封育，并辅以人工经营改造措施，以提高林地质量。

（1）封禁方式。

1）全年封禁。边远山区、江河上游、水库集水区、水土流失严重地区以及恢复植被比较困难的地区，实行全年封禁。

2）季节封禁。水热条件较好，原有树木破坏较轻，植被恢复较快地区，实行季节封禁。

3）轮封轮放。封禁面积较大，保存林木较多，植被恢复较快，当地燃料、饲料较缺乏地区，将封禁范围划分几个区，实行轮封轮放。

（2）抚育管理。结合封禁，在残林、疏林中进行补种补植，平茬复壮，断根复壮，修枝疏伐，择优选育，促进林木生长，加快植被恢复。按照预防为主、因害设防、结合综合治理的原则，实施火、病、虫、鼠等灾害的防治措施，避免环境污染，保护生物多样性。

2. 坡改梯工程

在土层较厚、土质较好、便于经营管理的坡耕地、经济林地或已破损的梯田区域，宜进行坡改梯工程。梯田应以截水沟、排水沟和田间道路为骨架，根据坡面地形自上而下沿等高线布设，大弯就势，小弯取直，做到田面平整，地边有埂，保留表土层厚 30cm 以上。梯田田坎的建筑材料根据当地土质和石料情况而定。在石料缺乏、坡度较缓、土壤黏结性好的区域，宜修建土坎梯田，田坎应用生土填筑，土中不应夹有石砾、树根、草皮等杂物，修筑时应分层夯实；在坡度较陡、石料丰富的地区宜修筑石坎梯田，田坎应逐层向上砌筑，每层应用比较规整的较大块石砌成田坎外坡；在有石料但造价高、土层较厚的区域，可选用田坎下段为石、上段为土的土石混合田坎。在梯田区顶部与山坡交界处，宜布置截水沟等小型排蓄工程，以保证梯田区安全。

3. 坡面排蓄工程

坡面排蓄工程包括截水沟、排水沟、沉沙池、蓄水池等工程措施，适用于水土流失严重的坡耕地、经济林地等区域。应结合地形条件，按"高水高排、低水低排、以排为主、排蓄结合"为原则进行布设，截水沟应布设在治理坡面的上方，排水末端布设沉沙池与排水沟相接；排水沟尽量利用天然沟道；蓄水池宜布设在坡脚或坡面局部低洼处，与排水沟相连，以容蓄坡面排水。

截水沟基本上沿等高线布设，按坡面实际地形沟底比降不小于 0.5%，坡面来水经截水沟拦截排入排水沟。排水沟与等高线斜交或正交布置，沟底设置与地形条件相适应的坡度，引导截水沟或坡面上部的径流，末端与天然沟道相连接。在坡度大于25°的经济林地治理区，截、排水沟宜结合生产便道，根据山势走向呈"之"字形布设。

沉沙池为矩形，其宽度宜为相连排水沟宽的 2 倍，长度为池体宽度的 2 倍，并有适当的深度。蓄水池的分布与容量按照"地形有利、经济合理、便于使用"的原则布置，一个坡面可集中布设一个蓄水池，也可根据需要布设若干蓄水池。蓄水池可用隔墙分成沉沙区和蓄水区两部分，隔墙预留溢流槽，径流由进水口先进入沉沙区，经沉沙后通过预留的溢流槽进入蓄水区。

4. 经济林治理工程

对水土流失严重的经济林地，应采取工程措施与植物措施相结合的方法进行治理。

工程措施包括坡面排蓄工程和生产道路整治工程等。生产道路整治工程应以治理区域内现有的生产道路为基础，对路面不平整、径流冲刷严重的道路进行整修。路面宽度不宜大于原有路面宽度，宜采用混凝土路面，对于景观要求较高的区域，可采用生态透水混凝土或条石路面砖。

经济林生产经营不宜长期进行林下除草，在地表裸露的经济林下，宜采取种草或条播灌木植物篱减少水土流失。可对经济林地进行补植、套种。补植密度应结合治理区现状经济林的种植密度、经营情况确定。

5. 水土保持林草

在大面积裸露的荒山、荒坡、火烧迹地、采矿迹地等区域，应种植水土保持林草，采取乔、灌、草结合的方式，恢复植被。采用的树种应根据立地类型、气候特征，遵循适地适树（草）原则确定。海岛小流域植物种类的选择还应考虑海岛缺水、土层瘠薄、海潮风等环境条件，并考虑海岛对造林景观的要求。

应根据不同立地条件、不同树（草）种，采用不同形式的整地工程。以穴状方式为主，穴面与原坡面持平或稍向内倾斜，大小因林种、苗木规格和立地条件而异。整地时间以春季、秋季为宜。

6. 生态护岸

应在河（沟）道有岸坡冲刷、坍塌，并影响农业生产安全的区段布设护岸护坡工程。岸线应与河势流向相适应，力求平顺，各段平缓连接，不得采用折线或急弯。护岸布设应保持河（沟）道的自然形态及其纵向连续性，并与河（沟）岸带治理、湿地恢复、排洪渠（沟）等措施相结合。

护岸工程按照"防冲不防淹"的原则布设，护岸高度宜参照附近现有完整护岸高程或两侧防护的农田标高确定；在人群活动密集区应设置安全设施和警示标志。应在满足防洪、稳定、结构安全前提下，结合水文、地形、地貌、地质、河床形态、建筑材料、施工条件等因素，优先选用植物、松木桩、卵石、块石、生态混凝土预制构件、格宾、混凝土生态砌块等生态护岸材料。

7. 生态拦沙堰

在上游有大面积裸露山体或植被破坏严重的河（沟）道内，宜根据河（沟）道走势及两岸地形逐级布设拦沙堰。堰址选择应考虑维持河槽纵向连续性的需要，与周围农田、道路、护岸、灌溉渠道等衔接，并与当地生产生活需水、生态旅游、新农村建设相结合。

拦沙堰形式应采用低矮宽缓堰坝，堰高以不影响河道行洪为宜，不宜超过 2.0m；布设于村庄上下游、对安全性要求较高的拦沙堰，应根据《砌石坝设计规范》（SL 25—2006）的要求进行稳定分析。建筑材料可根据当地实际情况选用，有景观要求的河段，可建设生态景观堰。拦沙堰的建设不得阻隔上下游生态系统，在近岸侧，应放缓坡度，满足鱼类洄游上溯需求。

8. 村旁绿化美化

村庄绿化美化主要布置在村旁、宅旁、路旁和水旁。

绿化要各显其能，形式多样。既要大力提倡庭院绿化和居室绿化，有效提高生活品质；又要想方设法拓展绿化空间，发展立体绿化，要积极鼓励阳台绿化和垂直绿化。全乡各村有条件的可以整合土地，增加块状绿地、成片绿地、营造特种纪念林，充分营造植树造林、爱绿护绿的氛围。因地制宜对居住区的"四旁"进行绿化等，做好见缝插"绿"，减少土地裸露面积，美化居住环境。植树种草需结合地形条件，布局上做到"点、线、面"综合考虑，并与周边环境相协调。

村庄道路两侧、场院等地的"五堆"（柴、土、粪、垃圾、建筑弃渣）应进行清理整治。村庄及周边河（沟）道内淤积物、堆放物和垃圾等应及时进行清理，保护河道水质。

9. 植被缓冲带

在河（库）滨带宜种植适生植物，形成植被缓冲带固土护坡。应结合河（库）岸坡防护措施、植物对污染物的降解作用以及区域绿化规划等统筹安排。有条件的岸坡，宜先进行微地形改造，延长初雨径流在植被缓冲带的滞留时间。植物配置应以本地植物为主，结合河（库）岸坡稳定要求，优先选择固土护坡和净化功能强的植物。

10. 水土保持湿地

在村庄周边、水库库尾及河道滩地宜建设人工湿地，通过湿地植物拦截入河（库）水流泥沙及污染物，改善水生态环境。应对湿地植物定期进行修整和清理，防止造成二次污染。

小型人工湿地：宜结合村庄周边地形，布设小型人工湿地，使农村生活污水排入水域前经过湿地植物净化；湿地植物配置应满足净化水体污染物的功能，并与周边景观协调。

库尾人工湿地：应结合入库河流水质水量、周边地形条件，因地制宜建设库尾人工湿地；湿地改造和引水设施布设不宜改变河道自然流向和现有地貌；湿地植物选择应考虑植物物种多样性，优先选用本地植物。

11. 改厕

在生态清洁小流域建设中，要求公厕均为水冲式，取代传统的旱厕。对于村落密集的地区，粪便集中处理后，制成有机肥直接返田；对于分散的村落采用集污池，将粪便集中后可直接返田。大力推广化粪池，新建农村住宅必须配套建设三格式化粪池，并对老房子逐步进行改造。

12. 垃圾处置

在小流域内各村均建设垃圾房，并安排专门的保洁员，使生活垃圾堆放有固定的地点，且具有拦蓄措施、卫生措施和防渗措施，形成"村收集、镇转运、市处理"的三级转运机制。加强分类收集，使垃圾减量化、资源化、无害化。在生态清洁小流域实施中，宜分类设置垃圾收集箱。生活垃圾倒入垃圾池内，严禁向河道、村庄等公共场所倾倒垃圾，确定卫生保洁员，负责管理定期清理垃圾池。保持房前屋后清洁整齐，村民负责各自房前屋后环境卫生，禁止垃圾随处乱倒，做到垃圾入箱。

13. 污水处理

农村生活污水是造成农村水环境污染的主要原因。为了改善农村的人居环境，必须加强农村生活污水的收集、处理和资源化设施建设。

农村污水的来源主要为常住居民的日常生活污水，包括洗浴水、冲厕水、厨房用水等。一般采用膜生物反应器（MBR 工艺）、厌氧沼气池处理技术、传统的无动力污水处理、人工湿地处理技术、土壤渗滤技术和户用生态污水处理池等方式对污水进行处理。

14. 生态农业建设工程

（1）推广绿色、无公害技术，发展生态农业。大力推广施用有机肥料，采用生物方法以及易降解、低残留的农药防治病虫害，控制和减少农业污染。

（2）合理施肥，加强对化肥、农药的控制。调整和优化用肥结构，鼓励和引导增施有机肥，逐步减少氮、磷、钾等单质肥料的用量。禁止销售和使用甲胺磷等高毒高残留农药，加强植保新技术和替代农药的开发推广，推广高效低毒、低残留农药，提倡使用生物农药。及时开展水源区农田平衡施肥研究，减少氮肥使用量，提高作物利用率；并加强生活污水治理，实施"禁磷"，减少入库氮、磷污染。

15. 面源污染防治

（1）改进农业生产技术，推广先进的水稻品种，落实排灌渠系改造，提高农灌水的循环利用率，降低农业用水量。推广以"节水减污"高产栽培技术栽培的节水抗旱杂交水稻，以节约水资源，减少农业面源污染，改善耕地生态，改良土壤结构，保持良好的生态环境。

（2）山坡梯田下部保留一定区域种植树木，营造森林，梯田灌溉回归水通过林带排泄，以消耗农田水中的营养物；对位于干支流两侧地势较低的沟谷水田，可在附近利用洼地修建池塘，蓄存农田径流；一方面用于回灌；另一方面避免农田水直接排入河流，以减少污染物的排放量。

（3）在河道、水库周边设置植物缓冲带，种植或抚育具有吸收有机污染物能力的乔木、灌木、草本和水生植物。在河道和水库水位变化的水陆交错带建设人工湿地，种植适水树种和草本植物，增强水体自净能力。

任务 6.3　案　　例

案例：A 生态清洁小流域建设实施方案

6.3.1　项目概况

6.3.1.1　建设必要性

6.5　生态清洁小流域建设案例

××县位于浙江西部，境内多山地，山地面积占全县总面积的 88.5%，复杂的地形地质条件、暴雨多发的气候特征、密集的人类活动影响，导致水土流失现象频发。

A 小流域位于钱塘江上游源头，流域面积为 46.90km²。流域内存在大量疏林地，部分河道护岸坍塌、基础破损，导致周边农田损毁、河道下切，给当地居民的生产生活和自然环境带来了极大的负面影响，对下游区域的社会经济发展和群众的用水安全形成严重威胁。通过现场调查，流域内相关村庄居民对区域水土流失治理的意愿非常高，各级规划也将 A 小流域列为近期重点治理项目。

实践证明，以小流域为单元进行综合、集中、连片的治理，是水土流失防治的成功之路。对源头水土流失进行精准治理，对于提升钱塘江水质、保证水土资源的可持续利用、水土环境的可持续发展有重要的作用，而且也是新农村建设的重要内容和必然要求。

因此，实施 A 生态清洁小流域建设是十分必要的。

6.3.1.2　项目区概况

1. 自然概况

项目区所在区域地形属浙西中山丘陵区，由中山、丘陵、小盆地、谷底组成。全境山岭连绵，地势起伏，为中山丘陵地貌。境内除沿河分布小面积河谷平原外，其余均系高低起伏、延绵不断的山丘，呈"九山半水半分田"格局。

项目区属江南地层区，地层主要发育元古界和古生界，中生界侏罗系上统仅有零星出露，第四系见于山前盆地、河谷地带。当地主要地层为早古生代奥陶系泥岩夹粉砂岩、石英砂岩和震旦系、前震旦系火山岩，次为寒武系泥质灰岩和志留系泥岩、粉砂岩。

项目区属温暖湿润的中亚热带季风气候区，多年平均降水量1805mm，降雨大部分集中在4—10月，其降雨量占年总量的70%左右。多年平均气温16.4℃，无霜期257天，年蒸发量792.4mm，年平均相对湿度81%，年平均日照时数1711h。最多风向北风，最大风速13m/s。

项目区属于钱塘江流域，境内河流属山溪性河流，源短流急，河床比降大，水量充沛，洪枯水位变化明显，含沙量小。由于长期受水流侵蚀的影响，河床两岸陡峭、谷地狭窄，流速快，冲击力大，河床深切，多数呈V字形。洪水暴涨暴落，一次洪水一般不超过24h，较大洪水超过保证水位的时间一般不超过12h。

区域内土壤可归纳为丘陵山地土壤与河谷平原土壤。其中丘陵山地土壤主要为红壤、黄壤和岩性土，河谷盆地土壤主要分布于河流中上游的河谷平原和山间盆地地带，主要类型为潮土和水稻土。

项目所在区域植被类型较多，面积最广为杉木林，其次为马尾松林、柳杉林、柏木林等，还有少量常绿落叶阔叶混交林，主要树种为青冈、甜槠、木荷、枫香、白栎等，林下灌木层以杜鹃、映山红等为主，经济林主要为油茶、山核桃、油桐、茶叶、果树、桑树等，分布在海拔较低的山地，面积仅次于用材林。

2. 水土流失现状

按全国水土流失类型区的划分，A小流域属于南方红壤丘陵区，水土流失的类型主要为水力侵蚀，主要分布在中低山区及丘陵区的荒山、陡坡，以及纵深较大、水力侵蚀作用剧烈的山间峡谷。水力侵蚀的表现形式主要是坡面面蚀，丘陵地区亦有浅沟侵蚀及小切沟侵蚀。

根据水土流失动态监测数据，并结合现场查勘修正，分析统计得A小流域水土流失面积共计6.38km²，占土地总面积的13.60%。水土流失以轻度、中度流失为主，占流失总面积的85.70%、10.52%。经加权计算，流域平均土壤侵蚀模数约800t/(km²·a)。

3. 流域内存在的水土流失问题

（1）荒草地及疏林地流失面积大。调查发现，荒草地集中分布在流域的低山区域，大部分地区呈无明显水土流失状态，也有部分属轻度流失，但在地形较高、坡度较陡地段有部分中度水土流失区。此外，各流域部分地段受立地条件的影响，林木生长稀疏，同时还存在幼林成活率不高、树种单一等现象。为了增加植被覆盖度，提高土壤保水、保土能力，需对疏林地进行生态修复及封育治理保护。

（2）经济林下水土流失严重。据调查，流域内种植有石榴、油茶、茶等经济林，部分经济林因年久撂荒，现状为季节性杂草，秋冬季节林下水土流失较为严重，需针对水土流失严重的经济林地采取植物措施进行治理，提高植被覆盖度，减轻水土流失强度。

（3）局部河道护岸遭受冲蚀、局部淤积严重。流域内地形以中山丘陵为主，溪沟较多。多数溪沟两岸有植被覆盖，溪沟沟底或岩石出露，或被沙砾卵石覆盖。如遇大暴雨，洪水将漫过河岸，对两岸冲刷严重，造成严重水土流失，同时洪水挟带泥沙卵石将使河床抬高、行洪能力降低。因此，为保护河道两岸农田，需结合河道周边及上下游现状，对易受水流冲刷侵蚀的河道岸坡修筑护岸，部分河段结合灌溉和景观功能对拦沙堰进行重建。

（4）农村人居环境无法满足当前社会需求。当前，区域内部分村庄各项基础设施相对陈旧，配套资金缺乏，技术设备能力有限，区域内景观缺乏系统性和有效维护，农村人居环境已无法满足当前人民美好生活需要，无法满足美丽中国、美丽浙江和国家全面推进乡村振兴的要求。因此，需要对区域内农村人居环境整治提升。

6.3.2　建设任务、目标与规模

6.3.2.1　建设任务

项目的主要任务是以小流域为单元，按照"山、水、林、田、湖、草"综合治理的原则，采取"集中连片、规模治理"的方式治理水土流失。通过水土流失综合治理措施，改变项目区原来的土地立地条件，增加地面覆盖，有效控制水土流失，保护钱塘江源头水质；同时促进项目区增产、增收，改善项目区人民的生产、生活条件和人居环境现状，从而促进当地水土资源的可持续利用。

6.3.2.2　建设目标

项目的总体目标是：水土流失得到有效控制；现有植被质量得到有效提高；农业生产条件得到改善；人居环境得到提升。

根据项目区土地资源及水土流失情况，以生态修复（封育治理）为主，采用工程措施和植物措施进行综合治理，使小流域内水土流失得到有效治理，生态环境逐步得到恢复。

项目区通过采取封育治理、经济林地治理、水土保持林、村庄绿化美化、护岸工程、拦沙堰工程等措施，建成较为完善的水土流失防治体系，区域内现有植被质量得到有效改善，林草植被覆盖率有所提高，项目区生态环境得到明显改善。

通过小流域水土流失综合治理，提高土地生产力，流域内土地得到充分利用。发展区域特色经济，治理区经果林地单位面积总产出和总产值得到提高，有效促进项目区经济与生态环境和谐发展。

6.3.2.3　建设规模

本项目水土流失治理措施面积 5.52km²，共计实施：封育治理 542hm²；经济林地治理 5.50hm²；水土保持林 4.50hm²；村旁绿化美化 1 项；护岸工程 1500m；拦沙堰 5 座。

6.3.3　总体布置与措施设计

6.3.3.1　总体布局

以小流域为单元，按照"坡上、坡中、坡下"分区布设防治措施，形成水土流失

综合防治措施体系：坡上以"生态修复"为主，在人类生产、生活活动较少的远山坡地，采取封育保护措施，设置封禁标牌，加强植被保护，减少人为活动的干扰破坏，保持土壤，涵养水源；坡中以"综合治理"为主，在水土流失严重的经济林地疏林地，采取经济林地治理、水土保持林措施，减少水土流失；坡下以"生态保护"为主，在库周裸露地，护岸坍塌、冲刷严重的河道，采取村旁绿化美化、护岸工程、拦沙堰工程等措施，改善人居环境，维护河道水质。

6.3.3.2 措施设计

1. 封育治理

（1）封育范围及方式。封育治理面积共计 542hm²，实施封山育林措施前，根据因地制宜的原则划分封育区作业类型。为了使封、造、管三种方式有机结合，根据项目区地形地貌特点、海拔高度和当地居民生产生活方式，采取季节性封育。一般春、夏、秋生长季节封育，晚秋和冬季可以开发，允许村民到林间割草、修枝等。

（2）宣传标牌设计。宣传标牌包括封育标识牌和流域宣传碑两种。

标识牌整体采用仿古木结构，面板长 120cm，宽 80cm，厚 5cm；标识牌立柱总长 250cm，底部埋深 50cm，宽 15cm，厚 15cm；标识牌上下横杆长 160cm，宽 5cm，厚 5cm；正面为"封育管护"，字体为 550 磅宋体；背面为禁止事项，字体为 230 磅宋体，字体颜色为白色；标识牌主要布置在封育图斑附近或通往图斑道路的明显位置，如进山道路山口、沟口、河流交叉点等地，并征得地方同意。

流域宣传碑采用单块景石，景石尺寸为 300～350cm，宽 130～150cm，地面以上高 160～180cm，具体尺寸可根据布设场地及运输条件进行适当调整；景石采用 50cm 厚 C20 混凝土基础，景石嵌入不小于 30cm，基础下铺 10cm 厚碎石垫层；景石宣传碑内文字雕刻后上红漆，字体采用楷体，字高 20cm，具体字体高度及文字排列可根据碑体实际进行适当调整；景石宣传碑共 1 座，布设在居民聚集的地方，并征得地方同意。

2. 经济林治理

经济林地治理位于××村石榴基地，面积约 5.5hm²。经调查，基地内部现有生产道路多为土路，易遭受水力侵蚀且交通极为不便；现状坡面缺乏排蓄措施；石榴基地部分裸露，存在一定的水土流失；同时经与当地农户交流，村民对基地内道路提升、坡面排蓄水及补苗等需求也较为强烈。根据实际调查，结合村民实际需要，对石榴基地布设生产道路、排水沟、沉沙池及补植等措施，控制降水形成的地表径流，增加蓄水量，提高土地产出率，同时可以减少面源污染物的输出。

（1）生产道路整修。根据生产实际，生产道路宽度依照现状，不再进行拓宽，生产道路宽度共分为 1.5m 和 0.8m 两种尺寸。其中 1.5m 宽生产道路要求具备板车及三轮车通行功能；0.8m 宽生产道路要求具备人行功能。生产道路采用 15cm 厚 C20 混凝土浇筑，路基铺 5cm 厚碎石垫层。生产道路每隔 5m 设置一道伸缩缝，采用机器切割留缝。0.8m 宽生产道路依照地形修建成台阶式，台阶高 15cm，台阶宽度依据地形设置，表面采用卵石镶面。生产道路如遇天然沟道交叉情况，采用 φ200 混凝土预制涵管进行衔接。

（2）排水沟。根据坡面集水情况，综合考虑方便行走、过流能力、抗冲要求以及现状土沟尺寸等因素，排水沟采用 20cm 厚 M10 浆砌石砌筑，排水沟采用矩形断面，净尺寸 50cm×60cm（宽×深）。当沟道比降大于 15％时，排水沟依照地形修建跌坎，跌坎高 20cm。

（3）沉沙池。为方便施工，本项目沉沙池采用标准化设计，矩形断面，尺寸 2m×1m×1.5m（长×宽×深），具体尺寸也可以根据地形条件进行适当调整。沉沙池采用"日"字形，中间设隔墙，隔墙预留排水口，排水口宽 40cm，高 30cm。沉沙池整体采用 25cm 厚 C20 混凝土浇筑，底铺 5cm 厚碎石垫层，开挖土方在周边摊平。考虑安全因素，沉沙池顶部设置盖板，采用 C25 钢丝网混凝土结构，单块尺寸 130cm×30cm（长×宽）。

（4）经济林补植。对基地内裸露空地采取补植石榴和黄桃的措施进行治理，石榴规格为 Φ4cm，带土球，株行距 3m×3m；黄桃为 2 年生苗，带土球，株行距 3m×3m。具体密度可根据实际情况进行调整。为减少地面扰动，防止造成新的水土流失，经济林不进行大规模整地，采用直接挖穴栽植的方法，穴径 40cm，深 30cm。

3. 水土保持林

（1）立地条件。水土保持林位于××村，面积约 4.50hm²，现状为季节性杂草覆盖，乔木稀疏，秋冬季节，地表裸露，植被覆盖度低。有乡村道路联通至现场，交通便利。

（2）树种选择及规格。造林树种选择地带性乡土树种，按照"适地适树"的原则，营造彩色林、阔叶林，结合立地条件，选用枫香（容器苗，$D \geqslant 1cm$）、木荷（容器苗，$D \geqslant 1cm$）。

选择的各树种生物学特性如下。

1）枫香（Liquidambar formosana Hance）。金缕梅科枫香树属，落叶乔木，高达 30m，胸径最大可达 1m，树皮灰褐色，喜温暖湿润气候，性喜光，耐干旱瘠薄，广泛分布于中国秦岭及淮河以南各省。

2）木荷（Schima superba Gardn. et Champ.）。山茶科木荷属，大乔木，高可达 25m，嫩枝通常无毛，喜光，幼年稍耐庇荫，分布于浙江、福建、台湾、江西、湖南、广东、海南、广西、贵州等地。

（3）栽植密度。根据现状植被条件，水土保持林初植密度为 1100 株/hm²（株距 300cm，行距 300cm），具体密度可根据实际情况进行适当调整。

（4）整地方式。为减少地面扰动，防止造成新的水土流失，水土保持林不进行大规模整地，采用块状整地的方式，60cm×60cm×60cm（边长×边长×坑深，方形）。

（5）栽植时间及栽植要求。根据当地气候特点，一般在 4 月前进行春季植苗造林，或 10 月底至 11 月底进行栽植，栽植最好选择阴天以及少风天气。苗木运输时间不宜过长，尽量从本地苗圃购买。栽植时苗木要竖直，深浅要适当，一般应超过苗木根茎。本项目选用苗木为容器苗，填土时应注意保护好容器土球的完整性，不得猛踩，以免损伤或压碎容器土球，填土轻压后覆上虚土。

（6）幼林抚育。本项目抚育时间为一年（抚育两次），抚育包括浇水、补植、整修修枝、松土、除草、施肥等。造林时或造林后及时进行浇灌；松土应里浅外深，不伤害苗木根系，深度一般在 5～10cm；造林成活率没有达到合格标准的，应在造林季节及时进行补植，补植采用同龄苗木。建议造林后第二年、第三年各抚育一次，第二年、第三年抚育经费未包含在本项目经费内。

4. 村旁绿化美化

村旁绿化美化位于××村路边空闲地，靠农田侧布设挡土墙，挡墙顶部布设文化墙、花池，广场实施生态铺装，并布设坐凳、垃圾桶等。

(1) 生态铺装。生态铺装面积约 1500m²。生态铺装采用嵌草铺装形式，宽毛石贴面，毛石规格 20cm≤L≤50cm，自然平整面朝上；留缝 2～4cm，嵌草（狗牙根），缝间铺种植土，土层厚不小于 15cm；下铺 10cm 厚 C20 混凝土垫层＋5cm 厚碎石垫层，底部素土夯实，压实系数大于 91%。

(2) 挡土墙。挡土墙靠农田侧布设，长约 34m。挡土墙主体采用 M10 浆砌块石结构，为梯形断面，顶宽 60cm，迎水坡采用 1：0.2，背水坡采用 1：0.3；护岸顶部采用 15cm 厚 C20 混凝土压顶，基础采用 C20 混凝土灌砌块石砌筑；基础及压顶每隔 10m 设置一伸缩缝，缝宽 2cm，缝间填沥青木板。

(3) 文化墙、花池。文化墙、花池位于挡土墙顶部。

文化墙长约 9m，墙宽 24cm，高 150cm，墙顶采用小青砖，墙体采 C20 混凝土，墙面采用 2cm 厚 M10 水泥砂浆抹面，表面粉刷白色外墙涂料，绘制水土保持宣传版画。

花池长约 25m，花池采用 M10 砖砌（仿古青砖），内覆耕植土，厚 45cm，栽植丰花月季（高度 60cm，冠幅 40cm）。

(4) 配套。广场边布设坐凳 2 个，分类垃圾桶 5 个，栽植香樟（φ25）5 株。

5. 生态护岸

生态护岸工程位于××村景区内河道。河道现状为土石坎，部分水毁，河道下切较为严重，周边耕地及景区安全受到威胁，同时河道位于××水库上游，河道冲刷携带泥沙直接入库，造成水库淤积、水质下降。结合景区建设，共实施生态护岸约 1500m。

本工程依据实际情况采用不同形式，农田段考虑当地土地资源较紧张，选用直立式断面；景区段考虑景观功能，结合现状断面采用直立式及斜坡式。

(1) 农田段护岸。农田段护岸主体采用 M10 浆砌块石结构，迎水面层采用 30cm厚 M10 浆砌卵石（不漏浆），顶宽 60cm，迎水坡采用 1：0.2，背水坡采用 1：0.3；护岸顶部采用卵石镶面，基础采用 50cm 厚 C20 混凝土浇筑；护岸每隔 10m 设置一条伸缩缝，缝宽 2cm，缝间填塞聚乙烯泡沫板；墙身设置 φ50PVC 排水管，背坡端部用土工布包裹，间距 300cm，排水管向溪沟内倾斜，倾斜坡度为 3%。农田段护岸断面设计如图 6.1 所示。

(2) 景区中段护岸。左岸采用复式断面，底部采用景观叠石堆砌，景观石粒径大于 50cm，上部放坡 1：2，坡面采用棣棠花＋云南黄馨绿化，护岸基础采用 C20 混凝土浇筑，厚 50cm，宽 120cm；右岸采用 M10 浆砌块石结构，迎水面层采用 30cm 厚

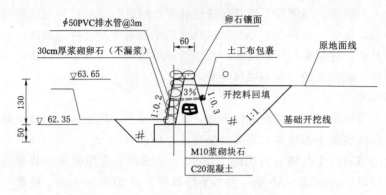

图 6.1　农田段护岸断面设计（尺寸单位：cm）

M10 浆砌卵石（不漏浆），顶宽 80cm，迎水坡采用 1∶0.2，背水坡采用 1∶0.3，顶部采用 15cm 厚卵石压顶，基础采用 50cm 厚 C20 混凝土浇筑；护岸每隔 10m 设置一条伸缩缝，缝宽 2cm，缝间填塞聚乙烯泡沫板。景区中段护岸断面设计如图 6.2 所示。

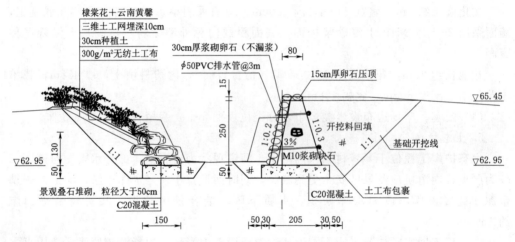

图 6.2　景区中段护岸断面设计（尺寸单位：cm）

（3）景区下游段护岸。景区下游段护岸主体采用景观叠石堆砌，景观石粒径大于 50cm，护岸平均高 100cm 左右，平均宽度为 100cm；护岸基础采用 C20 混凝土浇筑，厚 50cm，宽 120cm，每隔 10m 设置一条伸缩缝，缝宽 2cm，缝间填塞聚乙烯泡沫板。护岸顶高程可根据实际情况适当调整，基础挖至设计高程（深度）或挖至基岩。断面设计如图 6.3 所示。

6. 拦沙堰

拦沙堰布设于景区内河道，功能为拦沙同时兼具景观及通行，拦沙堰布设于顺直河道，附近无壅水建筑物。

拦沙堰采用折线形实用堰，堰顶高程 63.60m，顶宽为 3m。堰体采用 C20 混凝

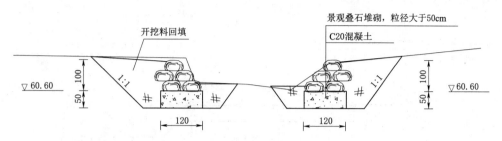

图 6.3　景区下游段护岸断面设计（尺寸单位：cm）

土浇筑，表层采用卵石镶面，卵石粒径 10～20cm，嵌入深度不小于 1/2，满铺。为防止冲刷，堰体下游设 C20 混凝土护坦，护坦长 3m，厚 50cm，护坦末端设齿墙。堰体顶部埋设景观石汀步（两排，交错布设），景观石汀步 100cm×50cm×60cm（长×宽×高），净间距 30cm，埋深 30cm，平整面朝上。拦沙堰右岸设下河踏步，踏步采用 M10 浆砌条石砌筑，通行宽度 80cm，高 15cm，阶宽 30cm，条石底部采用 C20 混凝土浇筑。平面布置如图 6.4 所示，断面设计如图 6.5 所示。

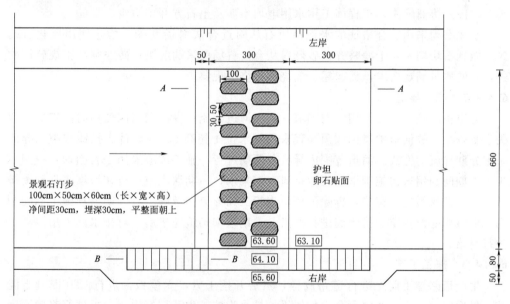

图 6.4　拦沙堰平面布置（尺寸单位：cm）

6.3.4　施工组织设计

6.3.4.1　施工条件

项目区雨热同期，降水充沛，各项林草措施实施条件较好，为提高成活率，林草措施宜在雨季初期或秋季实施。项目区径流的年内分配与降水基本一致，山区河道暴涨暴落，对拦沙堰、护岸等各项工程措施施工不利，上述措施宜在非雨季节实施。

项目区以低山丘陵为主，近年来通过新农村建设等基础建设，流域治理区范围内的村庄目前均有乡村公路到达，交通较为便利，可以满足苗木和各类建筑材料运输要求。

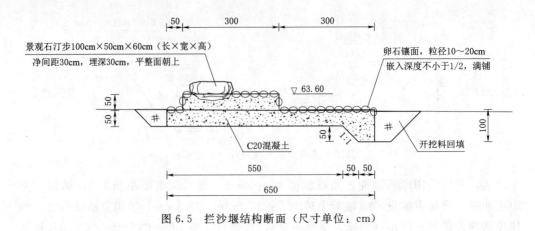

图 6.5　拦沙堰结构断面（尺寸单位：cm）

施工用水由生产用水和生活用水两部分组成。流域范围内水系密集，水源丰富，河水一般无腐蚀性，施工用水方便，可直接从河渠中抽取；生活用水引自当地民用自来水。工程用电方便，沿线电力线路较密，施工用电可与当地电力部门或附近村委（村民）协商解决，工程施工用水用电均不涉及土石方开挖填筑。

水泥必须采用有合格证的水泥；块石从附近合法料场商购，禁止使用风化岩砌筑，做到石块均一，干净整齐；砂砾料从合法料场采购解决；砖块须从正规砖厂购进，砖的质量满足要求，无起霜、欠烧、过烧等现象。

6.3.4.2　施工导流

河道护岸施工导流采用纵向围堰，利用河道导流；纵向围堰因使用时间较短，堰失事影响小，故河道护岸围堰顶高程采用常水位＋超高 50cm 设计。拦沙堰施工导流采用分期导流的方式。河道范围内导流分两期进行，施工围堰采用土石围堰，一期堰坝施工期间利用未实施围堰段河道排泄河道来水；一期堰坝施工时在堰坝底部预留排水洞，一期堰坝施工完毕，拆除围堰，进行二期导流围堰施工，二期堰坝施工期间利用一期堰坝底部预留的排水洞进行泄洪，二期堰坝砌筑完毕后，对排水洞采用混凝土进行封堵。

6.3.4.3　施工工艺

生产道路施工前先进行道路放样，然后开挖土方，立模板，进行 C20 混凝土浇筑，最后回填土方，并将剩余土方摊平。排水沟施工先开挖好沟槽，再进行浆砌石砌筑。沉沙池施工前先按照设计选定位置和设计形状放样，定好施工线，然后进行池体开挖，先做垫层后立模板，而后进行混凝土浇筑。

植树主要包括选苗、苗木运输、苗木假植、苗木栽植和抚育管理等几个施工工序。要求：苗木根系发达，主根粗而直，有较多侧根和须根；苗干粗壮通直，高度适合，不徒长；主侧枝分布均匀，能够成完美树冠；无病虫害和机械损伤。苗木采用汽车或拖拉机运输，为防止车板磨损苗木，车厢内需以草袋等铺垫。乔木苗装车根系向前，树梢向后，顺序安放；同时为防止运输期间苗木失水、苗根干燥，将苗木用绳子捆住，根部用浸水草带包裹。苗木栽植施工工序：放线定位→挖树坑→树坑消毒→回填表土→栽植→回填→浇水→夯实。苗木栽植后，要加强植物措施的抚育管理及养护，抚育管理期限 1 年。植物措施实施 1 年后在规定抽样范围内成活率应在 85% 以上，低于 41% 则重新进行绿化。

铺装垫层应铺设在均匀密实的基土上，回填土必须分层夯实。分层夯实至设计高程，基土夯实的压实密度 0.91，分层厚度不超过 30cm，由于地块铺装下为回填土，因此在铺装和步行道施工时，必须确保土基压实度符合要求，避免形成不均匀沉降。

护岸及拦沙堰施工根据设计轴线测定位置，按照设计的尺寸在地面画出基础轮廓线。将轮廓线内浮土、草皮、乱石等全部清除，并清除岩层表面强风化层。根据设计尺寸，从下向上分层砌筑，逐层向内收坡，基岩面应凿成向上游倾斜的锯齿状，两岸沟壁应凿成竖向结合槽。土石方开挖按自上而下开挖顺序进行施工。由 $1m^3$ 挖掘机挖装、8t 自卸汽车运送弃渣；开挖料可利用方可就近堆放于周边宽敞空地。

6.3.4.4 施工进度

根据工程进度要求和劳动力、资金调配情况，合理安排施工期的实施计划。本项目计划用 6 个月的时间完成。根据各分项措施的施工季节特点，各区措施应相互协调，有序进行，要通过合理安排，争取在总工期内完成所有水土保持措施，以便按期验收。

6.3.4.5 分标设计

根据工程布置特点和工程实施内容，本项目建议划分 1 个标段实施。根据《中华人民共和国招标投标法》第三条要求及项目投资情况，项目建设前应进行公开招标，择优选择施工或材料供货单位。

6.3.5 水土保持监测

工程水土保持监测内容包括水土流失量监测、水土流失灾害和水土保持工程效益监测等，以效益监测为主。水土保持监测以调查监测为主，并辅以地面观测。根据工程的建设特点，本项目拟在封育治理区、经济林地治理区、水土保持林治理区、拦沙堰上下游和设置监测点。

监测工作由项目实施单位具体组织实施，当地有关主管部门对监测工作进行协调、监督，以保证监测工作的顺利进行。

6.3.6 工程管理

项目法人按照政府投资项目建设管理相关规定，择优选择施工、监理等相关参建单位，负责政策处理等相关事宜，当地水行政主管部门对项目实施进行监管。工程建设应执行项目责任主体负责制、项目公示制、招投标制、工程合同制、工程监理制、资金专账制和工程管护责任制等。

项目建成后，各项治理成果交由流域内行政村负责管理维护。

6.3.7 总投资

6.3.7.1 编制依据

本项目遵循国家和地方已颁布的有关水土保持政策、法规等，工程投资概算主要依据《浙江省水利水电建筑工程预算定额（2021 年）》和《水土保持工程概算定额》（水总〔2003〕67 号），并结合项目区主要材料市场价格进行编制。本项目投资概算编制主要依据如下。

（1）《浙江省水利水电工程设计概（预）算编制规定（2021 年）》（浙水建〔2021〕4 号）。

（2）《浙江省水利水电建筑工程预算定额（2021 年)》。

（3）《浙江省水利水电工程施工机械台班费定额（2021 年)》。

（4）其他相关文件。

6.3.7.2　投资概算与资金筹措

本项目概算总投资 750 万元，其中部分申请中央和省里补助，其余由地方自筹解决。工程建设设立专项资金，并按工程进度计划落实资金，确保各项建设任务得以圆满落实。

6.3.8　效益分析

本项目实施后，可新增水土流失治理措施面积 $5.52km^2$，人为活动造成的水土流失得到初步控制，为实现生态环境的可持续发展奠定了良好的基础，主要体现在：区域内的荒山荒坡基本得到治理，林草植被覆盖率和绿化质量大大提高，减少水土流失的同时也有利于野生动植物的生长繁衍和生态平衡，增加区域生物多样性，促进当地生态环境的良性、健康发展；区域内的经济林地部分得到治理，提高土壤的保水保肥能力，增加土壤的涵蓄量，改善小气候和土壤理化性质，促进作物生长，提高作物产量，增加农民收入；有效抑制因水土流失造成的面源污染，改善流域内水质，减少入河泥沙量，使得流域内水资源得到有效保护。

参 考 文 献

[1] 黄梦琪. 工程建设项目水土保持技术 [M]. 北京：中国水利水电出版社，2017.
[2] 李智广. 水土保持监测 [M]. 北京：中国水利水电出版社，2018.
[3] 中国水土保持学会水土保持规划设计专业委员会. 生产建设项目水土保持设计指南 [M]. 北京：中国水利水电出版社，2011.
[4] 中国水土保持学会水土保持规划设计专业委员会，水利部水利水电规划设计总院. 水土保持设计手册：生产建设项目卷 [M]. 北京：中国水利水电出版社，2018.
[5] 郑荣伟. 水土保持生态建设 [M]. 郑州：黄河水利出版社，2020.
[6] 邹林. 水土保持与水生态保护实务 [M]. 北京：中国水利水电出版社，2016.